线性代数习题指导

黄友霞　向　文　主编

北京邮电大学出版社
www.buptpress.com

内容简介

本书是与向文编著的《线性代数》(北京邮电大学出版社,2016)相配套的辅导教材。本书分为五章,每章的内容包括内容综述、典型例题解析、应用与提高、自测题以及教材习题全解五个部分。内容综述包括该章的知识结构网络、教学基本要求和内容提要。典型例题解析针对每章的常见题型进行了综合分类和方法总结,并通过实例,剖析了解题思路,揭示了解题规律。应用与提高部分主要给出了相关知识点在其他学科或者领域的一些应用实例和近年来的一些考研题目,能够帮助读者扩大知识面,增强应用意识。每章的自测题可帮助读者自行检验学习效果。

本书既可以作为学生学习线性代数课程的辅导教材、考研复习的指导书,也可以作为教师上练习课或者考研辅导课的教学参考书。

图书在版编目(CIP)数据

线性代数学习指导 / 黄友霞,向文主编. -- 北京:北京邮电大学出版社,2016.10
ISBN 978-7-5635-4939-9

Ⅰ.①线… Ⅱ.①黄… ②向… Ⅲ.①线性代数-高等学校-教学参考资料 Ⅳ.①O151.2

中国版本图书馆 CIP 数据核字(2016)第 229846 号

书　　名:线性代数习题指导
著作责任者:黄友霞　向　文　主编
责 任 编 辑:刘　佳
出 版 发 行:北京邮电大学出版社
社　　址:北京市海淀区西土城路 10 号(邮编:100876)
发 行 部:电话:010-62282185　传真:010-62283578
E-mail:publish@bupt.edu.cn
经　　销:各地新华书店
印　　刷:北京通州皇家印刷厂
开　　本:787 mm×960 mm　1/16
印　　张:8.75
字　　数:189 千字
版　　次:2016 年 10 月第 1 版　　2016 年 10 月第 1 次印刷

ISBN 978-7-5635-4939-9　　定　价:20.00 元

前　言

线性代数是高等院校理工和经济管理类专业的重要基础课程之一。为了主动适应地方经济发展对人才培养的要求,更好地实现应用型科技人才的培养目标,北京邮电大学世纪学院在 2015 年启动了以 CDIO 工程教育为背景的包括高等数学、微积分、概率论与数理统计和线性代数等数学类课程的教学改革。为了更好地适应改革后教学方案的需要,我们编写了教材《线性代数》(北京邮电大学出版社,2016),本书是与该教材配套的辅导教材,其内容编排考虑了读者使用的方便,既注意与主教材的同步性,又保持与主教材的相对独立性。

本书分为五章,包括矩阵及矩阵的基本运算、矩阵的初等变换及运算、线性方程组及向量的线性相关性、相似矩阵和二次型。每章的内容包括内容综述、典型例题解析、应用与提高、自测题以及教材习题全解五个部分,书后还给出了每章的自测题的参考解答。

内容综述包括该章的知识结构网络、教学基本要求和内容提要。知识结构网络直观、形象地总结了该章的主要知识;教学基本要求明确了需要掌握的知识点及其掌握的程度;内容提要对基本概念和基本理论进行了系统的梳理,突出重点与难点,帮助读者事半功倍地透视脉络、总揽全局。典型例题解析针对每章的常见题型进行了综合分类和方法总结,并通过实例,剖析解题思路,揭示解题规律,使读者能够做到举一反三。应用与提高部分主要给出了相关知识点在其他学科或领域的一些应用实例和近年来的一些考研题目,旨在扩大读者的知识面,增强读者的应用意识,为学有余力的读者提供更好的复习素材。每章的自测题要求读者独立完成,然后按照参考答案自行检验学习效果。

黄友霞编写了第一、二、五章,向文编写了第三、四章。另外本教材的出版受北京市青年英才项目(项目编号:YETP1953)和北京邮电大学世纪学院 2014 年度教改项目(项目编号:2014JKY-03)的资助。在本书的编写过程中,我们还得到了教研室其他老师以及北京邮电大学出版社的支持,在此一并深表谢意。

书中难免存在疏漏和不妥之处,也企盼同行、读者批评指正。

编　者

2016 年 6 月

目　录

第一章　矩阵及矩阵的基本运算

一、本章内容综述

(一) 本章知识结构网络

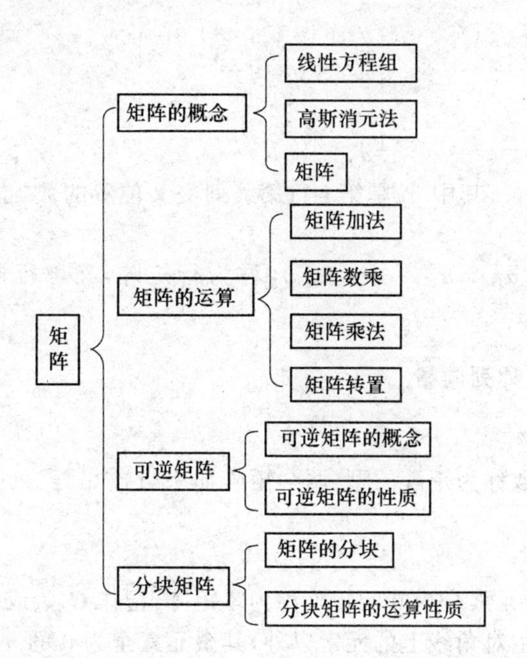

(二) 本章教学基本要求

矩阵是线性代数的核心内容之一，它贯穿线性代数的始终，通过本章的学习，学生应该达到以下基本要求：

1. 理解矩阵的概念，了解几种特殊矩阵(零矩阵、对角矩阵、数量矩阵、单位矩阵、三角矩阵等)的定义及性质.

2. 掌握矩阵的运算(加法、减法、数乘、乘法)及其运算规律，掌握矩阵转置的性质.

3. 理解可逆矩阵的概念，掌握可逆矩阵的性质.

4. 了解分块矩阵的概念,掌握分块矩阵的运算.

(三) 本章内容提要

1. 矩阵的定义

定义 1 由 $m\times n$ 个数 $a_{ij}(i=1,2,\cdots,m,j=1,2,\cdots,n)$ 排成的 m 行 n 列的矩形表格

$$\begin{matrix} a_{11} & a_{12} & \cdots & a_{1n} \\ a_{21} & a_{22} & \cdots & a_{2n} \\ \vdots & \vdots & & \vdots \\ a_{m1} & a_{m2} & \cdots & a_{mn} \end{matrix}$$

称为 m 行 n 列的矩阵,简称 $m\times n$ 矩阵.

矩阵通常用大写字母 $\boldsymbol{A},\boldsymbol{B},\boldsymbol{C},\cdots$ 表示,为便于分辨,通常用大括弧将矩阵两边括起来,记为如下形式:

$$\begin{pmatrix} a_{11} & a_{12} & \cdots & a_{1n} \\ a_{21} & a_{22} & \cdots & a_{2n} \\ \vdots & \vdots & & \vdots \\ a_{m1} & a_{m2} & \cdots & a_{mn} \end{pmatrix}$$

简记作 $\boldsymbol{A}=(a_{ij})_{m\times n}$,其中 a_{ij} 是第 i 行第 j 列交叉位置的数,也称为矩阵 $\boldsymbol{A}$ 的第 i 行第 j 列的元素.

若 $m=1$,则 $\boldsymbol{A}=(a_{11} \quad a_{12} \quad \cdots \quad a_{1n})$,称为**行矩阵**,又称**行向量**;若 $n=1$,则 $\boldsymbol{A}=\begin{pmatrix} a_{11} \\ a_{21} \\ \vdots \\ a_{m1} \end{pmatrix}$,称为**列矩阵**,又称**列向量**.

矩阵的行数和列数称为矩阵的型.两个矩阵如果行数相等,列数也相等,则称为**同型矩阵**.

2. 特殊的矩阵

零矩阵 $m\times n$ 个元素全为 0 的矩阵称为零矩阵,记作 $\boldsymbol{O}_{m\times n}$ 或 $\boldsymbol{O}$.

对角矩阵 除了主对角线上的元素以外,其余元素全为 0 的 n 阶方阵称为对角矩阵.

数量矩阵 当对角矩阵主对角线上的元素都相同,即 $a_{ii}=a(i=1,2,3,\cdots,n)$时,称它为数量矩阵.

单位矩阵 在上述数量矩阵中,若 $a=1$,则称为 n 阶单位矩阵,单位矩阵通常用大写字母 $\boldsymbol{E}$ 或 $\boldsymbol{I}$ 表示,记为 $\boldsymbol{E}_n$ 或 $\boldsymbol{I}_n$(本教材用 $\boldsymbol{E}_n$ 表示).

上三角形矩阵 主对角线下方的元素全为零的矩阵.

下三角形矩阵 主对角线上方的元素全为零的矩阵.

3. 矩阵的运算

定义 2 设 $\boldsymbol{A}=(a_{ij})_{m\times n},\boldsymbol{B}=(b_{ij})_{m\times n}$是同型矩阵,将它们的对应位置的元素相加所得

到的 m 行 n 列的矩阵 $\boldsymbol{C}=(c_{ij})_{m\times n}$，其中 $c_{ij}=a_{ij}+b_{ij}(i=1,2,\cdots,m,j=1,2,\cdots,n)$，称 $\boldsymbol{C}$ 为 $\boldsymbol{A}$ 与 $\boldsymbol{B}$ 的和，记作 $\boldsymbol{C}=\boldsymbol{A}+\boldsymbol{B}$，也即

$$\boldsymbol{C}=\begin{pmatrix} a_{11}+b_{11} & a_{12}+b_{12} & \cdots & a_{1n}+b_{1n} \\ a_{21}+b_{21} & a_{22}+b_{22} & \cdots & a_{2n}+b_{2n} \\ \vdots & \vdots & & \vdots \\ a_{m1}+b_{m1} & a_{m2}+b_{m2} & \cdots & a_{mn}+b_{mn} \end{pmatrix}.$$

注意：只有同型矩阵才能相加，且同型矩阵之和与原矩阵仍是同型矩阵.

定义 3　设 $m\times n$ 矩阵 $\boldsymbol{A}=(a_{ij})_{m\times n}$，称矩阵 $(-a_{ij})_{m\times n}$ 为 $\boldsymbol{A}$ 的**负矩阵**，记作 $-\boldsymbol{A}$，即

$$-\boldsymbol{A}=\begin{pmatrix} -a_{11} & -a_{12} & \cdots & -a_{1n} \\ -a_{21} & -a_{22} & \cdots & -a_{2n} \\ \vdots & \vdots & & \vdots \\ -a_{m1} & -a_{m2} & \cdots & -a_{mn} \end{pmatrix}.$$

若 $\boldsymbol{A},\boldsymbol{B}$ 都是 $m\times n$ 矩阵，规定 $\boldsymbol{A}-\boldsymbol{B}=\boldsymbol{A}+(-\boldsymbol{B})$. 可见，矩阵的减法是用加法来定义的，且若 $\boldsymbol{A}=(a_{ij})_{m\times n}$，$\boldsymbol{B}=(b_{ij})_{m\times n}$，则 $\boldsymbol{A}-\boldsymbol{B}=(a_{ij}-b_{ij})_{m\times n}$.

定义 4　设 $m\times n$ 矩阵 $\boldsymbol{A}=(a_{ij})_{m\times n}$，数 λ 与矩阵 $\boldsymbol{A}$ 的乘积记作 $\lambda\boldsymbol{A}$，且

$$\lambda\boldsymbol{A}=\begin{pmatrix} \lambda a_{11} & \lambda a_{12} & \cdots & \lambda a_{1n} \\ \lambda a_{21} & \lambda a_{22} & \cdots & \lambda a_{2n} \\ \vdots & \vdots & & \vdots \\ \lambda a_{m1} & \lambda a_{m2} & \cdots & \lambda a_{mn} \end{pmatrix}.$$

称此矩阵为数 λ 和矩阵 $\boldsymbol{A}$ 的数量乘积，简称为矩阵的数乘.

注意：$\lambda\boldsymbol{A}=\boldsymbol{A}\lambda$，且数 λ 与矩阵 $\boldsymbol{A}$ 相乘后的结果 $\lambda\boldsymbol{A}$ 仍为矩阵，并且 $\lambda\boldsymbol{A}$ 与 $\boldsymbol{A}$ 同型.

定义 5　设有 $m\times s$ 矩阵 $\boldsymbol{A}=(a_{ij})_{m\times s}$，$s\times n$ 矩阵 $\boldsymbol{B}=(b_{ij})_{s\times n}$，则 $\boldsymbol{A}$ 与 $\boldsymbol{B}$ 的乘积 $\boldsymbol{AB}$ 定义为

$$\boldsymbol{AB}=\boldsymbol{C}=(c_{ij})_{m\times n}$$

其中 $c_{ij}=a_{i1}b_{1j}+a_{i2}b_{2j}+a_{i3}b_{3j}+\cdots+a_{is}b_{sj}=\sum\limits_{k=1}^{s}a_{ik}b_{kj}(i=1,2,\cdots,m,j=1,2,\cdots,n)$.

矩阵的运算满足以下规律：

(1) $\boldsymbol{A}+\boldsymbol{B}=\boldsymbol{B}+\boldsymbol{A}$.

(2) $(\boldsymbol{A}+\boldsymbol{B})+\boldsymbol{C}=\boldsymbol{A}+(\boldsymbol{B}+\boldsymbol{C})$.

(3) $\boldsymbol{A}+\boldsymbol{O}=\boldsymbol{O}+\boldsymbol{A}=\boldsymbol{A}$.

(4) $\boldsymbol{A}+(-\boldsymbol{A})=\boldsymbol{0}$.

(5) $\boldsymbol{A}+\boldsymbol{B}=\boldsymbol{C}$ 当且仅当 $\boldsymbol{A}=\boldsymbol{C}-\boldsymbol{B}$.

(6) $\boldsymbol{A}+\boldsymbol{B}=\boldsymbol{A}+\boldsymbol{C}$ 当且仅当 $\boldsymbol{B}=\boldsymbol{C}$.

(7) 分配律：$(\lambda+\mu)\boldsymbol{A}=\lambda\boldsymbol{A}+\mu\boldsymbol{A}$，$\lambda(\boldsymbol{A}+\boldsymbol{B})=\lambda\boldsymbol{A}+\lambda\boldsymbol{B}$（$\lambda,\mu$ 为任意实数，$\boldsymbol{A},\boldsymbol{B}$ 为同型矩阵）.

(8) 结合律：$(\lambda\mu)\boldsymbol{A}=\lambda(\mu\boldsymbol{A})=\mu(\lambda\boldsymbol{A})$.

(9) $1 \cdot \boldsymbol{A}=\boldsymbol{A}, -1 \cdot \boldsymbol{A}=-\boldsymbol{A}, 0 \cdot \boldsymbol{A}=\boldsymbol{O}$.

(10) $(\boldsymbol{AB})\boldsymbol{C}=\boldsymbol{A}(\boldsymbol{BC})$.

(11) $(\boldsymbol{A}+\boldsymbol{B})\boldsymbol{C}=\boldsymbol{AC}+\boldsymbol{BC}, \boldsymbol{C}(\boldsymbol{A}+\boldsymbol{B})=\boldsymbol{CA}+\boldsymbol{CB}$.

(12) $\lambda\boldsymbol{AB}=(\lambda\boldsymbol{A})\boldsymbol{B}=\boldsymbol{A}(\lambda\boldsymbol{B})$,其中 λ 是数.

(13) $\boldsymbol{E}_m\boldsymbol{A}_{m\times n}=\boldsymbol{A}_{m\times n}, \boldsymbol{A}_{m\times n}\boldsymbol{E}_n=\boldsymbol{A}_{m\times n}; \boldsymbol{O}_{p\times m}\boldsymbol{A}_{m\times n}=\boldsymbol{O}_{p\times n}, \boldsymbol{A}_{m\times n}\boldsymbol{O}_{n\times p}=\boldsymbol{O}_{m\times p}$.

另外,矩阵的乘法与数的乘法有以下区别:

(1) 矩阵乘法不满足交换律,一般情况下,$\boldsymbol{AB}\neq\boldsymbol{BA}$.

对于两个 n 阶矩阵 $\boldsymbol{A},\boldsymbol{B}$,若 $\boldsymbol{AB}=\boldsymbol{BA}$,则称方阵 $\boldsymbol{A}$ 与 $\boldsymbol{B}$ 是可交换的.

(2) 若 $\boldsymbol{AB}=\boldsymbol{O}$,不能推出 $\boldsymbol{A}=\boldsymbol{O}$ 或者 $\boldsymbol{B}=\boldsymbol{O}$.

(3) 矩阵乘法没有消去律,即由 $\boldsymbol{AB}=\boldsymbol{AC},\boldsymbol{A}\neq\boldsymbol{O}$ 不能推出 $\boldsymbol{B}=\boldsymbol{C}$.

定义 6 把矩阵 $\boldsymbol{A}$ 的行换乘同序数的列得到的一个新的矩阵,叫作 $\boldsymbol{A}$ 的转置矩阵,记作 $\boldsymbol{A}^{\mathrm{T}}$.

矩阵转置的运算满足以下规律:

(1) $(\boldsymbol{A}^{\mathrm{T}})^{\mathrm{T}}=\boldsymbol{A}$.

(2) $(\boldsymbol{A}+\boldsymbol{B})^{\mathrm{T}}=\boldsymbol{A}^{\mathrm{T}}+\boldsymbol{B}^{\mathrm{T}}$.

(3) $(\lambda\boldsymbol{A})^{\mathrm{T}}=\lambda\boldsymbol{A}^{\mathrm{T}}$,其中 λ 是数.

(4) $(\boldsymbol{AB})^{\mathrm{T}}=\boldsymbol{B}^{\mathrm{T}}\boldsymbol{A}^{\mathrm{T}}$.

4. 可逆矩阵

定义 7 设 $\boldsymbol{A}$ 为 n 阶矩阵,$\boldsymbol{E}_n$ 为 n 阶单位阵,若存在 n 阶矩阵 $\boldsymbol{B}$,使得

$$\boldsymbol{AB}=\boldsymbol{BA}$$

则称 $\boldsymbol{A}$ 为可逆矩阵,$\boldsymbol{B}$ 为 $\boldsymbol{A}$ 的逆矩阵.

注意:(1) 只有方阵才可讨论逆矩阵.

(2) 并不是每一个方阵都是可逆的,例如,零方阵就是不可逆的.

定理 1 设 $\boldsymbol{A}$、$\boldsymbol{B}$ 是 n 阶方阵,若 $\boldsymbol{AB}=\boldsymbol{E}$(或 $\boldsymbol{BA}=\boldsymbol{E}$),则方阵 $\boldsymbol{A}$、$\boldsymbol{B}$ 是可逆的,且 $\boldsymbol{A}^{-1}=\boldsymbol{B},\boldsymbol{B}^{-1}=\boldsymbol{A}$.

矩阵的求逆运算也满足一些运算规律,具体如下:

设 n 阶方阵 $\boldsymbol{A}$、$\boldsymbol{B}$ 可逆,λ 是数,且 $\lambda\neq 0$,则

(1) $\boldsymbol{A}^{-1}$ 也可逆,且 $(\boldsymbol{A}^{-1})^{-1}=\boldsymbol{A}$.

(2) $\lambda\boldsymbol{A}$ 可逆,且 $(\lambda\boldsymbol{A})^{-1}=\dfrac{1}{\lambda}\boldsymbol{A}^{-1}$.

(3) $\boldsymbol{A}^{\mathrm{T}}$ 也可逆,且 $(\boldsymbol{A}^{\mathrm{T}})^{-1}=(\boldsymbol{A}^{-1})^{\mathrm{T}}$.

(4) $\boldsymbol{AB}$ 可逆,且 $(\boldsymbol{AB})^{-1}=\boldsymbol{B}^{-1}\boldsymbol{A}^{-1}$.

5. 分块矩阵

在处理阶数较高的矩阵时,通常采取的运算技巧是,将矩阵用横直线或者纵直线分成若干块,然后将每一个小块视为“元素”,以达到“化大矩阵为小矩阵”的目的. 熟练掌握分

块的方法和分块之后的运算规律将会为研究矩阵带来方便.

例如,

$$\boldsymbol{A}=\left(\begin{array}{ccc:cc}1&0&0&0&2\\0&1&0&1&3\\0&0&1&1&0\\ \hdashline 0&0&0&4&1\\0&0&0&1&4\end{array}\right)=\begin{pmatrix}\boldsymbol{E}_3&\boldsymbol{A}_1\\ \boldsymbol{O}&\boldsymbol{A}_2\end{pmatrix},$$

其中 $\boldsymbol{A}_1=\begin{pmatrix}0&2\\1&3\\1&0\end{pmatrix}$,$\boldsymbol{A}_2=\begin{pmatrix}4&1\\1&4\end{pmatrix}$,称 $\boldsymbol{A}=\begin{pmatrix}\boldsymbol{E}_3&\boldsymbol{A}_1\\ \boldsymbol{O}&\boldsymbol{A}_2\end{pmatrix}$为 2×2 分块矩阵.

若按列分块,可记为 $\boldsymbol{A}=(\boldsymbol{\alpha}_1\quad\boldsymbol{\alpha}_2\quad\boldsymbol{\alpha}_3\quad\boldsymbol{\alpha}_4\quad\boldsymbol{\alpha}_5)$,其中

$$\boldsymbol{\alpha}_1=\begin{pmatrix}1\\0\\0\\0\\0\end{pmatrix},\boldsymbol{\alpha}_2=\begin{pmatrix}0\\1\\0\\0\\0\end{pmatrix},\boldsymbol{\alpha}_3=\begin{pmatrix}0\\0\\1\\0\\0\end{pmatrix},\boldsymbol{\alpha}_4=\begin{pmatrix}0\\1\\1\\4\\1\end{pmatrix},\boldsymbol{\alpha}_5=\begin{pmatrix}2\\3\\0\\1\\4\end{pmatrix}.$$

若按行分块,可记为 $\boldsymbol{A}=\begin{pmatrix}\boldsymbol{\beta}_1^{\mathrm{T}}\\ \boldsymbol{\beta}_2^{\mathrm{T}}\\ \boldsymbol{\beta}_3^{\mathrm{T}}\\ \boldsymbol{\beta}_4^{\mathrm{T}}\\ \boldsymbol{\beta}_5^{\mathrm{T}}\end{pmatrix}$,其中

$\boldsymbol{\beta}_1^{\mathrm{T}}=(1\quad0\quad0\quad0\quad2)$,$\boldsymbol{\beta}_2^{\mathrm{T}}=(0\quad1\quad0\quad1\quad3)$,$\boldsymbol{\beta}_3^{\mathrm{T}}=(0\quad0\quad1\quad1\quad0)$,

$\boldsymbol{\beta}_4^{\mathrm{T}}=(0\quad0\quad0\quad4\quad1)$,$\boldsymbol{\beta}_5^{\mathrm{T}}=(0\quad0\quad0\quad1\quad4)$.

分块矩阵有如下运算性质:

(1) 分块矩阵的加法和减法

若

$$\boldsymbol{A}=\begin{pmatrix}\boldsymbol{A}_{11}&\cdots&\boldsymbol{A}_{1r}\\ \vdots&&\vdots\\ \boldsymbol{A}_{s1}&\cdots&\boldsymbol{A}_{sr}\end{pmatrix},\boldsymbol{B}=\begin{pmatrix}\boldsymbol{B}_{11}&\cdots&\boldsymbol{B}_{1r}\\ \vdots&&\vdots\\ \boldsymbol{B}_{s1}&\cdots&\boldsymbol{B}_{sr}\end{pmatrix},$$

且对应子块 $\boldsymbol{A}_{ij}$ 与 $\boldsymbol{B}_{ij}$ 的行、列数均相同,则

$$\boldsymbol{A}\pm\boldsymbol{B}=\begin{pmatrix}\boldsymbol{A}_{11}\pm\boldsymbol{B}_{11}&\cdots&\boldsymbol{A}_{1r}\pm\boldsymbol{B}_{1r}\\ \vdots&&\vdots\\ \boldsymbol{A}_{s1}\pm\boldsymbol{B}_{s1}&\cdots&\boldsymbol{A}_{sr}\pm\boldsymbol{B}_{sr}\end{pmatrix}.$$

(2) 分块矩阵的数乘

设 $A=\begin{pmatrix} A_{11} & \cdots & A_{1r} \\ \vdots & & \vdots \\ A_{s1} & \cdots & A_{sr} \end{pmatrix}$，$\lambda$ 为常数，则 $\lambda A=\begin{pmatrix} \lambda A_{11} & \cdots & \lambda A_{1r} \\ \vdots & & \vdots \\ \lambda A_{s1} & \cdots & \lambda A_{sr} \end{pmatrix}$.

(3) 分块矩阵的乘积

设 A 为 $m\times l$ 的矩阵，B 为 $l\times n$ 的矩阵，若利用分块阵计算 A 与 B 的乘积，则应使得分块后的分块阵保持 A 的列数等于 B 的行数不变，如

$$A=\begin{pmatrix} A_{11} & \cdots & A_{1t} \\ \vdots & & \vdots \\ A_{s1} & \cdots & A_{st} \end{pmatrix},B=\begin{pmatrix} B_{11} & \cdots & B_{1r} \\ \vdots & & \vdots \\ B_{t1} & \cdots & B_{tr} \end{pmatrix},$$

且要求 $A_{i1},A_{i2},\cdots,A_{it}$ 的列数分别等于 $B_{1j},B_{2j},\cdots,B_{tj}$ 的行数，也即 A 的列分法与 B 的行分法相同，这样

$$AB=C=\begin{pmatrix} C_{11} & \cdots & C_{1r} \\ \vdots & & \vdots \\ C_{s1} & \cdots & C_{sr} \end{pmatrix},$$

其中 $C_{ij}=A_{i1}B_{1j}+A_{i2}B_{2j}+\cdots+A_{it}B_{tj}(i=1,2,\cdots,s,j=1,2,\cdots,r)$.

在做分块矩阵的乘法时，要注意小块矩阵相乘的次序，只能是 $A_{ik}B_{kj}$，不能是 $B_{kj}A_{ik}$. 可以证明，分块相乘得到的 AB 的结果与不分块直接相乘求得的结果完全相同.

(4) 分块矩阵的转置

设 $A=\begin{pmatrix} A_{11} & A_{12} & \cdots & A_{1t} \\ A_{21} & A_{22} & \cdots & A_{2t} \\ \vdots & \vdots & & \vdots \\ A_{s1} & A_{s2} & \cdots & A_{st} \end{pmatrix}$，则 $A^{\mathrm{T}}=\begin{pmatrix} A_{11}^{\mathrm{T}} & A_{21}^{\mathrm{T}} & \cdots & A_{s1}^{\mathrm{T}} \\ A_{12}^{\mathrm{T}} & A_{22}^{\mathrm{T}} & \cdots & A_{s2}^{\mathrm{T}} \\ \vdots & \vdots & & \vdots \\ A_{1t}^{\mathrm{T}} & A_{2t}^{\mathrm{T}} & \cdots & A_{st}^{\mathrm{T}} \end{pmatrix}$.

(5) 分块对角阵

当 n 阶方阵 A 的非零元集中在主对角线附近时，可分块为

$$A=\begin{pmatrix} A_1 & & & \\ & A_2 & & \\ & & \ddots & \\ & & & A_s \end{pmatrix}$$

其中 $A_i(i=1,2,\cdots,s)$ 是方阵. 此时称 A 为分块对角阵，又称为准对角阵.

二、典型例题解析

题型一　矩阵的加法、数乘、乘法与转置运算

例 1　下列结论中不正确的是(　　).

(A) 设 $\boldsymbol{A}$ 为 n 阶矩阵,则 $(\boldsymbol{A}-\boldsymbol{E})(\boldsymbol{A}+\boldsymbol{E})=\boldsymbol{A}^2-\boldsymbol{E}$

(B) 设 $\boldsymbol{A},\boldsymbol{B}$ 均为 $n\times1$ 阶矩阵,则 $\boldsymbol{A}^{\mathrm{T}}\boldsymbol{B}=\boldsymbol{B}^{\mathrm{T}}\boldsymbol{A}$

(C) 设均 $\boldsymbol{A},\boldsymbol{B}$ 为 n 阶矩阵,且满足 $\boldsymbol{AB}=\boldsymbol{O}$,则 $(\boldsymbol{A}+\boldsymbol{B})^2=\boldsymbol{A}^2+\boldsymbol{B}^2$

(D) 设均 $\boldsymbol{A},\boldsymbol{B}$ 为 n 阶矩阵,且满足 $\boldsymbol{AB}=\boldsymbol{BA}$,则 $\boldsymbol{A}^5\boldsymbol{B}^3=\boldsymbol{B}^3\boldsymbol{A}^5$

解:(A) 因 $(\boldsymbol{A}-\boldsymbol{E})(\boldsymbol{A}+\boldsymbol{E})=\boldsymbol{A}^2-\boldsymbol{A}+\boldsymbol{A}-\boldsymbol{E}^2=\boldsymbol{A}-\boldsymbol{E}$,故结论正确.

(B) 因为 $\boldsymbol{A},\boldsymbol{B}$ 均为 $n\times1$ 阶矩阵,所以 $\boldsymbol{A}^{\mathrm{T}}\boldsymbol{B},\boldsymbol{B}^{\mathrm{T}}\boldsymbol{A}$ 均为一阶矩阵,从而 $\boldsymbol{A}^{\mathrm{T}}\boldsymbol{B}=(\boldsymbol{A}^{\mathrm{T}}\boldsymbol{B})^{\mathrm{T}}=\boldsymbol{B}^{\mathrm{T}}\boldsymbol{A}$,故结论正确.

(C) 由于矩阵的乘法不具有交换律,因此 $\boldsymbol{AB}=\boldsymbol{O}$ 推不出 $\boldsymbol{BA}=\boldsymbol{O}$,从而 $(\boldsymbol{A}+\boldsymbol{B})^2=\boldsymbol{A}^2+\boldsymbol{AB}+\boldsymbol{BA}+\boldsymbol{B}^2\neq\boldsymbol{A}^2+\boldsymbol{B}^2$,故结论不正确.

(D)由 $\boldsymbol{AB}=\boldsymbol{BA}$,有

$\boldsymbol{AB}^3=(\boldsymbol{AB})\boldsymbol{B}^2=(\boldsymbol{BA})\boldsymbol{B}^2=\boldsymbol{B}(\boldsymbol{AB})\boldsymbol{B}=\boldsymbol{B}^2\boldsymbol{AB}=\boldsymbol{B}^3\boldsymbol{A}$,

$\boldsymbol{A}^5\boldsymbol{B}^3=\boldsymbol{A}^4(\boldsymbol{AB}^3)=\boldsymbol{A}^4\boldsymbol{B}^3\boldsymbol{A}=\boldsymbol{A}^3(\boldsymbol{AB}^3)\boldsymbol{A}=\boldsymbol{A}^2(\boldsymbol{AB}^3)\boldsymbol{A}^2=\boldsymbol{A}(\boldsymbol{AB}^3)\boldsymbol{A}^3=\boldsymbol{B}^3\boldsymbol{A}^5$,

故结论正确.因此应选(C).

例 2　设

$$\boldsymbol{A}=\begin{pmatrix}1&1&1\\1&1&-1\\1&-1&1\end{pmatrix},\boldsymbol{B}=\begin{pmatrix}1&2&3\\-1&-2&4\\0&5&1\end{pmatrix}$$

求 $3\boldsymbol{A}-2\boldsymbol{B}$.

分析:此题需用到矩阵的数乘运算和减法运算.

解:显然 $\boldsymbol{A},\boldsymbol{B}$ 为同型矩阵,根据矩阵数乘运算与加减运算的定义有:

$$\begin{aligned}3\boldsymbol{A}-2\boldsymbol{B}&=3\begin{pmatrix}1&1&1\\1&1&-1\\1&-1&1\end{pmatrix}-2\begin{pmatrix}1&2&3\\-1&-2&4\\0&5&1\end{pmatrix}\\&=\begin{pmatrix}3&3&3\\3&3&-3\\3&-3&3\end{pmatrix}-\begin{pmatrix}2&4&6\\-2&-4&8\\0&10&2\end{pmatrix}\\&=\begin{pmatrix}1&-1&-3\\5&7&-11\\3&-13&1\end{pmatrix}.\end{aligned}$$

例 3　设

$$\boldsymbol{A}=\begin{pmatrix}-1&2&1\\0&-1&2\end{pmatrix},\boldsymbol{B}=\begin{pmatrix}1&2&0\\1&3&-2\\3&8&-4\end{pmatrix},\boldsymbol{C}=\begin{pmatrix}-4&-8\\2&4\\1&2\end{pmatrix}$$

求 $\boldsymbol{AB},\boldsymbol{BC},\boldsymbol{AC},\boldsymbol{CA}$.

分析:此题考查矩阵与矩阵的乘法,需要注意两个矩阵能够相乘的前提条件是,**前面**

的矩阵的列数须等于后面的矩阵的行数，对于乘积结果的每一个元素，计算必须细心.

解：

$$\boldsymbol{AB}=\begin{pmatrix}-1&2&1\\0&-1&2\end{pmatrix}\begin{pmatrix}1&2&0\\1&3&-2\\3&8&-4\end{pmatrix}=\begin{pmatrix}4&12&-8\\5&13&-6\end{pmatrix},$$

$$\boldsymbol{BC}=\begin{pmatrix}1&2&0\\1&3&-2\\3&8&-4\end{pmatrix}\begin{pmatrix}-4&-8\\2&4\\1&2\end{pmatrix}=\begin{pmatrix}0&0\\0&0\\0&0\end{pmatrix},$$

$$\boldsymbol{AC}=\begin{pmatrix}-1&2&1\\0&-1&2\end{pmatrix}\begin{pmatrix}-4&-8\\2&4\\1&2\end{pmatrix}=\begin{pmatrix}9&18\\0&0\end{pmatrix},$$

$$\boldsymbol{CA}=\begin{pmatrix}-4&-8\\2&4\\1&2\end{pmatrix}\begin{pmatrix}-1&2&1\\0&-1&2\end{pmatrix}=\begin{pmatrix}4&0&-20\\-2&0&10\\-1&0&5\end{pmatrix}.$$

以上运算再次表明：

(1) 矩阵的乘法不具有交换律，即 $\boldsymbol{AB}\neq\boldsymbol{BA}$，这是因为 $\boldsymbol{AB}$ 有意义时，$\boldsymbol{BA}$ 未必有意义，即使 $\boldsymbol{AB}$ 与 $\boldsymbol{BA}$ 都有意义，它们也不一定同型，即便它们同型，但结果也未必相等.

(2) $\boldsymbol{AB}=\boldsymbol{O}$ 不一定能推出 $\boldsymbol{A}=\boldsymbol{O}$ 或者 $\boldsymbol{B}=\boldsymbol{O}$；若 $\boldsymbol{A}$ 为可逆矩阵，则 $\boldsymbol{B}=\boldsymbol{O}$.

(3) 当 $\boldsymbol{A}\neq\boldsymbol{O}$ 且 $\boldsymbol{B}\neq\boldsymbol{O}$ 时，$\boldsymbol{AB}=\boldsymbol{O}$ 也可能成立.

例 4 (1) 设 $\boldsymbol{A},\boldsymbol{B}$ 是 n 阶方阵，且 $\boldsymbol{A}$ 为对称矩阵，证明 $\boldsymbol{B}^{\mathrm{T}}\boldsymbol{AB}$ 也是对称矩阵.

(2) 设 $\boldsymbol{A},\boldsymbol{B}$ 都是 n 阶对称矩阵，证明 $\boldsymbol{AB}$ 是对称矩阵的充分必要条件是 $\boldsymbol{AB}=\boldsymbol{BA}$.

分析：矩阵 $\boldsymbol{A}$ 为对称矩阵的充要条件是 $\boldsymbol{A}^{\mathrm{T}}=\boldsymbol{A}$，因此，若要证明一个矩阵为对称矩阵，需要验证这一点.

证明：(1) $\boldsymbol{A}$ 为对称矩阵，则有 $\boldsymbol{A}^{\mathrm{T}}=\boldsymbol{A}$，由转置的运算性质有

$$(\boldsymbol{B}^{\mathrm{T}}\boldsymbol{AB})^{\mathrm{T}}=\boldsymbol{B}^{\mathrm{T}}\boldsymbol{A}^{\mathrm{T}}\boldsymbol{B}=\boldsymbol{B}^{\mathrm{T}}\boldsymbol{AB}$$

所以 $\boldsymbol{B}^{\mathrm{T}}\boldsymbol{AB}$ 也为对称矩阵.

(2) 因为 $\boldsymbol{A},\boldsymbol{B}$ 都是 n 阶对称矩阵，所以 $\boldsymbol{A}^{\mathrm{T}}=\boldsymbol{A},\boldsymbol{B}^{\mathrm{T}}=\boldsymbol{B}$，因此

$$(\boldsymbol{AB})^{\mathrm{T}}=\boldsymbol{B}^{\mathrm{T}}\boldsymbol{A}^{\mathrm{T}}=\boldsymbol{BA},$$

故若 $\boldsymbol{AB}=\boldsymbol{BA}$，则 $(\boldsymbol{AB})^{\mathrm{T}}=\boldsymbol{B}^{\mathrm{T}}\boldsymbol{A}^{\mathrm{T}}=\boldsymbol{BA}=\boldsymbol{AB}$，即 $\boldsymbol{AB}$ 是对称矩阵；反之，若 $\boldsymbol{AB}$ 是对称矩阵，则必有 $\boldsymbol{AB}=\boldsymbol{BA}$，结论得证.

题型二　与逆矩阵相关的计算与判定

例 5　设矩阵 $\boldsymbol{D}=\boldsymbol{A}^{-1}\boldsymbol{B}^{\mathrm{T}}(\boldsymbol{CB}^{-1}+\boldsymbol{E})^{\mathrm{T}}-[(\boldsymbol{C}^{-1})^{\mathrm{T}}\boldsymbol{A}]^{-1}$，其中

$$\boldsymbol{A}=\begin{pmatrix}1&0&0\\0&1/2&0\\0&0&1/3\end{pmatrix},\boldsymbol{B}=\begin{pmatrix}1&2&0\\2&1&0\\0&0&1\end{pmatrix},\boldsymbol{C}=\begin{pmatrix}1&2&3\\4&5&6\\7&8&10\end{pmatrix},$$

求矩阵 $\boldsymbol{D}$.

分析:此题应该先利用转置与逆矩阵的运算性质,将矩阵 $\boldsymbol{D}$ 的形式化简,然后再利用矩阵的乘法规则计算出 $\boldsymbol{D}$ 的具体形式.

解:因为

$$\begin{aligned}\boldsymbol{D}&=\boldsymbol{A}^{-1}\boldsymbol{B}^{\mathrm{T}}(\boldsymbol{C}\boldsymbol{B}^{-1}+\boldsymbol{E})^{\mathrm{T}}-[(\boldsymbol{C}^{-1})^{\mathrm{T}}\boldsymbol{A}]^{-1}\\&=\boldsymbol{A}^{-1}\boldsymbol{B}^{\mathrm{T}}[(\boldsymbol{C}\boldsymbol{B}^{-1})^{\mathrm{T}}+\boldsymbol{E}]-\boldsymbol{A}^{-1}[(\boldsymbol{C}^{\mathrm{T}})^{-1}]^{-1}\\&=\boldsymbol{A}^{-1}\boldsymbol{B}^{\mathrm{T}}(\boldsymbol{B}^{\mathrm{T}})^{-1}\boldsymbol{C}^{\mathrm{T}}+\boldsymbol{A}^{-1}\boldsymbol{B}^{\mathrm{T}}-\boldsymbol{A}^{-1}\boldsymbol{C}^{\mathrm{T}}=\boldsymbol{A}^{-1}\boldsymbol{B}^{\mathrm{T}},\end{aligned}$$

而

$$\boldsymbol{A}^{-1}=\begin{pmatrix}1&0&0\\0&2&0\\0&0&3\end{pmatrix},$$

所以

$$\boldsymbol{D}=\boldsymbol{A}^{-1}\boldsymbol{B}^{\mathrm{T}}=\begin{pmatrix}1&0&0\\0&2&0\\0&0&3\end{pmatrix}\begin{pmatrix}1&2&0\\2&1&0\\0&0&1\end{pmatrix}=\begin{pmatrix}1&2&0\\4&2&0\\0&0&3\end{pmatrix}.$$

例 6　设 $\boldsymbol{A}$ 为 n 阶方阵,且 $\boldsymbol{A}^2=2\boldsymbol{E},\boldsymbol{B}=\boldsymbol{A}^2-2\boldsymbol{A}+\boldsymbol{E}$,证明 $\boldsymbol{B}$ 可逆,并求 $\boldsymbol{B}^{-1}$.

分析:此题须证明方阵 $\boldsymbol{B}$ 可逆,目前能够采用的方法是可以找到另外一个矩阵 $\boldsymbol{C}$,使得 $\boldsymbol{BC}=\boldsymbol{E}$ 即可.

证明:方法 1,由 $\boldsymbol{A}^2=2\boldsymbol{E}$,可得 $(\boldsymbol{A}-\boldsymbol{E})(\boldsymbol{A}+\boldsymbol{E})=\boldsymbol{E}$,故 $(\boldsymbol{A}-\boldsymbol{E})$ 可逆,且

$$(\boldsymbol{A}-\boldsymbol{E})^{-1}=\boldsymbol{A}+\boldsymbol{E}.$$

从而由 $\boldsymbol{B}=\boldsymbol{A}^2-2\boldsymbol{A}+\boldsymbol{E}=(\boldsymbol{A}-\boldsymbol{E})^2$ 可知,$\boldsymbol{B}$ 可逆,且

$$\boldsymbol{B}^{-1}=[(\boldsymbol{A}-\boldsymbol{E})^{-1}]^2=(\boldsymbol{A}+\boldsymbol{E})^2=\boldsymbol{A}^2+2\boldsymbol{A}+\boldsymbol{E}=3\boldsymbol{E}+2\boldsymbol{A}.$$

方法 2,由 $\boldsymbol{A}^2=2\boldsymbol{E}$,知 $(3\boldsymbol{E}-2\boldsymbol{A})(3\boldsymbol{E}+2\boldsymbol{A})=\boldsymbol{E}$,且 $\boldsymbol{B}=\boldsymbol{A}^2-2\boldsymbol{A}+\boldsymbol{E}=3\boldsymbol{E}-2\boldsymbol{A}$,所以 $\boldsymbol{B}^{-1}=(3\boldsymbol{E}-2\boldsymbol{A})^{-1}=3\boldsymbol{E}+2\boldsymbol{A}$.

三、应用与提高

例 7　已知不同商店三种水果的价格、不同人员需要水果的数量以及不同城镇不同人员的数目的情况如表 1.1～表 1.3 所示.

表 1.1　不同商店三种水果的价格

	商店 A	商店 B
苹果	6	7
桔子	4	3
梨	5	6

表 1.2 两类人员购买三种水果的需求量

	苹果	桔子	梨
人员 A	5	10	3
人员 B	4	5	5

表 1.3 两个城镇两类人员的数量

	人员 A	人员 B
城镇 1	1 000	500
城镇 2	2 000	1 000

设第一个矩阵为 $\boldsymbol{A}$,第二个矩阵为 $\boldsymbol{B}$,而第三个矩阵为 $\boldsymbol{C}$.

(1) 求出一个矩阵,它能给出在每个商店每类人员购买水果的费用.

(2) 求出一个矩阵,它能确定在每个城镇每种水果的购买量.

分析:这是一个关于矩阵乘法的简单应用实例,解题时应先将已知表格中的三个矩阵提炼出来,然后根据这些矩阵的实际意义可分别求出结果中要求的矩阵.

解:设以上三个表格中的矩阵分别为

$$\boldsymbol{A}=\begin{pmatrix}6&7\\4&3\\5&6\end{pmatrix},\boldsymbol{B}=\begin{pmatrix}5&10&3\\4&5&5\end{pmatrix},\boldsymbol{C}=\begin{pmatrix}1\,000&500\\2\,000&1\,000\end{pmatrix}$$

(1) 若把每个商店每类人员用于购买水果的费用用矩阵 $\boldsymbol{D}$ 表示,则

$$\boldsymbol{D}=\boldsymbol{BA}=\begin{pmatrix}5&10&3\\4&5&5\end{pmatrix}\begin{pmatrix}6&7\\4&3\\5&6\end{pmatrix}=\begin{pmatrix}85&83\\69&73\end{pmatrix}.$$

(2) 若把每个城镇每种水果的购买量用矩阵 $\boldsymbol{F}$ 表示,则

$$\boldsymbol{F}=\boldsymbol{CB}=\begin{pmatrix}1\,000&500\\2\,000&1\,000\end{pmatrix}\begin{pmatrix}5&10&3\\4&5&5\end{pmatrix}=\begin{pmatrix}7\,000&12\,500&5\,500\\14\,000&25\,000&11\,000\end{pmatrix}.$$

例 8 图 1.1 是某地各城市间的道路网,问 v_1 城到 v_7 城有无道路相通? 若有,至少多长(两城间距假设为 1,道路按箭头指向单向行驶)?

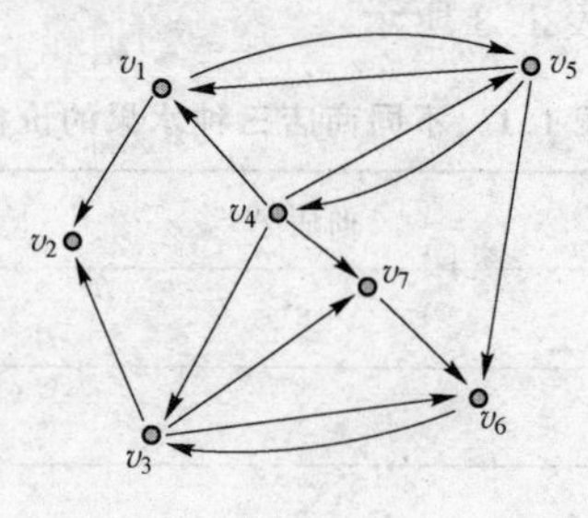

图 1.1

分析:这是矩阵在图论中的一个简单应用,解决此问题需要理解邻接矩阵的意义,且有结论:若 $\boldsymbol{A}$ 为某图的 n 阶邻接矩阵,$\boldsymbol{A}^k=(a_{ij}^{(k)})_{n\times n}$,则 $a_{ij}^{(k)}$ 表示从顶点 v_i 到顶点 v_j 的长度为 k 的通路的条数.

解:该图的邻接矩阵为

$$\boldsymbol{A}=\begin{pmatrix}0&1&0&0&1&0&0\\0&0&0&0&0&0&0\\0&1&0&0&0&1&1\\1&0&1&0&1&0&1\\1&0&0&1&0&1&0\\0&0&1&0&0&0&0\\0&0&0&0&0&1&0\end{pmatrix},$$

由于 $a_{17}=0$,所以没有从 v_1 到 v_7 长为 1 的道路,而

$$\boldsymbol{A}^2=\boldsymbol{B}=\begin{pmatrix}1&0&0&1&0&1&0\\0&0&0&0&0&0&0\\0&0&1&0&0&1&0\\1&2&0&1&1&3&1\\1&1&2&0&2&0&1\\0&1&0&0&0&1&1\\0&0&1&0&0&0&0\end{pmatrix},$$

由于 $b_{17}=0$,所以没有从 v_1 到 v_7 长为 2 的道路,类似的

$$\boldsymbol{A}^3=\boldsymbol{C}=\begin{pmatrix}1&1&2&0&2&0&1\\0&0&0&0&0&0&0\\0&1&1&0&0&1&1\\2&1&4&1&2&2&1\\2&3&0&2&1&5&2\\0&0&1&0&0&1&0\\0&1&0&0&0&1&1\end{pmatrix},$$

由于 $c_{17}=1$,所以存在唯一的从 v_1 到 v_7 长为 3 的道路,这条路最近,它是 $v_1v_5v_4v_7$.

例 9　(1) 设 $\boldsymbol{A}=\begin{pmatrix}1&0\\\lambda&1\end{pmatrix}$,求 $\boldsymbol{A}^2,\boldsymbol{A}^3,\cdots,\boldsymbol{A}^k$.

(2) 求证

$$\begin{pmatrix}\cos\theta&-\sin\theta\\\sin\theta&\cos\theta\end{pmatrix}^n=\begin{pmatrix}\cos n\theta&-\sin n\theta\\\sin n\theta&\cos n\theta\end{pmatrix}.$$

分析:第(1)小题可计算前面几项,然后观察出规律即可,第(2)小题可考虑用数学归

纳法证明.

(1) **解:**

$$\boldsymbol{A}^2=\boldsymbol{A}\cdot\boldsymbol{A}=\begin{pmatrix}1&0\\\lambda&1\end{pmatrix}\begin{pmatrix}1&0\\\lambda&1\end{pmatrix}=\begin{pmatrix}1&0\\2\lambda&1\end{pmatrix},$$

$$\boldsymbol{A}^3=\boldsymbol{A}^2\cdot\boldsymbol{A}=\begin{pmatrix}1&0\\2\lambda&1\end{pmatrix}\begin{pmatrix}1&0\\\lambda&1\end{pmatrix}=\begin{pmatrix}1&0\\3\lambda&1\end{pmatrix},$$

$$\vdots$$

$$\boldsymbol{A}^k=\boldsymbol{A}^{k-1}\cdot\boldsymbol{A}=\begin{pmatrix}1&0\\(k-1)\lambda&1\end{pmatrix}\begin{pmatrix}1&0\\\lambda&1\end{pmatrix}=\begin{pmatrix}1&0\\k\lambda&1\end{pmatrix}.$$

(2) **证明:**用数学归纳法.当 $n=1$ 时,等式成立.

假设当 $n=k$ 时等式成立,即有

$$\begin{pmatrix}\cos\theta&-\sin\theta\\\sin\theta&\cos\theta\end{pmatrix}^k=\begin{pmatrix}\cos k\theta&-\sin k\theta\\\sin k\theta&\cos k\theta\end{pmatrix}$$

则当 $n=k+1$ 时,

$$\begin{aligned}\begin{pmatrix}\cos\theta&-\sin\theta\\\sin\theta&\cos\theta\end{pmatrix}^{k+1}&=\begin{pmatrix}\cos\theta&-\sin\theta\\\sin\theta&\cos\theta\end{pmatrix}^k\begin{pmatrix}\cos\theta&-\sin\theta\\\sin\theta&\cos\theta\end{pmatrix}\\&=\begin{pmatrix}\cos k\theta&-\sin k\theta\\\sin k\theta&\cos k\theta\end{pmatrix}\begin{pmatrix}\cos\theta&-\sin\theta\\\sin\theta&\cos\theta\end{pmatrix}\\&=\begin{pmatrix}\cos(k+1)\theta&-\sin(k+1)\theta\\\sin(k+1)\theta&\cos(k+1)\theta\end{pmatrix},\end{aligned}$$

等式得证.

例 10 (1999 年考研)设 $\boldsymbol{A}=\begin{pmatrix}1&0&1\\0&2&0\\1&0&1\end{pmatrix}$,而 $n\geqslant 2$ 为整数,则 $\boldsymbol{A}^n-2\boldsymbol{A}^{n-1}=$ ________.

分析:此题需要先计算 $\boldsymbol{A}^2$,观察规律,然后运用此规律计算所需要的结果.

解:$\boldsymbol{A}=\begin{pmatrix}1&0&1\\0&2&0\\1&0&1\end{pmatrix}$,则

$$\boldsymbol{A}^2=\begin{pmatrix}1&0&1\\0&2&0\\1&0&1\end{pmatrix}\begin{pmatrix}1&0&1\\0&2&0\\1&0&1\end{pmatrix}=\begin{pmatrix}2&0&2\\0&4&0\\2&0&2\end{pmatrix}=2\begin{pmatrix}1&0&1\\0&2&0\\1&0&1\end{pmatrix}=2\boldsymbol{A},$$

从而 $\boldsymbol{A}^2-2\boldsymbol{A}=\boldsymbol{O}$. 故有

$$\boldsymbol{A}^n-2\boldsymbol{A}^{n-1}=\boldsymbol{A}^{n-2}(\boldsymbol{A}^2-2\boldsymbol{A})=\boldsymbol{A}^{n-2}\cdot\boldsymbol{O}=\boldsymbol{O}.$$

例 11 (2001 年考研)设矩阵 $\boldsymbol{A}$ 满足 $\boldsymbol{A}^2+\boldsymbol{A}-4\boldsymbol{E}=\boldsymbol{O}$,其中 E 为单位矩阵,则 $(A-E)^{-1}=$ ________.

分析:此题是考查方阵可逆的充要条件的常规题型,一般采用的方法是找到另外一个矩阵 $\boldsymbol{C}$,使得 $(\boldsymbol{A}-\boldsymbol{E})\boldsymbol{C}=\boldsymbol{E}$,则矩阵 $\boldsymbol{C}$ 即是矩阵 $\boldsymbol{A}-\boldsymbol{E}$ 的逆矩阵.

解:$\boldsymbol{A}^2+\boldsymbol{A}-4\boldsymbol{E}=\boldsymbol{O}\Rightarrow A^2+A-2E=2E\Rightarrow(A-E)(A+2E)=2E$,

即 $(\boldsymbol{A}-\boldsymbol{E})\cdot\frac{1}{2}(\boldsymbol{A}+2\boldsymbol{E})=\boldsymbol{E}$,故 $(\boldsymbol{A}-\boldsymbol{E})^{-1}=\frac{1}{2}(\boldsymbol{A}+2\boldsymbol{E})$.

例 12　(2008 年考研)设 $\boldsymbol{A}$ 为 n 阶非零矩阵,$\boldsymbol{E}$ 为 n 阶单位阵,若 $\boldsymbol{A}^3=\boldsymbol{O}$,则(　　).

(A) $\boldsymbol{E}-\boldsymbol{A}$ 不可逆,$\boldsymbol{E}+\boldsymbol{A}$ 不可逆　　(B) $\boldsymbol{E}-\boldsymbol{A}$ 不可逆,$\boldsymbol{E}+\boldsymbol{A}$ 可逆

(C) $\boldsymbol{E}-\boldsymbol{A}$ 可逆,$\boldsymbol{E}+\boldsymbol{A}$ 可逆　　(D) $\boldsymbol{E}-\boldsymbol{A}$ 可逆,$\boldsymbol{E}+\boldsymbol{A}$ 不可逆

分析:$(\boldsymbol{E}-\boldsymbol{A})(\boldsymbol{E}+\boldsymbol{A}+\boldsymbol{A}^2)=\boldsymbol{E}-\boldsymbol{A}^3=\boldsymbol{E}$,$(\boldsymbol{E}+\boldsymbol{A})(\boldsymbol{E}-\boldsymbol{A}+\boldsymbol{A}^2)=\boldsymbol{E}+\boldsymbol{A}^3=\boldsymbol{E}$,故 $\boldsymbol{E}-\boldsymbol{A}$ 可逆,$\boldsymbol{E}+\boldsymbol{A}$ 也可逆.

解:应选(C).

四、自测题一

一、判断题

1. 如果 $\boldsymbol{A}^2=\boldsymbol{O}$,则 $A=\boldsymbol{O}$.　(　　)
2. 如果 $\boldsymbol{A}+\boldsymbol{A}^2=\boldsymbol{E}$,则 $\boldsymbol{A}$ 为可逆矩阵.　(　　)
3. $\boldsymbol{A},\boldsymbol{B},\boldsymbol{C}$ 为 n 阶方阵,若 $\boldsymbol{AB}=\boldsymbol{AC}$, 则 $\boldsymbol{B}=\boldsymbol{C}$.　(　　)
4. 设 $\boldsymbol{A},\boldsymbol{B}$ 为 n 阶方阵,则 $(\boldsymbol{A}-\boldsymbol{B})(\boldsymbol{A}+\boldsymbol{B})=\boldsymbol{A}^2-\boldsymbol{B}^2$.　(　　)
5. 任何零矩阵都相等.　(　　)

二、选择题

1. 设 $\boldsymbol{A}$ 是 n 阶对称矩阵,$\boldsymbol{B}$ 是 n 阶反对称矩阵 $(\boldsymbol{B}^{\mathrm{T}}=-\boldsymbol{B})$,则下列矩阵中为反对称矩阵的是(　　).

(A) $\boldsymbol{AB}-\boldsymbol{BA}$　　(B) $\boldsymbol{AB}+\boldsymbol{BA}$　　(C) $(\boldsymbol{AB})^2$　　(D) $\boldsymbol{BAB}$

2. 设 $\boldsymbol{A}$ 是任意一个 n 阶矩阵,那么(　　)是对称矩阵.

(A) $\boldsymbol{A}^{\mathrm{T}}\boldsymbol{A}$　　(B) $\boldsymbol{A}-\boldsymbol{A}^{\mathrm{T}}$　　(C) $\boldsymbol{A}^2$　　(D) $\boldsymbol{A}^{\mathrm{T}}-\boldsymbol{A}$

3. $\boldsymbol{A}$ 是 $m\times k$ 矩阵, $\boldsymbol{B}$ 是 $k\times t$ 矩阵, 若 $\boldsymbol{B}$ 的第 j 列元素全为零,则下列结论正确的是(　　).

(A) $\boldsymbol{AB}$ 的第 j 列元素全等于零　　(B) $\boldsymbol{AB}$ 的第 j 行元素全等于零

(C) $\boldsymbol{BA}$ 的第 j 列元素全等于零　　(D) $\boldsymbol{BA}$ 的第 j 行元素全等于零

4. $\boldsymbol{A},\boldsymbol{B},\boldsymbol{C}$ 均是 n 阶矩阵,下列命题正确的是(　　).

(A) 若 $\boldsymbol{A}$ 是可逆矩阵,则从 $\boldsymbol{AB}=\boldsymbol{AC}$ 可推出 $\boldsymbol{BA}=\boldsymbol{CA}$

(B) 若 $\boldsymbol{A}$ 是可逆矩阵,则必有 $\boldsymbol{AB}=\boldsymbol{BA}$

(C) 若 $\boldsymbol{A}\neq\boldsymbol{O}$,则从 $AB=AC$ 可推出 $B=C$

(D) 若 $\boldsymbol{B}\neq\boldsymbol{C}$,则必有 $\boldsymbol{AB}\neq\boldsymbol{AC}$

5. $\boldsymbol{A},\boldsymbol{B},\boldsymbol{C}$ 均是 n 阶矩阵,$\boldsymbol{E}$ 为 n 阶单位矩阵,若 $\boldsymbol{ABC}=\boldsymbol{E}$,则有(　　).

(A) $\boldsymbol{ACB}=\boldsymbol{E}$　　(B) $\boldsymbol{BAC}=\boldsymbol{E}$　　(C) $\boldsymbol{BCA}=\boldsymbol{E}$　　(D) $\boldsymbol{CBA}=\boldsymbol{E}$

6. 已知 $\boldsymbol{A}=\begin{pmatrix}4 & 6\\1 & -2\end{pmatrix}$,$\boldsymbol{B}=\begin{pmatrix}1 & 3 & 5\\2 & 4 & 6\end{pmatrix}$,下列运算可行的是(　　).

(A) $\boldsymbol{A}+\boldsymbol{B}$　　(B) $\boldsymbol{A}-\boldsymbol{B}$　　(C) $\boldsymbol{AB}$　　(D) $\boldsymbol{AB}-\boldsymbol{BA}$

7. 设 $\boldsymbol{A},\boldsymbol{B}$ 是两个 $m\times n$ 矩阵,$\boldsymbol{C}$ 是 n 阶矩阵,那么(　　).

(A) $\boldsymbol{C}(\boldsymbol{A}+\boldsymbol{B})=\boldsymbol{CA}+\boldsymbol{CB}$　　(B) $(\boldsymbol{A}^{\mathrm{T}}+\boldsymbol{B}^{\mathrm{T}})\boldsymbol{C}=\boldsymbol{A}^{\mathrm{T}}\boldsymbol{C}+\boldsymbol{B}^{\mathrm{T}}\boldsymbol{C}$

(C) $\boldsymbol{C}^{\mathrm{T}}(\boldsymbol{A}+\boldsymbol{B})=\boldsymbol{C}^{\mathrm{T}}\boldsymbol{A}+\boldsymbol{C}^{\mathrm{T}}\boldsymbol{B}$　　(D) $(\boldsymbol{A}+\boldsymbol{B})\boldsymbol{C}=\boldsymbol{AC}+\boldsymbol{BC}$

8. 设 $\boldsymbol{A}=\begin{pmatrix}1 & 3\\2 & 0\end{pmatrix}$,则 $\boldsymbol{A}^{-1}=$(　　).

(A) $\begin{pmatrix}0 & 1/2\\-1/3 & -1/6\end{pmatrix}$　　(B) $\begin{pmatrix}0 & -1/3\\1/3 & 1/6\end{pmatrix}$

(C) $\begin{pmatrix}0 & 1/3\\1/2 & -1/6\end{pmatrix}$　　(D) $\begin{pmatrix}0 & 1/2\\1/3 & -1/6\end{pmatrix}$

9. 设 $\boldsymbol{A},\boldsymbol{B}$ 均为 n 阶方阵,下面结论正确的是(　　).

(A) 若 $\boldsymbol{A},\boldsymbol{B}$ 均可逆,则 $\boldsymbol{A}+\boldsymbol{B}$ 可逆　　(B) 若 $\boldsymbol{A},\boldsymbol{B}$ 均可逆,则 $\boldsymbol{AB}$ 可逆

(C) 若 $\boldsymbol{A}+\boldsymbol{B}$ 可逆,则 $\boldsymbol{A}-\boldsymbol{B}$ 可逆　　(D) 若 $\boldsymbol{A}+\boldsymbol{B}$ 可逆,则 $\boldsymbol{A},\boldsymbol{B}$ 均可逆

10. 设 $\boldsymbol{A},\boldsymbol{B},\boldsymbol{C}$ 均是 n 阶矩阵,$\boldsymbol{E}$ 为 n 阶单位矩阵,若 $\boldsymbol{B}=\boldsymbol{E}+\boldsymbol{AB}$,$\boldsymbol{C}=\boldsymbol{A}+\boldsymbol{CA}$,则 $\boldsymbol{B}-\boldsymbol{C}$ 为(　　).

(A) $\boldsymbol{E}$　　(B) $-\boldsymbol{E}$　　(C) $\boldsymbol{A}$　　(D) $-\boldsymbol{A}$

三、解答下列各题

1. 设 $\boldsymbol{A}=(1/2,0,1/2)$,$\boldsymbol{B}=\boldsymbol{E}-\boldsymbol{A}^{\mathrm{T}}\boldsymbol{A}$,$\boldsymbol{C}=\boldsymbol{E}+2\boldsymbol{A}^{\mathrm{T}}\boldsymbol{A}$,求 $\boldsymbol{BC}$.

2. 设 $\boldsymbol{A}=\begin{pmatrix}0 & 3 & 3\\1 & 1 & 0\\-1 & 2 & 3\end{pmatrix}$,$\boldsymbol{AB}=\boldsymbol{A}+2\boldsymbol{B}$,求 $\boldsymbol{B}$.

3. 设 $\boldsymbol{P}^{-1}\boldsymbol{AP}=\boldsymbol{\Lambda}$, 其中 $\boldsymbol{P}=\begin{pmatrix}-1 & -4\\1 & 1\end{pmatrix}$,$\boldsymbol{\Lambda}=\begin{pmatrix}-1 & 0\\0 & 2\end{pmatrix}$,求 $\boldsymbol{A}^{11}$.

4. 设 3 阶方阵 $\boldsymbol{A},\boldsymbol{B}$ 满足 $2\boldsymbol{A}^{-1}\boldsymbol{B}=\boldsymbol{B}-4\boldsymbol{E}$,证明:$\boldsymbol{A}-2\boldsymbol{E}$ 可逆,并求其逆.

5. 设 $\boldsymbol{AX}+\boldsymbol{B}=3\boldsymbol{C}$,其中 $\boldsymbol{A}=\begin{pmatrix}1 & 2\\0 & 1\end{pmatrix}$,$\boldsymbol{B}=\begin{pmatrix}1 & 1\\1 & 0\end{pmatrix}$,$\boldsymbol{C}=\begin{pmatrix}1 & 0\\1 & 1\end{pmatrix}$,求 $\boldsymbol{X}$.

6. 设 $\boldsymbol{\alpha}$ 为三维列向量,$\boldsymbol{\alpha}^{\mathrm{T}}$ 是 $\boldsymbol{\alpha}$ 的转置,若 $\boldsymbol{\alpha}\boldsymbol{\alpha}^{\mathrm{T}}=\begin{pmatrix}1 & -1 & 1\\-1 & 1 & -1\\1 & -1 & 1\end{pmatrix}$,计算 $\boldsymbol{\alpha}^{\mathrm{T}}\boldsymbol{\alpha}$ 的值.

五、教材习题全解

习题 1.1

1. 判断题.

(1) 矩阵的行数和列数一定相等.

(2) 任何两个零矩阵都相等.

(3) 任何两个单位矩阵都相等.

(4) 数量矩阵一定是对角矩阵,对角矩阵不一定是数量矩阵.

解: (1) × (2) × (3) × (4) √

2. 设 $\begin{pmatrix} a+2b & -1 \\ 0 & 2 \\ 2 & 3 \end{pmatrix} = \begin{pmatrix} 1 & -1 \\ 0 & 2 \\ a-b & 3 \end{pmatrix}$,求 a,b.

解: 若两个同型矩阵相等,则必有对应位置的元素相等,由已知可得:$\begin{cases} a+2b=1 \\ a-b=2 \end{cases}$,由此可得 $a=\dfrac{5}{3}$,$b=-\dfrac{1}{3}$.

3. 设某四个城市的单向航向如图 1.2 所示,其中箭头表示对应的城市存在单向航线. 若令 $a_{ij}=1$ 表示从 i 城市到 j 城市有一条单向航线;$a_{ij}=0$ 表示从 i 城市到 j 城市没有单向航线,则图 1.2 可用什么样的矩阵表示?

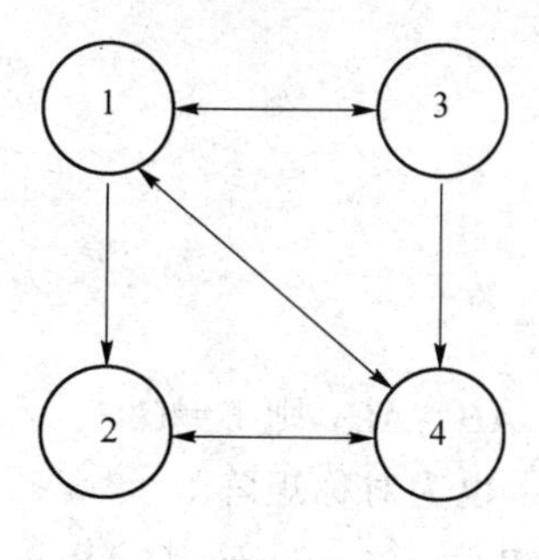

图 1.2

解: 根据邻接矩阵的定义可知,图 1.2 对应的邻接矩阵为 $\begin{pmatrix} 0 & 1 & 1 & 1 \\ 0 & 0 & 0 & 1 \\ 1 & 0 & 0 & 1 \\ 1 & 1 & 0 & 0 \end{pmatrix}$.

4. 试写出线性方程组

$$\begin{cases} x_1-x_2+x_3+2x_4=1 \\ 2x_1+3x_2-x_3-x_4=-1 \\ 4x_1+x_2+x_3+x_4=0 \\ x_1+4x_2-2x_3+3x_4=-2 \end{cases}$$

的系数矩阵和增广矩阵.

解:上述方程组的系数矩阵为

$$\begin{pmatrix} 1 & -1 & 1 & 2 \\ 2 & 3 & -1 & -1 \\ 4 & 1 & 1 & 1 \\ 1 & 4 & -2 & 3 \end{pmatrix},$$

增广矩阵为

$$\begin{pmatrix} 1 & -1 & 1 & 2 & 1 \\ 2 & 3 & -1 & -1 & -1 \\ 4 & 1 & 1 & 1 & 0 \\ 1 & 4 & -2 & 3 & -2 \end{pmatrix}.$$

5. 当 a,b 为何值时,矩阵 $\begin{pmatrix} 2 & 0 & a+2b+3 \\ 5 & 1 & a+b \\ 1 & 4 & 3 \end{pmatrix}$ 为下三角形矩阵?

解:若已知矩阵为下三角形矩阵,则主对角线上方的元素全为 0,因此有

$$\begin{cases} a+2b+3=0 \\ a+b=0 \end{cases},$$

由此可得 $a=3,b=-3$.

习题 1.2

1. 判断题.

(1) 如果 $\boldsymbol{A}^2=\boldsymbol{O}$,则 $\boldsymbol{A}=\boldsymbol{O}$.

(2) $\boldsymbol{A},\boldsymbol{B},\boldsymbol{C}$ 为 n 阶方阵,若 $\boldsymbol{AB}=\boldsymbol{AC}$, 则 $\boldsymbol{B}=\boldsymbol{C}$.

(3) 若 $\boldsymbol{A}$ 为对称矩阵,则 $\boldsymbol{A}^{\mathrm{T}}$ 也为对称矩阵.

(4) 若 $\boldsymbol{A}$ 为 $m\times n$ 矩阵,若 $\boldsymbol{B}$ 为 $n\times p$ 矩阵,则 $\boldsymbol{AB}$ 为 $m\times p$ 矩阵.

解: (1) × (2) × (3) √ (4) √

2. 选择题.

(1) $\boldsymbol{A}$ 是 $m\times k$ 矩阵, $\boldsymbol{B}$ 是 $k\times t$ 矩阵, 若 $\boldsymbol{B}$ 的第 j 列元素全为零,则下列结论正确的是( ).

(A) $\boldsymbol{AB}$ 的第 j 列元素全等于零 (B) $\boldsymbol{AB}$ 的第 j 行元素全等于零

(C) $\boldsymbol{BA}$ 的第 j 列元素全等于零 (D) $\boldsymbol{BA}$ 的第 j 行元素全等于零

(2) 设 $\boldsymbol{A},\boldsymbol{B}$ 为 n 阶方阵,$\boldsymbol{E}$ 为 n 阶单位阵,则以下命题中正确的是(　　).

(A) $(\boldsymbol{A}+\boldsymbol{B})^2=\boldsymbol{A}^2+2\boldsymbol{AB}+\boldsymbol{B}^2$　　(B) $\boldsymbol{A}^2-\boldsymbol{B}^2=(\boldsymbol{A}+\boldsymbol{B})(\boldsymbol{A}-\boldsymbol{B})$

(C) $(\boldsymbol{AB})^2=\boldsymbol{A}^2\boldsymbol{B}^2$　　(D) $\boldsymbol{A}^2-\boldsymbol{E}^2=(\boldsymbol{A}+\boldsymbol{E})(\boldsymbol{A}-\boldsymbol{E})$

(3) 已知 $\boldsymbol{A}=\begin{pmatrix}4&6\\1&-2\end{pmatrix}$,$\boldsymbol{B}=\begin{pmatrix}1&3&5\\2&4&6\end{pmatrix}$,下列运算可行的是(　　).

(A) $\boldsymbol{A}+\boldsymbol{B}$　　(B) $\boldsymbol{A}-\boldsymbol{B}$　　(C) $\boldsymbol{AB}$　　(D) $\boldsymbol{AB}-\boldsymbol{BA}$

(4) 设 $\boldsymbol{A},\boldsymbol{B}$ 是两个 $m\times n$ 矩阵,$\boldsymbol{C}$ 是 n 阶矩阵,那么(　　).

(A) $(\boldsymbol{A}+\boldsymbol{B})\boldsymbol{C}=\boldsymbol{CA}+\boldsymbol{CB}$　　(B) $(\boldsymbol{A}^{\mathrm{T}}+\boldsymbol{B}^{\mathrm{T}})\boldsymbol{C}=\boldsymbol{A}^{\mathrm{T}}\boldsymbol{C}+\boldsymbol{B}^{\mathrm{T}}\boldsymbol{C}$

(C) $\boldsymbol{C}^{\mathrm{T}}(\boldsymbol{A}+\boldsymbol{B})=\boldsymbol{C}^{\mathrm{T}}\boldsymbol{A}+\boldsymbol{C}^{\mathrm{T}}\boldsymbol{B}$　　(D) $(\boldsymbol{A}+\boldsymbol{B})\boldsymbol{C}=\boldsymbol{AC}+\boldsymbol{BC}$

(5) 设 $\boldsymbol{A},\boldsymbol{B}$ 为 n 阶对称矩阵,下列矩阵中不一定为对称矩阵的是(　　).

(A) $\boldsymbol{A}+2\boldsymbol{B}$　　(B) $\boldsymbol{AB}-\boldsymbol{BA}$　　(C) $\boldsymbol{AB}+\boldsymbol{BA}$　　(D) $\boldsymbol{ABA}$

解: (1) A　(2) D　(3) C　(4) D　(5) B

3. 设 $\boldsymbol{A}=\begin{pmatrix}2&4&1\\0&3&5\end{pmatrix}$,$\boldsymbol{B}=\begin{pmatrix}-1&3&1\\2&0&5\end{pmatrix}$,$\boldsymbol{C}=\begin{pmatrix}0&1&2\\-3&-1&3\end{pmatrix}$, 求 $3\boldsymbol{A}-2\boldsymbol{B}+\boldsymbol{C}$.

解: $3\boldsymbol{A}-2\boldsymbol{B}+\boldsymbol{C}=3\begin{pmatrix}2&4&1\\0&3&5\end{pmatrix}-2\begin{pmatrix}-1&3&1\\2&0&5\end{pmatrix}+\begin{pmatrix}0&1&2\\-3&-1&3\end{pmatrix}=\begin{pmatrix}8&7&3\\-7&8&8\end{pmatrix}$

4. 设 $\boldsymbol{A}=\begin{pmatrix}6&-1\\3&0\\2&3\end{pmatrix}$,$\boldsymbol{B}=\begin{pmatrix}1&-1\\0&2\\5&3\end{pmatrix}$,求 $\boldsymbol{A}+3\boldsymbol{B}$,$\boldsymbol{A}^{\mathrm{T}}-2\boldsymbol{B}^{\mathrm{T}}$.

解: $\boldsymbol{A}+3\boldsymbol{B}=\begin{pmatrix}6&-1\\3&0\\2&3\end{pmatrix}+3\begin{pmatrix}1&-1\\0&2\\5&3\end{pmatrix}=\begin{pmatrix}9&-4\\3&6\\17&12\end{pmatrix}$,

$\boldsymbol{A}^{\mathrm{T}}-2\boldsymbol{B}^{\mathrm{T}}=\begin{pmatrix}6&3&2\\-1&0&3\end{pmatrix}-2\begin{pmatrix}1&0&5\\-1&2&3\end{pmatrix}=\begin{pmatrix}4&3&-8\\1&-4&-3\end{pmatrix}$.

5. 计算下列矩阵的乘积.

(1) $\begin{pmatrix}2\\1\\3\end{pmatrix}(1\quad 3\quad 2)$;　(2) $(2\quad 1\quad 3)\begin{pmatrix}1\\3\\2\end{pmatrix}$;　(3) $\begin{pmatrix}1&0&0\\0&1&0\\0&0&1\end{pmatrix}\begin{pmatrix}2&1\\4&3\\7&9\end{pmatrix}$;

(4) $\begin{pmatrix}2&1&4&3\\1&-1&3&4\end{pmatrix}\begin{pmatrix}1&3&1\\0&-1&2\\1&-3&1\\0&2&-2\end{pmatrix}$;　(5) $\begin{pmatrix}2\\-1\\3\end{pmatrix}(2\quad -1)\begin{pmatrix}1&-1\\3&-2\end{pmatrix}$.

解: (1) $\begin{pmatrix}2\\1\\3\end{pmatrix}(1\quad 3\quad 2)=\begin{pmatrix}2&6&4\\1&3&2\\3&9&6\end{pmatrix}$;

(2) $(2\quad 1\quad 3)\begin{pmatrix}1\\3\\2\end{pmatrix}=(11)$;

(3) $\begin{pmatrix}1&0&0\\0&1&0\\0&0&1\end{pmatrix}\begin{pmatrix}2&1\\4&3\\7&9\end{pmatrix}=\begin{pmatrix}2&1\\4&3\\7&9\end{pmatrix}$;

(4) $\begin{pmatrix}2&1&4&3\\1&-1&3&4\end{pmatrix}\begin{pmatrix}1&3&1\\0&-1&2\\1&-3&1\\0&2&-2\end{pmatrix}=\begin{pmatrix}6&-1&2\\4&3&-6\end{pmatrix}$;

(5) $\begin{pmatrix}2\\-1\\3\end{pmatrix}(2\quad -1)\begin{pmatrix}1&-1\\3&-2\end{pmatrix}=\begin{pmatrix}-2&0\\1&0\\-3&0\end{pmatrix}$.

6. 设

$$\boldsymbol{A}=\begin{pmatrix}1&2&1\\0&0&2\\0&0&1\end{pmatrix},\boldsymbol{B}=\begin{pmatrix}1&3&0\\0&1&1\\0&0&1\end{pmatrix}.$$

计算:(1)$\boldsymbol{AB}-\boldsymbol{BA}$;(2)$\boldsymbol{A}^{\mathrm{T}}\boldsymbol{B}$,$\boldsymbol{B}^{\mathrm{T}}\boldsymbol{A}$.

解:(1) $\boldsymbol{AB}-\boldsymbol{BA}=\begin{pmatrix}1&2&1\\0&0&2\\0&0&1\end{pmatrix}\begin{pmatrix}1&3&0\\0&1&1\\0&0&1\end{pmatrix}-\begin{pmatrix}1&3&0\\0&1&1\\0&0&1\end{pmatrix}\begin{pmatrix}1&2&1\\0&0&2\\0&0&1\end{pmatrix}$

$$=\begin{pmatrix}1&5&3\\0&0&2\\0&0&1\end{pmatrix}-\begin{pmatrix}1&2&7\\0&0&3\\0&0&1\end{pmatrix}=\begin{pmatrix}0&3&-4\\0&0&-1\\0&0&0\end{pmatrix};$$

(2) $\boldsymbol{A}^{\mathrm{T}}\boldsymbol{B}=\begin{pmatrix}1&0&0\\2&0&0\\1&2&1\end{pmatrix}\begin{pmatrix}1&3&0\\0&1&1\\0&0&1\end{pmatrix}=\begin{pmatrix}1&3&0\\2&6&0\\1&5&3\end{pmatrix}$,

$\boldsymbol{B}^{\mathrm{T}}\boldsymbol{A}=\begin{pmatrix}1&0&0\\3&1&0\\0&1&1\end{pmatrix}\begin{pmatrix}1&2&1\\0&0&2\\0&0&1\end{pmatrix}=\begin{pmatrix}1&2&1\\3&6&5\\0&0&3\end{pmatrix}$.

7. 设

$$\boldsymbol{A}=\begin{pmatrix}1&1&1\\-1&1&1\\1&-1&1\end{pmatrix},\boldsymbol{B}=\begin{pmatrix}1&2&1\\1&3&-1\\2&1&2\end{pmatrix}.$$

求(1)$(\boldsymbol{A}-\boldsymbol{B})(\boldsymbol{A}+\boldsymbol{B})$;(2)$\boldsymbol{A}^2-\boldsymbol{B}^2$.

解：$(\boldsymbol{A}-\boldsymbol{B})(\boldsymbol{A}+\boldsymbol{B})$

$$=\left(\begin{pmatrix}1&1&1\\-1&1&1\\1&-1&1\end{pmatrix}-\begin{pmatrix}1&2&1\\1&3&-1\\2&1&2\end{pmatrix}\right)\left(\begin{pmatrix}1&1&1\\-1&1&1\\1&-1&1\end{pmatrix}+\begin{pmatrix}1&2&1\\1&3&-1\\2&1&2\end{pmatrix}\right)$$

$$=\begin{pmatrix}0&-1&0\\-2&-2&2\\-1&-2&-1\end{pmatrix}\begin{pmatrix}2&3&2\\0&4&0\\3&0&3\end{pmatrix}=\begin{pmatrix}0&-4&0\\2&-14&2\\-5&-11&-5\end{pmatrix},$$

$\boldsymbol{A}^2-\boldsymbol{B}^2=$

$$\begin{pmatrix}1&1&1\\-1&1&1\\1&-1&1\end{pmatrix}\begin{pmatrix}1&1&1\\-1&1&1\\1&-1&1\end{pmatrix}-\begin{pmatrix}1&2&1\\1&3&-1\\2&1&2\end{pmatrix}\begin{pmatrix}1&2&1\\1&3&-1\\2&1&2\end{pmatrix}=\begin{pmatrix}-4&-8&2\\-3&-11&5\\-4&-10&-4\end{pmatrix}.$$

8. 已知两个线性变换：

$$\begin{cases}x_1=y_1+y_2+y_3\\x_2=y_1-y_2+y_3\\x_3=y_1+2y_2+2y_3\end{cases},\begin{cases}y_1=z_1-z_2-z_3\\y_2=-z_1+2z_2-z_3\\y_3=z_1-2z_2+z_3\end{cases}.$$

求从变量 z_1、z_2、z_3 到变量 x_1、x_2、x_3 的线性变换.

解：设 $\boldsymbol{A}=\begin{pmatrix}1&1&1\\1&-1&1\\1&2&2\end{pmatrix}$，$\boldsymbol{B}=\begin{pmatrix}1&-1&-1\\-1&2&-1\\1&-2&1\end{pmatrix}$，则 $\boldsymbol{x}=\boldsymbol{A}\boldsymbol{y}$，$\boldsymbol{y}=\boldsymbol{B}\boldsymbol{z}$，其中 $\boldsymbol{x}=(x_1,x_2,x_3)^{\mathrm{T}}$，$\boldsymbol{y}=(y_1,y_2,y_3)^{\mathrm{T}}$，$\boldsymbol{z}=(z_1,z_2,z_3)^{\mathrm{T}}$，从而有 $\boldsymbol{x}=\boldsymbol{A}\boldsymbol{B}\boldsymbol{z}$，而

$$\boldsymbol{A}\boldsymbol{B}=\begin{pmatrix}1&1&1\\1&-1&1\\1&2&2\end{pmatrix}\begin{pmatrix}1&-1&-1\\-1&2&-1\\1&-2&1\end{pmatrix}=\begin{pmatrix}1&-1&-1\\3&-5&1\\1&-1&-1\end{pmatrix},$$

所以

$$\begin{cases}x_1=z_1-z_2-z_3\\x_2=3z_1-5z_2+z_3\\x_3=z_1-z_2-z_3\end{cases}.$$

9. 求下列方阵的 k 次幂，其中 $k=2,3,\cdots$

(1) 设 $\boldsymbol{A}=\begin{pmatrix}1&\lambda\\0&1\end{pmatrix}$，求 $\boldsymbol{A}^k$.

(2) 设 $\boldsymbol{B}=\begin{pmatrix}1&0\\\lambda&1\end{pmatrix}$，求 $\boldsymbol{B}^k$.

解：(1) $\boldsymbol{A}^2=\begin{pmatrix}1&\lambda\\0&1\end{pmatrix}\begin{pmatrix}1&\lambda\\0&1\end{pmatrix}=\begin{pmatrix}1&2\lambda\\0&1\end{pmatrix}$，

$$\boldsymbol{A}^3=\boldsymbol{A}^2\boldsymbol{A}=\begin{pmatrix}1 & 2\lambda\\ 0 & 1\end{pmatrix}\begin{pmatrix}1 & \lambda\\ 0 & 1\end{pmatrix}=\begin{pmatrix}1 & 3\lambda\\ 0 & 1\end{pmatrix},$$

$\vdots$

$$\boldsymbol{A}^k=\begin{pmatrix}1 & k\lambda\\ 0 & 1\end{pmatrix};$$

(2) $\boldsymbol{B}^2=\begin{pmatrix}1 & 0\\ \lambda & 1\end{pmatrix}\begin{pmatrix}1 & 0\\ \lambda & 1\end{pmatrix}=\begin{pmatrix}1 & 0\\ 2\lambda & 1\end{pmatrix},$

$$\boldsymbol{B}^3=\boldsymbol{B}^2\boldsymbol{B}=\begin{pmatrix}1 & 0\\ 2\lambda & 1\end{pmatrix}\begin{pmatrix}1 & 0\\ \lambda & 1\end{pmatrix}=\begin{pmatrix}1 & 0\\ 3\lambda & 1\end{pmatrix},$$

$\vdots$

$$\boldsymbol{B}^k=\begin{pmatrix}1 & 0\\ k\lambda & 1\end{pmatrix}.$$

10. (1) 设 $\boldsymbol{A},\boldsymbol{B}$ 为 n 阶矩阵，且 $\boldsymbol{A}$ 为对称矩阵，证明 $\boldsymbol{B}^{\mathrm{T}}\boldsymbol{A}\boldsymbol{B}$ 也是对称矩阵.

(2) 设 $\boldsymbol{A},\boldsymbol{B}$ 都是 n 阶对称矩阵，证明 $\boldsymbol{A}\boldsymbol{B}$ 是对称矩阵的充分必要条件是 $\boldsymbol{A}\boldsymbol{B}=\boldsymbol{B}\boldsymbol{A}$.

证明略.

习题 1.3

1. 求下列矩阵的逆矩阵.

(1) $\begin{pmatrix}3 & -1\\ -2 & 1\end{pmatrix}$；(2) $\begin{pmatrix}2 & 0 & 0\\ 0 & 3 & 0\\ 0 & 0 & 4\end{pmatrix}$.

解: (1) 根据二阶矩阵的求逆公式可知：

$$\begin{pmatrix}3 & -1\\ -2 & 1\end{pmatrix}^{-1}=\begin{pmatrix}1 & 1\\ 2 & 3\end{pmatrix}.$$

(2) 此矩阵为对角阵，根据对角阵的逆矩阵的求法可知其逆矩阵为

$$\begin{pmatrix}1/2 & 0 & 0\\ 0 & 1/3 & 0\\ 0 & 0 & 1/4\end{pmatrix}.$$

2. 设 $\boldsymbol{A}=\begin{pmatrix}1 & 2 & 3\\ 2 & 2 & 1\\ 3 & 4 & 3\end{pmatrix}$，验证 $\boldsymbol{A}^{-1}=\begin{pmatrix}1 & 3 & -2\\ -3/2 & -3 & 5/2\\ 1 & 1 & -1\end{pmatrix}$，并求 $(\boldsymbol{A}^{\mathrm{T}})^{-1}$.

解: 因为 $\begin{pmatrix}1 & 2 & 3\\ 2 & 2 & 1\\ 3 & 4 & 3\end{pmatrix}\begin{pmatrix}1 & 3 & -2\\ -3/2 & -3 & 5/2\\ 1 & 1 & -1\end{pmatrix}=\begin{pmatrix}1 & 0 & 0\\ 0 & 1 & 0\\ 0 & 0 & 1\end{pmatrix},$

所以 $\boldsymbol{A}^{-1}=\begin{pmatrix}1 & 3 & -2\\ -3/2 & -3 & 5/2\\ 1 & 1 & -1\end{pmatrix}$.

$$(\boldsymbol{A}^{\mathrm{T}})^{-1}=(\boldsymbol{A}^{-1})^{\mathrm{T}}=\begin{pmatrix}1 & -3/2 & 1\\ 3 & -3 & 1\\ -2 & 5/2 & -1\end{pmatrix}.$$

3. 设 $\boldsymbol{A}=\begin{pmatrix}3 & 0 & 0\\ 0 & 2 & 0\\ 0 & 0 & 3\end{pmatrix}$, $\boldsymbol{AB}+\boldsymbol{E}=\boldsymbol{A}^2+\boldsymbol{B}$，求矩阵 $\boldsymbol{B}$.

解：由 $\boldsymbol{AB}+\boldsymbol{E}=\boldsymbol{A}^2+\boldsymbol{B}$ 可知，$\boldsymbol{AB}-\boldsymbol{B}=\boldsymbol{A}^2-\boldsymbol{E}$，即 $(\boldsymbol{A}-\boldsymbol{E})\boldsymbol{B}=\boldsymbol{A}^2-\boldsymbol{E}$，所以

$$\boldsymbol{B}=(\boldsymbol{A}-\boldsymbol{E})^{-1}(\boldsymbol{A}^2-\boldsymbol{E})=\begin{pmatrix}4 & 0 & 0\\ 0 & 3 & 0\\ 0 & 0 & 4\end{pmatrix}.$$

4. 已知矩阵 $\boldsymbol{A}$ 满足 $\boldsymbol{A}^2-\boldsymbol{A}=2\boldsymbol{E}$，证明 $\boldsymbol{A}$，$\boldsymbol{A}+2\boldsymbol{E}$ 均可逆，并求 $\boldsymbol{A}^{-1}$，$(\boldsymbol{A}+2\boldsymbol{E})^{-1}$.

证明：由 $\boldsymbol{A}^2-\boldsymbol{A}=2\boldsymbol{E}$ 可知 $\boldsymbol{A}(\boldsymbol{A}-\boldsymbol{E})=2\boldsymbol{E}$，所以 $\boldsymbol{A}$ 可逆，且 $\boldsymbol{A}^{-1}=\dfrac{\boldsymbol{A}-\boldsymbol{E}}{2}$.

同理有 $(\boldsymbol{A}+2\boldsymbol{E})(\boldsymbol{A}-3\boldsymbol{E})=-4\boldsymbol{E}$，所以 $\boldsymbol{A}+2\boldsymbol{E}$ 可逆，且 $(\boldsymbol{A}+2\boldsymbol{E})^{-1}=-\dfrac{1}{4}(\boldsymbol{A}-3\boldsymbol{E})$.

习题 1.4

1. 设 $\boldsymbol{A}=\begin{pmatrix}1 & -1 & 1 & 0\\ 3 & 2 & 0 & 1\\ 3 & 0 & 0 & 0\\ 0 & 3 & 0 & 0\end{pmatrix}$, $\boldsymbol{B}=\begin{pmatrix}2 & 1 & 0 & 0\\ -3 & 1 & 0 & 0\\ 1 & 0 & 3 & 0\\ 0 & 1 & 0 & 3\end{pmatrix}$，利用矩阵分块求 $\boldsymbol{AB}$，$\boldsymbol{BA}$.

解：将矩阵 $\boldsymbol{A}$，$\boldsymbol{B}$ 分别分块如下：

$$\boldsymbol{A}=\left(\begin{array}{cc:cc}1 & -1 & 1 & 0\\ 3 & 2 & 0 & 1\\ \hdashline 3 & 0 & 0 & 0\\ 0 & 3 & 0 & 0\end{array}\right)=\begin{pmatrix}\boldsymbol{A}_{11} & \boldsymbol{E}\\ \boldsymbol{A}_{21} & \boldsymbol{O}\end{pmatrix},\boldsymbol{B}=\left(\begin{array}{cc:cc}2 & 1 & 0 & 0\\ -3 & 1 & 0 & 0\\ \hdashline 1 & 0 & 3 & 0\\ 0 & 1 & 0 & 3\end{array}\right)=\begin{pmatrix}\boldsymbol{B}_{11} & \boldsymbol{O}\\ \boldsymbol{E} & \boldsymbol{B}_{22}\end{pmatrix},$$

然后利用分块矩阵的乘法规则可得

$$\boldsymbol{AB}=\begin{pmatrix}6 & 0 & 3 & 0\\ 0 & 6 & 0 & 3\\ 6 & 3 & 0 & 0\\ -9 & 3 & 0 & 0\end{pmatrix},\boldsymbol{BA}=\begin{pmatrix}5 & 0 & 2 & 1\\ 0 & 5 & -3 & 1\\ 10 & -1 & 1 & 0\\ 3 & 11 & 0 & 1\end{pmatrix}.$$

2. 设 n 阶方阵 $\boldsymbol{A}$ 及 s 阶方阵 $\boldsymbol{B}$ 都可逆，验证下列结论：

(1) $\begin{pmatrix} \boldsymbol{O} & \boldsymbol{A} \\ \boldsymbol{B} & \boldsymbol{O} \end{pmatrix}^{-1} = \begin{pmatrix} \boldsymbol{O} & \boldsymbol{B}^{-1} \\ \boldsymbol{A}^{-1} & \boldsymbol{O} \end{pmatrix}$；(2) $\begin{pmatrix} \boldsymbol{A} & \boldsymbol{O} \\ \boldsymbol{C} & \boldsymbol{B} \end{pmatrix}^{-1} = \begin{pmatrix} \boldsymbol{A}^{-1} & \boldsymbol{O} \\ -\boldsymbol{B}^{-1}\boldsymbol{C}\boldsymbol{A}^{-1} & \boldsymbol{B}^{-1} \end{pmatrix}$.

证明略(提示:将矩阵与其逆矩阵的表达式按照分块矩阵的乘法规则相乘得到结果为单位阵即可).

3. 求下列矩阵的逆矩阵.

(1) $\begin{pmatrix} 5 & 2 & 0 & 0 \\ 2 & 1 & 0 & 0 \\ 0 & 0 & 8 & 3 \\ 0 & 0 & 5 & 2 \end{pmatrix}$；(2) $\begin{pmatrix} 1 & 0 & 0 & 0 \\ 1 & 2 & 0 & 0 \\ 2 & 1 & 3 & 0 \\ 1 & 2 & 1 & 4 \end{pmatrix}$.

解:利用第 2 题的结论(1)可知

(1) $\begin{pmatrix} 5 & 2 & 0 & 0 \\ 2 & 1 & 0 & 0 \\ 0 & 0 & 8 & 3 \\ 0 & 0 & 5 & 2 \end{pmatrix}^{-1} = \begin{pmatrix} 1 & -2 & 0 & 0 \\ -2 & 5 & 0 & 0 \\ 0 & 0 & 2 & -3 \\ 0 & 0 & -5 & 8 \end{pmatrix}$,

利用第 2 题结论(2)可知

(2) $\begin{pmatrix} 1 & 0 & 0 & 0 \\ 1 & 2 & 0 & 0 \\ 2 & 1 & 3 & 0 \\ 1 & 2 & 1 & 4 \end{pmatrix}^{-1} = \frac{1}{24}\begin{pmatrix} 24 & 0 & 0 & 0 \\ -12 & 12 & 0 & 0 \\ -12 & -4 & 8 & 0 \\ 3 & -5 & -2 & 6 \end{pmatrix}$.

第二章　矩阵的初等变换及运算

一、本章内容综述

(一) 本章知识结构网络

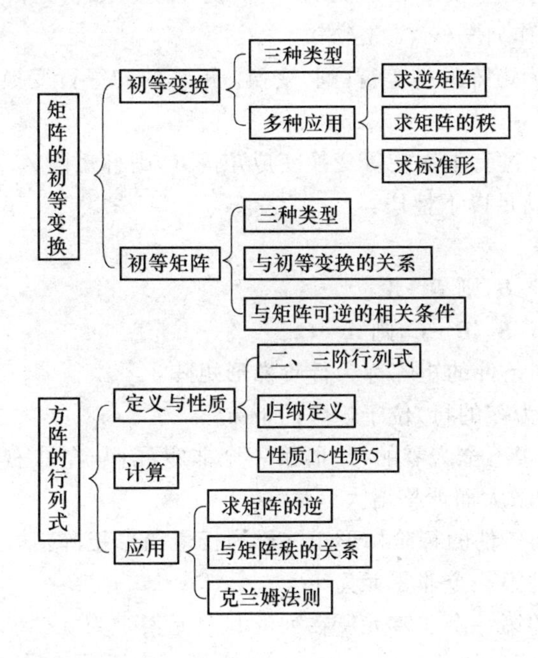

(二) 本章教学基本要求

本章主要内容包括矩阵的初等变换、初等变换的应用、初等矩阵、初等矩阵与初等变换的关系以及矩阵的秩、行列式的定义与性质、行列式的计算、行列式的应用等内容，通过本章的学习，学生应该达到以下基本要求：

1. 理解初等变换及其逆变换，会用初等变换求矩阵的逆、矩阵的行阶梯形、行最简形、标准形以及矩阵的秩等.

2. 掌握初等矩阵，深刻理解初等矩阵与初等变换的关系.

3. 理解二、三行列式，了解 n 阶行列式的定义，理解行列式的性质，会用行列式的性质和按行(列)展开定理计算行列式，会利用方阵的行列式与伴随矩阵求其逆矩阵.

4. 掌握克兰姆法则及相关结论.

(三) 本章内容提要

1. 矩阵的初等变换

定义 1 (1) 交换矩阵的某两行(列)，如交换矩阵的第 i 行(列)和第 j 行(列)，记作 $r_i \leftrightarrow r_j$ ($c_i \leftrightarrow c_j$).

(2) 用非零常数 k 乘矩阵的某一行(列)，如以常数 $k \neq 0$ 乘矩阵的第 i 行(列)，记作 kr_i (kc_i).

(3) 将矩阵某一行(列)的 k 倍加到另一行(列)上去，如将矩阵第 j 行(列)的 k 倍加到第 i 行(列)上去，记作 $r_i + kr_j$ ($c_i + kc_j$).

称以上三种变换为矩阵的初等行(列)变换. 矩阵的初等行变换与初等列变换统称为**初等变换**.

定义 2 矩阵 $\boldsymbol{A}$ 经过有限次初等变换变成矩阵 $\boldsymbol{B}$，则称矩阵 $\boldsymbol{A}$ 与 $\boldsymbol{B}$ 等价，记作 $\boldsymbol{A} \sim \boldsymbol{B}$.

矩阵的等价关系满足以下性质：

(1) 自身性：$\boldsymbol{A} \sim \boldsymbol{A}$.

(2) 对称性：若 $\boldsymbol{A} \sim \boldsymbol{B}$，则 $\boldsymbol{B} \sim \boldsymbol{A}$.

(3) 传递性：若 $\boldsymbol{A} \sim \boldsymbol{B}$，$\boldsymbol{B} \sim \boldsymbol{C}$，则 $\boldsymbol{A} \sim \boldsymbol{C}$.

定义 3 满足下列条件的矩阵称为**行阶梯形矩阵**：

(1) 零行(元素全为零的行)位于矩阵的下方；

(2) 各非零行(元素不全为零的行)的第一个非零元(从左往右的第一个不为零的元素)的列标随着行标的增大而严格增大.

定义 4 满足下列条件的行阶梯形矩阵称为**行最简形矩阵**：

(1) 每个非零行的第一个非零元为 1；

(2) 每个非零行的第一个非零元所在列的其余元素全为 0.

2. 初等矩阵

定义 5 由单位矩阵 $\boldsymbol{E}_n$ 经过一次初等变换得到的矩阵称为**初等矩阵**.

三种初等变换对应着以下三种初等矩阵：

(1) 互换单位阵 $\boldsymbol{E}_n$ 的第 i 行(列)和第 j 行(列)，记作 $\boldsymbol{E}(i,j)$.

(2) 用非零数 k 乘以单位阵 $\boldsymbol{E}_n$ 的第 i 行(列)，记作 $\boldsymbol{E}(i(k))$.

(3) 将单位阵 $\boldsymbol{E}_n$ 中第 j 行(列)的 k 倍加到第 i 行(列)，记作 $\boldsymbol{E}(i,j(k))$.

定理 1 初等矩阵都是可逆的，并且 $\boldsymbol{E}(i,j)^{-1} = \boldsymbol{E}(i,j)$，$\boldsymbol{E}(i(k))^{-1} = \boldsymbol{E}\left(i\left(\frac{1}{k}\right)\right)$，

$\boldsymbol{E}(i,j(k))^{-1}=\boldsymbol{E}(i,j(-k))$.

以上结论表明，初等矩阵的逆矩阵仍是初等矩阵，且跟原初等矩阵属于同种类型.

定理 2　对矩阵 $\boldsymbol{A}_{m\times n}$ 作一次初等行变换，相当于在矩阵 $\boldsymbol{A}_{m\times n}$ 的左侧乘以一个相应的 m 阶初等矩阵，对 $\boldsymbol{A}_{m\times n}$ 作一次初等列变换，相当于在 $\boldsymbol{A}_{m\times n}$ 的右侧乘以一个相应的 n 阶初等矩阵.

定理 3　n 阶可逆矩阵 $\boldsymbol{A}_n$ 的行最简形一定是单位阵.

定理 4　n 阶矩阵 $\boldsymbol{A}$ 可逆的充要条件是 $\boldsymbol{A}$ 可以写成有限个初等矩阵的乘积.

定理 4 提供了求矩阵逆矩阵的初等变换法.

推论 1　$m\times n$ 阶矩阵 $\boldsymbol{A}$ 与 $\boldsymbol{B}$ 等价的充分必要条件是存在 m 阶可逆矩阵 $\boldsymbol{P}$ 和 n 阶可逆矩阵 $\boldsymbol{Q}$，使得 $\boldsymbol{PAQ}=\boldsymbol{B}$.

3. 矩阵的标准形与秩

一般地，任何一个 $m\times n$ 的矩阵 $\boldsymbol{A}$ 总可以经过有限次的初等变换把它化为行阶梯形，进而化为行最简形，然后再进行初等列变换化为

$$\boldsymbol{F}=\begin{pmatrix}\boldsymbol{E}_r & \boldsymbol{O}\\ \boldsymbol{O} & \boldsymbol{O}\end{pmatrix}_{m\times n}$$

的形式，其中，$\boldsymbol{F}$ 的左上角的单位阵 $\boldsymbol{E}_r$ 的阶数 r 满足 $0\leqslant r\leqslant \min(m,n)$，称 $\boldsymbol{F}$ 为矩阵 $\boldsymbol{A}$ 的**标准形**.

显然，此标准形与矩阵 $\boldsymbol{A}$ 等价，且在所有与 $\boldsymbol{A}$ 等价的矩阵所构成的集合中，标准形 $\boldsymbol{F}$ 的形式是最简单的.

定理 5　任意一个 $m\times n$ 的矩阵 $\boldsymbol{A}$ 的标准形是唯一的，即

$$\boldsymbol{A}\sim\begin{pmatrix}\boldsymbol{E}_r & \boldsymbol{O}\\ \boldsymbol{O} & \boldsymbol{O}\end{pmatrix}_{m\times n},$$

且 r 由 $\boldsymbol{A}$ 唯一确定.

定义 6　矩阵 $\boldsymbol{A}$ 的标准形中，左上角单位阵的阶数，或者标准形中 1 的个数，称为矩阵 $\boldsymbol{A}$ 的**秩**，记作 $r(\boldsymbol{A})$.

对于 n 阶方阵 $\boldsymbol{A}$，若 $r(\boldsymbol{A})=n$，则称 $\boldsymbol{A}$ 是**满秩**的，若 $r(\boldsymbol{A})<n$，则称是**降秩**的.

按照矩阵的秩的上述定义，必须得根据矩阵的标准形来求矩阵的秩，但在实际过程中，往往不用如此麻烦，这是因为：

定理 6　设矩阵 $\boldsymbol{A}$ 与 $\boldsymbol{B}$ 同型，则 $r(\boldsymbol{A})=r(\boldsymbol{B})$ 的充分必要条件是 $\boldsymbol{A}$ 与 $\boldsymbol{B}$ 等价.

定理 6 说明等价的矩阵有相同的秩，也就是说在对矩阵作初等变换的过程中，矩阵的形式虽然发生了变化，但矩阵的秩保持不变，也即**初等变换不改变矩阵的秩**. 而对于行阶梯形或者行最简形矩阵而言，进一步的列变换不会改变其非零行的行数，所以行阶梯形矩阵的秩等于它的非零行的行数. 由此可得到计算矩阵的秩的简单方法，就是将矩阵通过初等行变换化为行阶梯形，然后数行阶梯形中非零行的行数即可.

下面是与矩阵的秩有关的一些重要结论：

(1) $0 \leqslant r(\boldsymbol{A}_{m\times n}) \leqslant \min\{m,n\}$.

(2) $\boldsymbol{A} \sim \boldsymbol{B} \Leftrightarrow r(\boldsymbol{A}) = r(\boldsymbol{B})$ ($\boldsymbol{A},\boldsymbol{B}$ 同型).

(3) $r(\boldsymbol{A}) = r(\boldsymbol{A}^{\mathrm{T}})$.

(4) n 阶方阵 $\boldsymbol{A}$ 可逆的充分必要条件是 $r(\boldsymbol{A}) = n$.

(5) n 阶方阵 $\boldsymbol{A}$ 不可逆的充分必要条件是 $r(\boldsymbol{A}) < n$.

(6) 若 $\boldsymbol{P},\boldsymbol{Q}$ 为可逆矩阵，则 $r(\boldsymbol{PAQ}) = r(\boldsymbol{A})$.

4. 行列式的定义、性质与计算

定义 7 三阶行列式

$$\begin{vmatrix} a_{11} & a_{12} & a_{13} \\ a_{21} & a_{22} & a_{23} \\ a_{31} & a_{32} & a_{33} \end{vmatrix} = a_{11}(a_{22}a_{33} - a_{23}a_{32}) - a_{12}(a_{21}a_{33} - a_{23}a_{31}) + a_{13}(a_{21}a_{32} - a_{22}a_{31})$$

$$= a_{11}\begin{vmatrix} a_{22} & a_{23} \\ a_{32} & a_{33} \end{vmatrix} - a_{12}\begin{vmatrix} a_{21} & a_{23} \\ a_{31} & a_{33} \end{vmatrix} + a_{13}\begin{vmatrix} a_{21} & a_{22} \\ a_{31} & a_{32} \end{vmatrix}.$$

定义 8 n 阶方阵 $\boldsymbol{A} = (a_{ij})_{n\times n}$ 的行列式

$$|\boldsymbol{A}| = \begin{vmatrix} a_{11} & a_{12} & \cdots & a_{1n} \\ a_{21} & a_{22} & \cdots & a_{2n} \\ \vdots & \vdots & & \vdots \\ a_{n1} & a_{n2} & \cdots & a_{nn} \end{vmatrix}.$$

是由 $\boldsymbol{A}$ 中元素依据下面的规则确定的一个数.

当 $n=1$ 时，$|\boldsymbol{A}| = a_{11}$；

当 $n \geqslant 2$ 时，$|\boldsymbol{A}| = a_{11}A_{11} + a_{12}A_{12} + \cdots + a_{1n}A_{1n}$，

其中 $A_{1j} = (-1)^{1+j}M_{1j}$ $(j=1,2,\cdots,n)$，M_{1j} 为由 $\boldsymbol{A}$ 中划掉第 1 行和第 j 列后剩下的 $(n-1)^2$ 个元素，不改变它们的相对位置关系所组成的 $n-1$ 阶方阵的行列式，即

$$M_{1j} = \begin{vmatrix} a_{21} & \cdots & a_{2,j-1} & a_{2,j+1} & \cdots & a_{2n} \\ a_{31} & \cdots & a_{3,j-1} & a_{3,j+1} & \cdots & a_{3n} \\ \vdots & & \vdots & \vdots & & \vdots \\ a_{n1} & \cdots & a_{n,j-1} & a_{n,j+1} & \cdots & a_{nn} \end{vmatrix}.$$

称 M_{1j} 为元素 a_{1j} 的余子式，而称 A_{1j} 为元素 a_{1j} 的代数余子式；类似的，也称 M_{ij} 为元素 a_{ij} 的**余子式**，而称 $A_{ij} = (-1)^{i+j}M_{ij}$ 为元素 a_{ij} 的**代数余子式**，其中 M_{ij} 为由 $\boldsymbol{A}$ 中划掉第 i 行和第 j 列后剩下的 $(n-1)^2$ 个元素，不改变它们的相对位置关系所组成的 $n-1$ 阶方阵的行列式.

n 阶行列式具有如下性质：

性质 1 设 $\boldsymbol{A} = (a_{ij})_{n\times n}$ 为 n 阶方阵，则 $|\boldsymbol{A}| = |\boldsymbol{A}^{\mathrm{T}}|$.

性质 2　设 $\boldsymbol{A}=(a_{ij})_{n\times n}$，若 $\boldsymbol{A}\xrightarrow[(c_i\leftrightarrow c_j)]{r_i\leftrightarrow r_j}\boldsymbol{B}$，则 $|\boldsymbol{A}|=-|\boldsymbol{B}|$.

推论 2　设 $\boldsymbol{A}=(a_{ij})_{n\times n}$，若 $\boldsymbol{A}$ 中有两行(列)完全相同，则 $|\boldsymbol{A}|=0$.

性质 3　设 $\boldsymbol{A}=(a_{ij})_{n\times n}$，若 $\boldsymbol{A}\xrightarrow[(kc_i)]{kr_i}\boldsymbol{B}$，则 $|\boldsymbol{B}|=k|\boldsymbol{A}|$，$k$ 为常数.

推论 3　若方阵 $\boldsymbol{A}$ 中有一个零行(列)，则 $|\boldsymbol{A}|=0$.

推论 4　若方阵 $\boldsymbol{A}$ 中有两行(列)对应成比例，则 $|\boldsymbol{A}|=0$.

性质 4　若方阵 $\boldsymbol{A}$ 的某行(列)的元素都是两数之和，

$$\boldsymbol{A}=\begin{pmatrix} a_{11} & a_{12} & \cdots & a_{1n} \\ \vdots & \vdots & & \vdots \\ a_{i1}+b_{i1} & a_{i2}+b_{i2} & \cdots & a_{in}+b_{in} \\ \vdots & \vdots & & \vdots \\ a_{n1} & a_{n2} & \cdots & a_{nn} \end{pmatrix},$$

则 $\boldsymbol{A}$ 的行列式等于两个行列式之和，即

$$|\boldsymbol{A}|=\begin{vmatrix} a_{11} & a_{12} & \cdots & a_{1n} \\ \vdots & \vdots & & \vdots \\ a_{i1} & a_{i2} & \cdots & a_{in} \\ \vdots & \vdots & & \vdots \\ a_{n1} & a_{n2} & \cdots & a_{nn} \end{vmatrix}+\begin{vmatrix} a_{11} & a_{12} & \cdots & a_{1n} \\ \vdots & \vdots & & \vdots \\ b_{i1} & b_{i2} & \cdots & b_{in} \\ \vdots & \vdots & & \vdots \\ a_{n1} & a_{n2} & \cdots & a_{nn} \end{vmatrix}$$

性质 5　设 $\boldsymbol{A}=(a_{ij})_{n\times n}$，若 $\boldsymbol{A}\xrightarrow[c_i+kc_j]{r_i+kr_j}\boldsymbol{B}$，则 $|\boldsymbol{B}|=|\boldsymbol{A}|$.

以下是行列式的展开定理及相关结论：

定理 7　设 $\boldsymbol{A}=(a_{ij})_{n\times n}$，则 $\boldsymbol{A}$ 的行列式等于它的任一行(列)的元素与其代数余子式的乘积之和，即

$$|\boldsymbol{A}|=a_{i1}A_{i1}+a_{i2}A_{i2}+\cdots+a_{in}A_{in},1\leqslant i\leqslant n(\text{按第 } i \text{ 行展开}),$$

或
$$|\boldsymbol{A}|=a_{1j}A_{1j}+a_{2j}A_{2j}+\cdots+a_{nj}A_{nj},1\leqslant j\leqslant n(\text{按第 } j \text{ 列展开}).$$

推论 5　行列式某一行(列)的元素与另一行(列)的对应元素的代数余子式乘积之和等于零，即

$$a_{i1}A_{k1}+a_{i2}A_{k2}+\cdots+a_{in}A_{kn}=0,i\neq k.$$

或
$$a_{1j}A_{1k}+a_{2j}A_{2k}+\cdots+a_{nj}A_{nk}=0,j\neq k.$$

定理 8　设 $\boldsymbol{A},\boldsymbol{B}$ 均为 n 阶方阵，则 $|\boldsymbol{AB}|=|\boldsymbol{A}||\boldsymbol{B}|$.

计算行列式的常用方法：

(1) 利用行列式的定义；

(2) 利用行列式的性质；

(3) 利用行列式的展开定理；

(4) 结合性质、定义以及展开定理的综合方法.

5. 行列式的应用

定义 9 设 n 阶矩阵

$$\boldsymbol{A}=\begin{pmatrix} a_{11} & a_{12} & \cdots & a_{1n} \\ a_{21} & a_{22} & \cdots & a_{2n} \\ \vdots & \vdots & & \vdots \\ a_{n1} & a_{n2} & \cdots & a_{nn} \end{pmatrix},$$

用 $\boldsymbol{A}$ 中诸元素的代数余子式 A_{ij} 所组成的 n 阶方阵

$$\begin{pmatrix} A_{11} & A_{21} & \cdots & A_{n1} \\ A_{12} & A_{22} & \cdots & A_{n2} \\ \vdots & \vdots & & \vdots \\ A_{1n} & A_{2n} & \cdots & A_{nn} \end{pmatrix}$$

称为方阵 $\boldsymbol{A}$ 的伴随矩阵,记作 $\boldsymbol{A}^*$.

注意:伴随矩阵 $\boldsymbol{A}^*$ 中第 i 行第 j 列的元素是 A_{ji},而不是 A_{ij}.

定理 9 方阵 $\boldsymbol{A}$ 可逆的充分必要条件是 $|\boldsymbol{A}|\neq 0$,且当 $|\boldsymbol{A}|\neq 0$ 时,$\boldsymbol{A}^{-1}=\dfrac{\boldsymbol{A}^*}{|\boldsymbol{A}|}$.

定理 9 给出了矩阵可逆的另一个充要条件,并且给出了利用方阵的伴随矩阵和行列式计算矩阵的逆矩阵的一种方法.

定理 10 n 阶方阵 $\boldsymbol{A}$ 的行列式 $|\boldsymbol{A}|\neq 0$ 的充分必要条件是 $r(\boldsymbol{A})=n$.

定理 10 说明若方阵 $\boldsymbol{A}$ 是满秩的,则必有 $|\boldsymbol{A}|\neq 0$;若方阵 $\boldsymbol{A}$ 是降秩的,则必有 $|\boldsymbol{A}|=0$.

定义 10 在 $m\times n$ 阶矩阵 $\boldsymbol{A}$ 中,任取 k 行与 k 列($k\leqslant m,k\leqslant n$),位于这些行列交叉处的 k^2 个元素,不改变它们在矩阵 $\boldsymbol{A}$ 中的相对位置关系,所组成的 k 阶行列式称为矩阵 $\boldsymbol{A}$ 的 k 阶子式.

一般地,一个 $m\times n$ 阶矩阵 $\boldsymbol{A}$,有 $C_m^k C_n^k$ 个 k 阶子式.

关于矩阵的秩与矩阵的子式的关系,有如下结论:

定理 11 任意 $m\times n$ 阶矩阵 $\boldsymbol{A}$ 的秩为 r 的充分必要条件是 $\boldsymbol{A}$ 中至少存在一个 r 阶非零子式,而 $\boldsymbol{A}$ 的所有的 $r+1$ 阶子式均为零.

设有 n 元线性方程组

$$\begin{cases} a_{11}x_1+a_{12}x_2+\cdots+a_{1n}x_n=b_1 \\ a_{21}x_1+a_{22}x_2+\cdots+a_{2n}x_n=b_2 \\ \qquad\qquad\vdots \\ a_{n1}x_1+a_{n2}x_2+\cdots+a_{nn}x_n=b_n \end{cases} \tag{1}$$

简记为 $\boldsymbol{A}\boldsymbol{x}=\boldsymbol{b}$,这里 $\boldsymbol{A}=(a_{ij})_{n\times n}$,$\boldsymbol{x}=(x_1,x_2,\cdots,x_n)^{\mathrm{T}}$,$\boldsymbol{b}=(b_1,b_2,\cdots,b_n)^{\mathrm{T}}$,记 $|\boldsymbol{A}|=D$.

定理 12 (Cramer 法则)如果线性方程组(1)的系数行列式 $|\boldsymbol{A}|=D\neq 0$,则方程组

(1)有唯一解

$x_1=\dfrac{D_1}{D},x_2=\dfrac{D_2}{D},\cdots,x_n=\dfrac{D_n}{D}$,其中 $D_i(i=1,2,\cdots,n)$ 为用右端常数列取代 D 中第 i 列所得的行列式.

定理 12 给出了直接通过计算行列式的值求解方程组的一种方法.

克莱姆法则虽然提供了求解 n 元线性方程组的解的公式,但是当方程组的未知数的个数 n 较多时,会导致公式中行列式的阶数较高,计算比较复杂,所以克莱姆法则的理论意义大于其实际意义.

定理 12 的逆否命题为:

定理 13　若方程组(1)无解或者有两个不同的解,则方程组的系数行列式必为零,即 $D=0$.

特别地,在方程组(1)中,若 $b_i=0(i=1,2,\cdots,n)$,即

$$\begin{cases}a_{11}x_1+a_{12}x_2+\cdots+a_{1n}x_n=0\\a_{21}x_1+a_{22}x_2+\cdots+a_{2n}x_n=0\\\qquad\vdots\\a_{n1}x_1+a_{n2}x_2+\cdots+a_{nn}x_n=0\end{cases}\tag{2}$$

称(2)为 n 元齐次线性方程组.

关于 n 元齐次线性方程组的解,有以下结论:

定理 14　若方程组(2)的系数行列式 $D\neq0$,则方程组有唯一零解;反之,若齐次线性方程组有非零解,则方程组的系数行列式 $D=0$.

二、典型例题解析

题型一　利用矩阵的初等变换求矩阵的行阶梯形、行最简形、标准形和秩

例 1　利用矩阵的初等变换化简以下矩阵为行阶梯形、行最简形、标准形,并求此矩阵的秩.

$$\boldsymbol{A}=\begin{pmatrix}3&1&0&2\\1&-1&2&-1\\2&2&-2&3\end{pmatrix}.$$

分析:求矩阵的行阶梯形的方法是综合利用矩阵的三种初等行变换,将矩阵化为零行(元素全为零的行)位于矩阵的下方且各非零行(元素不全为零的行)的第一个非零元(从左往右的第一个不为零的元素)的列标随着行标的增大而严格增大的阶梯形矩阵.需要注意的是,一个矩阵的行阶梯形的形式并不唯一.

求矩阵的行最简形的方法是在行阶梯形矩阵的基础上继续利用初等行变换,直到将

矩阵化为每个非零行的第一个非零元为 1 且每个非零行的第一个非零元所在列的其余元素全为 0 的特殊的行阶梯形，即为矩阵的行最简形，矩阵的行最简形是唯一的.

求矩阵的标准形的方法是在求出行最简形后，继续使用矩阵的初等列变换，直到将矩阵化为形如

$$\boldsymbol{F}=\begin{pmatrix}\boldsymbol{E}_r & \boldsymbol{O}\\ \boldsymbol{O} & \boldsymbol{O}\end{pmatrix}_{m\times n}$$

的矩阵，即为矩阵的标准形，标准形是与原矩阵等价的所有矩阵中形式最简单且唯一的一个，一旦矩阵确定，其标准形中左上角单位阵的阶数将唯一确定.

由于矩阵的秩等于其行阶梯形中非零行的行数，也等于其行最简形中非零行的行数，还等于其标准形中左上角单位阵的阶数，因此可以通过求出矩阵的行阶梯形、行最简形或标准形来求矩阵的秩，通常情况下，为简单起见，只需求出行阶梯形，然后数其非零行的行数即可.

解：$$\boldsymbol{A}=\begin{pmatrix}3 & 1 & 0 & 2\\ 1 & -1 & 2 & -1\\ 2 & 2 & -2 & 3\end{pmatrix}\xrightarrow{r_1\leftrightarrow r_2}\begin{pmatrix}1 & -1 & 2 & -1\\ 3 & 1 & 0 & 2\\ 2 & 2 & -2 & 3\end{pmatrix}\xrightarrow[r_3-2r_1]{r_2-3r_1}\begin{pmatrix}1 & -1 & 2 & -1\\ 0 & 4 & -6 & 5\\ 0 & 4 & -6 & 5\end{pmatrix}$$

$$\xrightarrow{r_3-r_2}\begin{pmatrix}1 & -1 & 2 & -1\\ 0 & 4 & -6 & 5\\ 0 & 0 & 0 & 0\end{pmatrix}\xrightarrow{r_1+\frac{1}{4}r_2}\begin{pmatrix}1 & 0 & 1/2 & 1/4\\ 0 & 4 & -6 & 5\\ 0 & 0 & 0 & 0\end{pmatrix}\xrightarrow{\frac{1}{4}r_2}\begin{pmatrix}1 & 0 & 1/2 & 1/4\\ 0 & 1 & -3/2 & 5/4\\ 0 & 0 & 0 & 0\end{pmatrix}$$

记 $\boldsymbol{A}_1=\begin{pmatrix}1 & -1 & 2 & -1\\ 0 & 4 & -6 & 5\\ 0 & 0 & 0 & 0\end{pmatrix}$，$\boldsymbol{A}_2=\begin{pmatrix}1 & 0 & 1/2 & 1/4\\ 0 & 1 & -3/2 & 5/4\\ 0 & 0 & 0 & 0\end{pmatrix}$，则 $\boldsymbol{A}_1$，$\boldsymbol{A}_2$ 都是行阶梯形矩阵，但 $\boldsymbol{A}_2$ 的形式相对简单，也是行最简形.

对 $\boldsymbol{A}_2$ 再进行初等列变换

$$\boldsymbol{A}_2=\begin{pmatrix}1 & 0 & 1/2 & 1/4\\ 0 & 1 & -3/2 & 5/4\\ 0 & 0 & 0 & 0\end{pmatrix}\xrightarrow[c_4-\frac{1}{4}c_1]{c_3-\frac{1}{2}c_1}\begin{pmatrix}1 & 0 & 0 & 0\\ 0 & 1 & -3/2 & 5/4\\ 0 & 0 & 0 & 0\end{pmatrix}\xrightarrow[c_4-\frac{5}{4}c_2]{c_3+\frac{3}{2}c_2}\begin{pmatrix}1 & 0 & 0 & 0\\ 0 & 1 & 0 & 0\\ 0 & 0 & 0 & 0\end{pmatrix}=\boldsymbol{F},$$

此时，$\boldsymbol{F}$ 即是矩阵 $\boldsymbol{A}$ 的标准形. 这里 $\boldsymbol{A}_1$，$\boldsymbol{A}_2$，$\boldsymbol{F}$ 都是与 $\boldsymbol{A}$ 等价的矩阵，所有与 $\boldsymbol{A}$ 等价的矩阵组成的集合称为一个等价类. 显然，标准形是这个等价类中最简单的矩阵.

由以上计算过程可知，矩阵 $\boldsymbol{A}$ 的秩 $r(\boldsymbol{A})=2$.

题型二　求矩阵的逆矩阵

掌握了矩阵的初等变换和行列式的有关知识后，便可以用以下两种方法求矩阵 $\boldsymbol{A}$ 的逆矩阵：

（一）利用矩阵的初等行变换，即构造一个 $n\times 2n$ 的矩阵 $(\boldsymbol{A},\boldsymbol{E})$，对其施行一系列初等行变换，将 $\boldsymbol{A}$ 化为单位阵，同时单位阵 $\boldsymbol{E}$ 将化为 $\boldsymbol{A}^{-1}$.

（二）利用伴随矩阵，即当$|A|\neq 0$时，$A^{-1}=\frac{A^*}{|A|}$.

例 2　设$A=\begin{pmatrix}1&0&1\\2&1&1\\3&2&-1\end{pmatrix}$，分别利用矩阵的初等变换和伴随矩阵两种方法求$A^{-1}$.

解：方法 1，利用矩阵的初等行变换

$$(A\vdots E)=\begin{pmatrix}1&0&1&1&0&0\\2&1&1&0&1&0\\3&2&-1&0&0&1\end{pmatrix}\xrightarrow[r_3-3r_1]{r_2-2r_1}\begin{pmatrix}1&0&1&1&0&0\\0&1&-1&-2&1&0\\0&2&-4&-3&0&1\end{pmatrix}$$

$$\xrightarrow{r_3-2r_2}\begin{pmatrix}1&0&1&1&0&0\\0&1&-1&-2&1&0\\0&0&-2&1&-2&1\end{pmatrix}\xrightarrow{-\frac{1}{2}r_3}\begin{pmatrix}1&0&1&1&0&0\\0&1&-1&-2&1&0\\0&0&1&-1/2&1&-1/2\end{pmatrix}$$

$$\xrightarrow[r_1-r_3]{r_2+r_3}\begin{pmatrix}1&0&0&3/2&-1&1/2\\0&1&0&-5/2&2&-1/2\\0&0&1&-1/2&1&-1/2\end{pmatrix},$$

由此可知

$$A^{-1}=\begin{pmatrix}3/2&-1&1/2\\-5/2&2&-1/2\\-1/2&1&-1/2\end{pmatrix}.$$

方法 2，利用伴随矩阵

易知$|A|=-2$，而$A^*=\begin{pmatrix}A_{11}&A_{21}&A_{31}\\A_{12}&A_{22}&A_{32}\\A_{13}&A_{23}&A_{33}\end{pmatrix}=\begin{pmatrix}-3&2&-1\\5&-4&1\\1&-2&1\end{pmatrix}$，所以

$$A^{-1}=\frac{1}{|A|}A^*=\begin{pmatrix}3/2&-1&1/2\\-5/2&2&-1/2\\-1/2&1&-1/2\end{pmatrix}.$$

题型三　有关初等矩阵与初等变换的关系的判定

例 3　设A为n阶可逆矩阵，将A的第j列加到第i列得到矩阵B.

（1）证明B可逆.

（2）分析B^{-1}与A^{-1}的关系.

（3）求$B^{-1}A$.

分析：对任意矩阵$A_{m\times n}$作一次初等行变换，相当于在矩阵$A_{m\times n}$的左侧乘以相应的一个m阶初等矩阵，对$A_{m\times n}$作一次初等列变换，相当于在$A_{m\times n}$的右侧乘以一个相应的n阶

初等矩阵,这便是矩阵的初等变换与初等矩阵的关系. 此题中 $\boldsymbol{A}$ 的第 j 列加到第 i 列后得到矩阵 $\boldsymbol{B}$,这说明 $\boldsymbol{B}=\boldsymbol{A}\boldsymbol{P}(j,i(1))$,而 $\boldsymbol{A}$ 与 $\boldsymbol{P}(j,i(1))$ 均是可逆矩阵,因此 $\boldsymbol{B}$ 必可逆,在此基础上还可得到 $\boldsymbol{B}^{-1}$ 与 $\boldsymbol{A}^{-1}$ 的关系.

解:(1) 由题设可知 $\boldsymbol{B}=\boldsymbol{A}\boldsymbol{P}(j,i(1))$,因 $\boldsymbol{A}$ 与 $\boldsymbol{P}(j,i(1))$ 均是可逆矩阵,因此 $\boldsymbol{B}$ 必可逆.

(2) 由(1)可知 $\boldsymbol{B}^{-1}=(\boldsymbol{A}\boldsymbol{P}(j,i(1)))^{-1}=\boldsymbol{P}(j,i(1))^{-1}\boldsymbol{A}^{-1}=\boldsymbol{P}(j,i(-1))\boldsymbol{A}^{-1}$,即将 $\boldsymbol{A}^{-1}$ 的第 i 行的(-1)倍加到第 j 行可得到矩阵 $\boldsymbol{B}^{-1}$,这便是 $\boldsymbol{B}^{-1}$ 与 $\boldsymbol{A}^{-1}$ 的关系.

(3) $\boldsymbol{B}^{-1}\boldsymbol{A}=\boldsymbol{P}(j,i(-1))\boldsymbol{A}^{-1}\boldsymbol{A}=\boldsymbol{P}(j,i(-1))$,这说明 $\boldsymbol{B}^{-1}\boldsymbol{A}$ 为一个第三类的初等矩阵.

例 4 已知

$$\boldsymbol{A}=\begin{pmatrix} a_{11} & a_{12} & a_{13} \\ a_{21} & a_{22} & a_{23} \\ a_{31} & a_{32} & a_{33} \end{pmatrix},$$

$$\boldsymbol{B}=\begin{pmatrix} a_{11}+2a_{21} & a_{12}+2a_{22} & a_{13}+2a_{23} \\ a_{21} & a_{22} & a_{23} \\ a_{31} & a_{32} & a_{33} \end{pmatrix},\boldsymbol{C}=\begin{pmatrix} a_{11}+2a_{21} & a_{12}+2a_{22} & a_{13}+2a_{23} \\ a_{31} & a_{32} & a_{33} \\ a_{21} & a_{22} & a_{23} \end{pmatrix},$$

求初等矩阵 $\boldsymbol{P}_1,\boldsymbol{P}_2$,使得 $\boldsymbol{B},\boldsymbol{C}$ 分别能表示成初等矩阵与矩阵 $\boldsymbol{A}$ 的乘积形式,并写出这两个形式.

分析:观察已知矩阵的形式不难发现,将矩阵 $\boldsymbol{A}$ 的第二行的 2 倍加到第一行便得矩阵 $\boldsymbol{B}$,然后交换矩阵 $\boldsymbol{B}$ 的第二行和第三行便得矩阵 $\boldsymbol{C}$.

解:令

$$\boldsymbol{P}_1=\begin{pmatrix} 1 & 2 & 0 \\ 0 & 1 & 0 \\ 0 & 0 & 1 \end{pmatrix},\boldsymbol{P}_2=\begin{pmatrix} 1 & 0 & 0 \\ 0 & 0 & 1 \\ 0 & 1 & 0 \end{pmatrix}$$

则有 $\boldsymbol{P}_1\boldsymbol{A}=\boldsymbol{B},\boldsymbol{P}_2\boldsymbol{B}=\boldsymbol{C}$,所以 $\boldsymbol{B}=\boldsymbol{P}_1\boldsymbol{A},\boldsymbol{C}=\boldsymbol{P}_2\boldsymbol{P}_1\boldsymbol{A}$.

题型四　利用行列式的概念、性质以及展开定理计算行列式

例 5 计算四阶行列式

$$D=\begin{vmatrix} a & b & c+d & 1 \\ b & c & a+d & 1 \\ c & d & a+b & 1 \\ d & a & b+c & 1 \end{vmatrix}.$$

解:将行列式的第一、二列加到第三列可得

$$D=\begin{vmatrix} a & b & c+d+a+b & 1 \\ b & c & a+d+b+c & 1 \\ c & d & a+b+c+d & 1 \\ d & a & b+c+d+a & 1 \end{vmatrix}=(a+b+c+d)\begin{vmatrix} a & b & 1 & 1 \\ b & c & 1 & 1 \\ c & d & 1 & 1 \\ d & a & 1 & 1 \end{vmatrix}=0.$$

注:若行列式的各列的前 k 个元之和相等,则可做初等行变换 $r_1+r_2+\cdots+r_k$,使得新的行列式的第一行的元素全为1,从而为后面的计算带来方便.若行列式的各行的前 k 个元之和相等,也可用类似的方式处理.

例 6　计算行列式

$$D_5=\begin{vmatrix} 1-x & x & 0 & 0 & 0 \\ -1 & 1-x & x & 0 & 0 \\ 0 & -1 & 1-x & x & 0 \\ 0 & 0 & -1 & 1-x & x \\ 0 & 0 & 0 & -1 & 1-x \end{vmatrix}.$$

解:按第一行展开可得

$$D_5=(1-x)D_4-x\begin{vmatrix} -1 & x & 0 & 0 \\ 0 & 1-x & x & 0 \\ 0 & -1 & 1-x & x \\ 0 & 0 & -1 & 1-x \end{vmatrix}=(1-x)D_4+xD_3,$$

由此可得递推公式

$$D_5-D_4=-x(D_4-D_3)=\cdots=(-x)^3(D_2-D_1),$$

由于 $D_2=1-x+x^2$,$D_1=1-x$,因此

$$D_5-D_4=-x^5,D_4-D_3=x^4,D_3-D_2=-x^3,$$

从而 $D_5=-x^5+x^4-x^3+D_2=-x^5+x^4-x^3+x^2-x+1$.

注:此题用到了行列式的按行(列)展开定理,并结合了递推法来计算行列式的值,是形如这种"三对角"行列式的计算的常用方法,读者可用类似的方法自行完成 D_n 的计算.

题型五　有关抽象行列式的计算

例 7　设矩阵 $\boldsymbol{A},\boldsymbol{B}$ 为三阶矩阵,且 $|\boldsymbol{A}|=3$,$|\boldsymbol{B}|=2$,$|\boldsymbol{A}^{-1}+\boldsymbol{B}|=2$,求 $|\boldsymbol{A}+\boldsymbol{B}^{-1}|$.

分析:此题需要对矩阵 $\boldsymbol{A}+\boldsymbol{B}^{-1}$ 做变形,以建立其与行列式已知的三个矩阵之间的关系.

解:$\boldsymbol{A}+\boldsymbol{B}^{-1}=(\boldsymbol{AB}+\boldsymbol{E})\boldsymbol{B}^{-1}=(\boldsymbol{AB}+\boldsymbol{AA}^{-1})\boldsymbol{B}^{-1}=\boldsymbol{A}(\boldsymbol{B}+\boldsymbol{A}^{-1})\boldsymbol{B}^{-1}$,所以

$$|\boldsymbol{A}+\boldsymbol{B}^{-1}|=|\boldsymbol{A}(\boldsymbol{B}+\boldsymbol{A}^{-1})\boldsymbol{B}^{-1}|=|\boldsymbol{A}|\,|\boldsymbol{B}+\boldsymbol{A}^{-1}|\,|\boldsymbol{B}^{-1}|=3\times2\times\frac{1}{2}=3.$$

题型六 有关伴随矩阵的计算

例 8 (1) 设$\boldsymbol{A}=\begin{pmatrix}2&0&0\\1&2&3\\3&1&1\end{pmatrix}$,求$(\boldsymbol{A}^*)^{-1}$.

(2) 设$|\boldsymbol{A}|=\begin{vmatrix}0&1&0&0\\0&0&1/2&0\\0&0&0&1/3\\1/4&0&0&0\end{vmatrix}$,求$|\boldsymbol{A}|$的所有代数余子式的和.

分析:(1) 可根据矩阵的逆矩阵与其伴随矩阵的关系$\boldsymbol{A}^*=|\boldsymbol{A}|\boldsymbol{A}^{-1}$来求;(2)可求出$\boldsymbol{A}^*$,则$\boldsymbol{A}^*$的所有元素之和即为所求.

解:(1) 由$|\boldsymbol{A}|=2$可知,$\boldsymbol{A}$可逆,于是$(\boldsymbol{A}^*)^{-1}=(|\boldsymbol{A}|\boldsymbol{A}^{-1})^{-1}=\frac{1}{|\boldsymbol{A}|}\boldsymbol{A}=\frac{1}{2}\boldsymbol{A}$,所以

$$(\boldsymbol{A}^*)^{-1}=\frac{1}{2}\begin{pmatrix}2&0&0\\1&2&3\\3&1&1\end{pmatrix}.$$

(2) 易知$|\boldsymbol{A}|=-\frac{1}{24}$,根据矩阵的初等行变换容易求得

$$\boldsymbol{A}^{-1}=\begin{pmatrix}0&0&0&4\\1&0&0&0\\0&2&0&0\\0&0&3&0\end{pmatrix},$$

所以

$$\boldsymbol{A}^*=|\boldsymbol{A}|\boldsymbol{A}^{-1}=-\frac{1}{24}\begin{pmatrix}0&0&0&4\\1&0&0&0\\0&2&0&0\\0&0&3&0\end{pmatrix},$$

因此$|\boldsymbol{A}|$的所有代数余子式的和为$-\frac{5}{12}$.

题型七 有关矩阵的秩的讨论与计算

矩阵的秩是矩阵的一个重要属性,也是与本课程的后续内容,如向量组的秩、线性方程组的求解、矩阵的对角化以及二次型等相关的一个重要内容,下面进一步举例讨论有关矩阵的秩的问题.

例 9　(1) 已知 $\boldsymbol{A}=\begin{pmatrix}1 & 3 & 2 & a\\ 2 & 7 & a & 3\\ 0 & a & 5 & -5\end{pmatrix}$,如果秩 $r(\boldsymbol{A})=2$,则 a 为多少?

(2) 设矩阵 $\boldsymbol{A}=\begin{pmatrix}1 & 1 & 1 & 1\\ 0 & -1 & 1 & b\\ 2 & a & 3 & 4\\ 3 & 1 & 5 & 7\end{pmatrix}$,求矩阵 $\boldsymbol{A}$ 的秩.

解:(1) 由于初等变换不改变矩阵的秩,对 $\boldsymbol{A}$ 作初等行变换可得

$$\boldsymbol{A}=\begin{pmatrix}1 & 3 & 2 & a\\ 2 & 7 & a & 3\\ 0 & a & 5 & -5\end{pmatrix}\to\begin{pmatrix}1 & 3 & 2 & a\\ 0 & 1 & a-4 & 3-2a\\ 0 & 0 & 5+4a-a^2 & 2a^2-3a-5\end{pmatrix},$$

由于 $5+4a-a^2=(a+1)(5-a)$,$2a^2-3a-5=(2a-5)(a+1)$,可见,要使得 $r(\boldsymbol{A})=2$,则必有 $a=-1$,此时

$$\boldsymbol{A}=\begin{pmatrix}1 & 3 & 2 & a\\ 2 & 7 & a & 3\\ 0 & a & 5 & -5\end{pmatrix}\to\begin{pmatrix}1 & 3 & 2 & a\\ 0 & 1 & -5 & 5\\ 0 & 0 & 0 & 0\end{pmatrix}.$$

(2) 对矩阵 $\boldsymbol{A}$ 作初等行变换,将它化为行阶梯形矩阵,有

$$\boldsymbol{A}=\begin{pmatrix}1 & 1 & 1 & 1\\ 0 & -1 & 1 & b\\ 2 & a & 3 & 4\\ 3 & 1 & 5 & 7\end{pmatrix}\to\begin{pmatrix}1 & 1 & 1 & 1\\ 0 & -1 & 1 & b\\ 0 & 0 & a-1 & ab-2b+2\\ 0 & 0 & 0 & 4-2b\end{pmatrix},$$

因此,当 $a\neq1,b\neq2$ 时,$r(\boldsymbol{A})=4$;当 $a=1,b=2$ 时,$r(\boldsymbol{A})=2$;当 $a=1,b\neq2$ 或 $a\neq1,b=2$ 时,$r(\boldsymbol{A})=3$.

三、应用与提高

例 10　乘火车的乘客排队等候检票,且排队的旅客按一定速度在增加. 假定每张票的检票时间相同,若车站开放一个检票窗口,半小时可检票完毕;若同时开放两个检票窗口,则只需要 10 分钟即可检票完毕,现有一加班车,若必须在 4 分钟内让全部旅客检票进站,求车站至少要同时开放多少个检票窗口?

分析:此题是一个关于火车站检票方案制定的一个实例. 这里排队旅客、旅客增加的速度以及检票口检票的速度均未知,但是根据已经掌握的信息可知,若车站开放一个检票窗口,半小时可检票完毕;若同时开放两个检票窗口,则只需要 10 分钟即可检票完毕. 这两种情况下排队的旅客和增加的旅客均在指定的时间内通过检票口进站了,这便是一个

等量关系.以此等量关系为基础,可以建立三元齐次方程组,且此方程组必有非零解,然后结合克兰姆法则的相关结论,问题就迎刃而解了.

解:设开始检票时有 x 个旅客排队,旅客每分钟增加 y 人,检票窗口每分钟检票 z 张,同时开放 n 个窗口需 t 分钟检票完毕,由题意得

$$\begin{cases}x+30y=30z\\x+10y=20z\\x+ty=ntz\end{cases},$$

即

$$\begin{cases}x+30y-30z=0\\x+10y-20z=0\\x+ty-ntz=0\end{cases},$$

这是一个以 x,y,z 为未知数的三元齐次线性方程组,因为它有非零解,所以系数行列式

$$D=\begin{vmatrix}1&30&-30\\1&10&-20\\1&t&-nt\end{vmatrix}=0,$$

即

$$2nt-t-30=0,$$

从而 $t=\dfrac{30}{2n-1}$,因为 $t\leqslant4$,即 $\dfrac{30}{2n-1}\leqslant4$,由此可得 $n\geqslant4.25$.所以要在4分钟内让旅客全部进站,车站至少需要同时开放5个检票窗口.

例11 (2013年)设 $\boldsymbol{A}=(a_{ij})$ 是3阶非零矩阵,$|\boldsymbol{A}|$ 为 $\boldsymbol{A}$ 的行列式,A_{ij} 为 a_{ij} 的代数余子式.若 $A_{ij}+a_{ij}=0(i,j=1,2,3)$,则 $|\boldsymbol{A}|=$________.

分析:因为 $A_{ij}+a_{ij}=0(i,j=1,2,3)$,所以 $A_{ij}=-a_{ij}(i,j=1,2,3)$,从而 $\boldsymbol{A}^{*\mathrm{T}}=-\boldsymbol{A}$,即 $\boldsymbol{A}^*=-\boldsymbol{A}^{\mathrm{T}}$,其中 $\boldsymbol{A}^*$ 为 $\boldsymbol{A}$ 的伴随矩阵.两边同时左乘 $\boldsymbol{A}$,得 $\boldsymbol{A}\boldsymbol{A}^*=-\boldsymbol{A}\boldsymbol{A}^{\mathrm{T}}=|\boldsymbol{A}|\boldsymbol{E}$,然后取行列式可得 $|\boldsymbol{A}|^3=-|\boldsymbol{A}|^2$,所以有 $|\boldsymbol{A}|=0$ 或 $|\boldsymbol{A}|=-1$.若 $|\boldsymbol{A}|=0$,则 $\boldsymbol{A}\boldsymbol{A}^{\mathrm{T}}=\boldsymbol{O}$,因此必有 $\boldsymbol{A}=\boldsymbol{O}$,这与已知矛盾,故 $|\boldsymbol{A}|=-1$.

例12 (1)(1996年)四阶行列式 $\begin{vmatrix}a_1&0&0&b_1\\0&a_2&b_2&0\\0&b_3&a_3&0\\b_4&0&0&a_4\end{vmatrix}$ 的值等于( ).

(A) $a_1a_2a_3a_4-b_1b_2b_3b_4$ (B) $a_1a_2a_3a_4+b_1b_2b_3b_4$

(C) $(a_1a_2-b_1b_2)(a_3a_4-b_3b_4)$ (D) $(a_2a_3-b_2b_3)(a_1a_4-b_1b_4)$

(2) (2014 年)行列式 $\begin{vmatrix} 0 & a & b & 0 \\ a & 0 & 0 & b \\ 0 & c & d & 0 \\ c & 0 & 0 & d \end{vmatrix}$ 等于(　　).

(A) $(ad-bc)^2$　　　　(B) $-(ad-bc)^2$

(C) $a^2d^2-b^2c^2$　　　　(D) $-a^2d^2+b^2c^2$

分析:(1)(2)两题都可运用行列式的展开定理并结合行列式的性质进行计算.

解:(1) 将行列式按第一行展开可得

$$D=a_1\begin{vmatrix} a_2 & b_2 & 0 \\ b_3 & a_3 & 0 \\ 0 & 0 & a_4 \end{vmatrix}-b_1\begin{vmatrix} 0 & a_2 & b_2 \\ 0 & b_3 & a_3 \\ b_4 & 0 & 0 \end{vmatrix}$$

$$=a_1a_4(a_2a_3-b_2b_3)-b_1b_4(a_2a_3-b_2b_3)=(a_{14}-b_1b_4)(a_2a_3-b_2b_3),$$

故答案应选(D).

(2) 将行列式按第一列展开可得

$$D=-a\begin{vmatrix} a & b & 0 \\ c & d & 0 \\ 0 & 0 & d \end{vmatrix}-c\begin{vmatrix} a & b & 0 \\ 0 & 0 & b \\ c & d & 0 \end{vmatrix}$$

$$=-ad(ad-bc)+bc(ad-bc)=-(ad-bc)^2,$$

故答案应选(B).

四、自测题二

一、填空题

1. 设 $\boldsymbol{A}$ 为三阶方阵, $\boldsymbol{A}^*$ 为 $\boldsymbol{A}$ 的伴随矩阵,且 $|\boldsymbol{A}|=3$,则 $\left|\left(\frac{1}{3}\boldsymbol{A}\right)^{-1}-2\boldsymbol{A}^*\right|=$______.

2. 设 $\boldsymbol{A},\boldsymbol{B}$ 为 4 阶方阵,且 $|\boldsymbol{A}|=3$,则 $|-(3\boldsymbol{A})^{-1}|=$______, $|\boldsymbol{B}\boldsymbol{A}^2\boldsymbol{B}^{-1}|=$______.

3. 设 $\boldsymbol{A}=\begin{pmatrix} 1 & 2 & 3 \\ 0 & 2 & 3 \\ 0 & 0 & 3 \end{pmatrix}$,则 $(\boldsymbol{A}^*)^{-1}=$______.

4. 设方阵 $\boldsymbol{A}=\begin{pmatrix} b_1 & x_1 & c_1 \\ b_2 & x_2 & c_2 \\ b_3 & x_3 & c_3 \end{pmatrix}$, $\boldsymbol{B}=\begin{pmatrix} b_1 & y_1 & c_1 \\ b_2 & y_2 & c_2 \\ b_3 & y_3 & c_3 \end{pmatrix}$,且 $|\boldsymbol{A}|=-2$, $|\boldsymbol{B}|=3$, 则行列式 $|\boldsymbol{A}+\boldsymbol{B}|=$______.

5. 设 $\boldsymbol{A}$ 为 n 阶方阵,且 $|\boldsymbol{A}|\neq 0$,则 $\boldsymbol{A}$ 在等价关系下的标准形为______.

6. 关于 x 的多项式 $\begin{vmatrix} -x & 1 & 1 \\ x & -x & x \\ 1 & 2 & -2x \end{vmatrix}$ 中含 x^3 项的系数是________.

7. 求行列式的值.

(1) $\begin{vmatrix} 1\,234 & 234 \\ 2\,469 & 469 \end{vmatrix}=$________. (2) $\begin{vmatrix} 1 & 2 & 1 \\ 2 & 4 & 2 \\ 10 & 14 & 13 \end{vmatrix}=$________.

(3) $\begin{vmatrix} 1 & 2\,000 & 2\,001 & 2\,002 \\ 0 & -1 & 0 & 2\,003 \\ 0 & 0 & -1 & 2\,004 \\ 0 & 0 & 0 & 2\,005 \end{vmatrix}=$________.

(4) 行列式 $\begin{vmatrix} 1 & 2 & -3 \\ 2 & -1 & 0 \\ 3 & 4 & -2 \end{vmatrix}$ 中元素 0 的代数余子式的值为________.

8. 若方程组 $\begin{cases} bx+ay=0 \\ cx+az=b \\ cy+bz=a \end{cases}$ 有唯一解，则 $abc\neq$________.

9. 当 a 为________时，方程组 $\begin{cases} x_1+x_2+x_3=0 \\ x_1+2x_2+ax_3=0 \\ x_1+4x_2+a^2x_3=0 \end{cases}$ 有非零解.

10. 设 $D=\begin{vmatrix} 3 & -1 & 2 \\ -2 & -3 & 1 \\ 0 & 1 & -4 \end{vmatrix}$，则 $2A_{11}+A_{21}-4A_{31}=$________.

二、选择题

1. 以下结论正确的是(　　).

(A) 如果矩阵 $\boldsymbol{A}$ 的行列式 $|\boldsymbol{A}|=0$，则 $\boldsymbol{A}=\boldsymbol{O}$

(B) 如果矩阵 $\boldsymbol{A}$ 满足 $\boldsymbol{A}^2=\boldsymbol{O}$，则 $\boldsymbol{A}=\boldsymbol{O}$

(C) n 阶数量阵与任何一个 n 阶矩阵都是可交换的

(D) 对任意方阵 $\boldsymbol{A},\boldsymbol{B}$，有 $(\boldsymbol{A}-\boldsymbol{B})(\boldsymbol{A}+\boldsymbol{B})=\boldsymbol{A}^2-\boldsymbol{B}^2$

2. n 阶矩阵 $\boldsymbol{A}$ 是可逆矩阵的充分必要条件是(　　).

(A) $|\boldsymbol{A}|=1$　　(B) $|\boldsymbol{A}|=0$　　(C) $\boldsymbol{A}=\boldsymbol{A}^{\mathrm{T}}$　　(D) $|\boldsymbol{A}|\neq 0$

3. $\boldsymbol{A}$ 是 n 阶方阵，$\boldsymbol{A}^*$ 是其伴随矩阵，则下列结论错误的是(　　).

(A) 若 $\boldsymbol{A}$ 是可逆矩阵，则 $\boldsymbol{A}^*$ 也是可逆矩阵

(B) 若 $\boldsymbol{A}$ 是不可逆矩阵，则 $\boldsymbol{A}^*$ 也是不可逆矩阵

(C) 若$|\boldsymbol{A}^*|\neq 0$,则$\boldsymbol{A}$是可逆矩阵

(D) $|\boldsymbol{A}\boldsymbol{A}^*|=|\boldsymbol{A}|$

4. 设$\boldsymbol{A}$是5阶方阵,且$|\boldsymbol{A}|\neq 0$,则$|\boldsymbol{A}^*|=$(　　).

(A) $|\boldsymbol{A}|$　　(B) $|\boldsymbol{A}|^2$　　(C) $|\boldsymbol{A}|^3$　　(D) $|\boldsymbol{A}|^4$

5. 设$\boldsymbol{A}=\begin{pmatrix} a_{11} & \cdots & a_{1n} \\ \cdots & \cdots & \cdots \\ a_{n1} & \cdots & a_{nn} \end{pmatrix}$, $\boldsymbol{B}=\begin{pmatrix} A_{11} & \cdots & A_{1n} \\ \cdots & \cdots & \cdots \\ A_{n1} & \cdots & A_{nn} \end{pmatrix}$,其中$A_{ij}$是$a_{ij}$的代数余子式,则(　　).

(A) $\boldsymbol{A}$是$\boldsymbol{B}$的伴随矩阵　　(B) $\boldsymbol{B}$是$\boldsymbol{A}$的伴随矩阵

(C) $\boldsymbol{B}$是$\boldsymbol{A}^{\mathrm{T}}$的伴随矩阵　　(D) 以上结论都不对

6. 设$\boldsymbol{A}$是一个上三角阵,且$|\boldsymbol{A}|=0$,那么$\boldsymbol{A}$的对角线上的元素(　　).

(A) 全为零　　(B) 只有一个为零

(C) 至少有一个为零　　(D) 可能有零,也可能没有零

7. 设$\boldsymbol{A}=\begin{pmatrix} a_1 & b_1 & c_1 \\ a_2 & b_2 & c_2 \\ a_3 & b_3 & c_3 \end{pmatrix}$,若$\boldsymbol{AP}=\begin{pmatrix} a_1 & c_1 & 2b_1 \\ a_2 & c_2 & 2b_2 \\ a_3 & c_3 & 2b_3 \end{pmatrix}$,则$\boldsymbol{P}=$(　　).

(A) $\begin{pmatrix} 1 & 0 & 0 \\ 0 & 0 & 1 \\ 0 & 2 & 0 \end{pmatrix}$　　(B) $\begin{pmatrix} 1 & 0 & 0 \\ 0 & 0 & 2 \\ 0 & 1 & 0 \end{pmatrix}$

(C) $\begin{pmatrix} 0 & 0 & 1 \\ 0 & 2 & 0 \\ 1 & 0 & 0 \end{pmatrix}$　　(D) $\begin{pmatrix} 2 & 0 & 0 \\ 0 & 0 & 1 \\ 0 & 1 & 0 \end{pmatrix}$

8. 设$n(n\geqslant 3)$阶矩阵$\boldsymbol{A}=\begin{pmatrix} 1 & a & a & \cdots & a \\ a & 1 & a & \cdots & a \\ a & a & 1 & \cdots & a \\ \cdots & \cdots & \cdots & \cdots & \cdots \\ a & a & a & \cdots & 1 \end{pmatrix}$,若矩阵$\boldsymbol{A}$的秩为1,则$a$必为(　　).

(A) 1　　(B) -1　　(C) $\dfrac{1}{1-n}$　　(D) $\dfrac{1}{n-1}$

9. 已知四阶矩阵$\boldsymbol{A}$的行列式的值为2,将$\boldsymbol{A}$的第三行元素乘以-1加到第四行的对应元素上去,则现行列式的值(　　).

(A) 2　　(B) 0　　(C) -1　　(D) -2

10. 设齐次线性方程组$\begin{cases} kx+z=0 \\ 2x+ky+z=0 \\ kx-2y+z=0 \end{cases}$有非零解,则$k=$(　　).

(A) 2　　(B) 0　　(C) -1　　(D) -2

三、计算题

1. 求解矩阵方程.

(1) $\begin{pmatrix}2&5\\1&3\end{pmatrix}X=\begin{pmatrix}4&-6\\2&1\end{pmatrix}$；(2) $X\begin{pmatrix}2&1&-1\\2&1&0\\1&-1&1\end{pmatrix}=\begin{pmatrix}1&-1&3\\4&3&2\end{pmatrix}$；

(3) $\begin{pmatrix}1&4\\-1&2\end{pmatrix}X\begin{pmatrix}2&0\\-1&1\end{pmatrix}=\begin{pmatrix}3&1\\0&-1\end{pmatrix}$；

2. 设 $A=\begin{pmatrix}1&\lambda&-1&2\\2&-1&\lambda&5\\1&10&-6&1\end{pmatrix}$，对 λ 的不同取值，讨论矩阵 A 的秩 $r(A)$.

3. 计算下列行列式.

(1) $\begin{vmatrix}a+b&c&1\\b+c&a&1\\c+a&b&1\end{vmatrix}$；　　(2) $D=\begin{vmatrix}1&2&-1&2\\3&0&1&-1\\1&-2&0&4\\-2&-4&1&-1\end{vmatrix}$；

(3) $\begin{vmatrix}1&1&1&1+x\\1&1&1-x&1\\1&1+y&1&1\\1-y&1&1&1\end{vmatrix}$；　　(4) $D_n=\begin{vmatrix}3&2&2&\cdots&2\\2&3&2&\cdots&2\\2&2&3&\cdots&2\\\vdots&\vdots&\vdots&&\vdots\\2&2&2&\cdots&3\end{vmatrix}$.

4. 设行列式 $D=\begin{vmatrix}4&1&3&-2\\3&3&3&-6\\-1&2&0&7\\1&2&9&-2\end{vmatrix}$，不计算 A_{ij} 而直接证明：$A_{41}+A_{42}+A_{43}=2A_{44}$.

五、教材习题全解

习题 2.1

1. 单选题.

(1) 设 $A=\begin{pmatrix}1&2&3\\3&-1&2\end{pmatrix}$，$E(1,2)$是对调单位矩阵的第一列与第二列所得的二阶初等矩阵，则 $E(1,2)A$ 等于(　　).

(A) $\begin{pmatrix} 2 & 1 & 3 \\ -1 & 3 & 2 \end{pmatrix}$　　(B) $\begin{pmatrix} 1 & 3 & 2 \\ 3 & 2 & -1 \end{pmatrix}$

(C) $\begin{pmatrix} 2 & 4 & 6 \\ 3 & -1 & 2 \end{pmatrix}$　　(D) $\begin{pmatrix} 3 & -1 & 2 \\ 1 & 2 & 3 \end{pmatrix}$

(2) 设 $\boldsymbol{A}$ 是三阶矩阵,对调 $\boldsymbol{A}$ 的第一列与第二列得 $\boldsymbol{B}$,再把 $\boldsymbol{B}$ 的第二列加到第三列得 $\boldsymbol{C}$,则满足 $\boldsymbol{AQ}=\boldsymbol{C}$ 的可逆矩阵 $\boldsymbol{Q}$ 为(　　).

(A) $\begin{pmatrix} 0 & 1 & 1 \\ 1 & 0 & 0 \\ 0 & 0 & 1 \end{pmatrix}$　(B) $\begin{pmatrix} 0 & 1 & 0 \\ 1 & 0 & 1 \\ 0 & 0 & 1 \end{pmatrix}$　(C) $\begin{pmatrix} 0 & 1 & 0 \\ 1 & 0 & 0 \\ 0 & 1 & 1 \end{pmatrix}$　(D) $\begin{pmatrix} 0 & 1 & 0 \\ 1 & 0 & 0 \\ 1 & 0 & 1 \end{pmatrix}$

(3) 设 $\boldsymbol{A}$ 是三阶矩阵,将 $\boldsymbol{A}$ 的第二列加到第一列得 $\boldsymbol{B}$,再对调 $\boldsymbol{B}$ 的第二行与第三行得单位阵,记 $\boldsymbol{P}_1=\begin{pmatrix} 1 & 0 & 0 \\ 1 & 1 & 0 \\ 0 & 0 & 1 \end{pmatrix}$,$\boldsymbol{P}_2=\begin{pmatrix} 1 & 0 & 0 \\ 0 & 0 & 1 \\ 0 & 1 & 0 \end{pmatrix}$,则(　　).

(A) $\boldsymbol{A}=\boldsymbol{P}_1\boldsymbol{P}_2$　(B) $\boldsymbol{A}=\boldsymbol{P}_2\boldsymbol{P}_1^{-1}$　(C) $\boldsymbol{A}=\boldsymbol{P}_2\boldsymbol{P}_1$　(D) $\boldsymbol{A}=\boldsymbol{P}_1^{-1}\boldsymbol{P}_2$

解:(1) D　(2) A　(3) B

2. 利用矩阵的初等变换解下列方程组.

(1) $\begin{cases} x_1-2x_2+x_3=1 \\ 2x_1-x_2+5x_3=0 \\ 3x_2+x_3=2 \end{cases}$;　(2) $\begin{cases} x_1-x_2-x_3=2 \\ 2x_1-x_2-3x_3=1 \\ 3x_1+2x_2-5x_3=0 \end{cases}$.

解:(1) 将方程组的增广矩阵作如下的初等行变换

$$\begin{pmatrix} 1 & -2 & 1 & 1 \\ 2 & -1 & 5 & 0 \\ 0 & 3 & 1 & 2 \end{pmatrix} \xrightarrow{r_2-2r_1} \begin{pmatrix} 1 & -2 & 1 & 1 \\ 0 & 3 & 3 & -2 \\ 0 & 3 & 1 & 2 \end{pmatrix} \xrightarrow[\frac{1}{3}r_2]{r_3-r_2} \begin{pmatrix} 1 & -2 & 1 & 1 \\ 0 & 1 & 1 & -2/3 \\ 0 & 0 & -2 & 4 \end{pmatrix}$$

$$\xrightarrow[-\frac{1}{2}r_3]{r_1+2r_2} \begin{pmatrix} 1 & 0 & 3 & -1/3 \\ 0 & 1 & 1 & -2/3 \\ 0 & 0 & 1 & -2 \end{pmatrix} \xrightarrow[r_2-r_3]{r_1-3r_3} \begin{pmatrix} 1 & 0 & 0 & 17/3 \\ 0 & 1 & 0 & 4/3 \\ 0 & 0 & 1 & -2 \end{pmatrix},$$

由此可知原方程组的解为 $(x_1\quad x_2\quad x_3)^{\mathrm{T}}=\begin{pmatrix} \frac{17}{3} & \frac{4}{3} & -2 \end{pmatrix}^{\mathrm{T}}$.

(2) 将方程组的增广矩阵作如下的初等行变换

$$\begin{pmatrix} 1 & -1 & -1 & 2 \\ 2 & -1 & -3 & 1 \\ 3 & 2 & -5 & 0 \end{pmatrix} \xrightarrow[r_3-3r_1]{r_2-2r_1} \begin{pmatrix} 1 & -1 & -1 & 2 \\ 0 & 1 & -1 & -3 \\ 0 & 5 & -2 & -6 \end{pmatrix} \xrightarrow[r_3-5r_2]{r_1+r_2} \begin{pmatrix} 1 & 0 & -2 & -1 \\ 0 & 1 & -1 & -3 \\ 0 & 0 & 3 & 9 \end{pmatrix} \xrightarrow[r_2+2r_3]{\frac{1}{3}r_3,\ r_1+2r_3} \begin{pmatrix} 1 & 0 & 0 & 5 \\ 0 & 1 & 0 & 0 \\ 0 & 0 & 1 & 3 \end{pmatrix}$$

由此可知原方程组的解为 $(x_1\quad x_2\quad x_3)^{\mathrm{T}}=(5\quad 0\quad 3)^{\mathrm{T}}$.

3. 把下列矩阵化为行最简形.

(1) $\begin{pmatrix} 1 & 0 & 2 & -1 \\ 2 & 0 & 3 & 1 \\ 3 & 0 & 4 & 3 \end{pmatrix}$；(2) $\begin{pmatrix} 0 & 2 & -3 & 1 \\ 0 & 3 & -4 & 3 \\ 0 & 4 & -7 & -1 \end{pmatrix}$；(3) $\begin{pmatrix} 1 & -1 & 3 & -4 & 3 \\ 3 & -3 & 5 & -4 & 1 \\ 2 & -2 & 3 & -2 & 0 \\ 3 & -3 & 4 & -2 & -1 \end{pmatrix}$.

解:通过矩阵的初等行变换依次可得以上三个矩阵如下形式的行最简形.

(1) $\begin{pmatrix} 1 & 0 & 0 & 5 \\ 0 & 0 & 1 & -3 \\ 0 & 0 & 0 & 0 \end{pmatrix}$；(2) $\begin{pmatrix} 0 & 1 & 0 & 5 \\ 0 & 0 & 1 & 3 \\ 0 & 0 & 0 & 0 \end{pmatrix}$；(3) $\begin{pmatrix} 1 & -1 & 0 & 2 & -3 \\ 0 & 0 & 1 & -2 & 2 \\ 0 & 0 & 0 & 0 & 0 \\ 0 & 0 & 0 & 0 & 0 \end{pmatrix}$.

4. 设 $\boldsymbol{A}=\begin{pmatrix} a_{11} & a_{12} & a_{13} \\ a_{21} & a_{22} & a_{23} \\ a_{31} & a_{32} & a_{33} \end{pmatrix}$,$\boldsymbol{B}=\begin{pmatrix} a_{21} & a_{22} & a_{23} \\ a_{11} & a_{12} & a_{13} \\ a_{31}+a_{11} & a_{32}+a_{12} & a_{33}+a_{13} \end{pmatrix}$,求矩阵 $\boldsymbol{X}$,使得 $\boldsymbol{XA}=\boldsymbol{B}$.

解:显然,将 $\boldsymbol{A}$ 的第一行与第二行交换,然后把新的第二行加到第三行,便可得到矩阵 $\boldsymbol{B}$,于是根据初等变换与初等矩阵的关系有

$$\begin{pmatrix} 1 & 0 & 0 \\ 0 & 1 & 0 \\ 0 & 1 & 1 \end{pmatrix}\begin{pmatrix} 0 & 1 & 0 \\ 1 & 0 & 0 \\ 0 & 0 & 1 \end{pmatrix}\boldsymbol{A}=\boldsymbol{B},$$

所以 $\boldsymbol{X}-\begin{pmatrix} 1 & 0 & 0 \\ 0 & 1 & 0 \\ 0 & 1 & 1 \end{pmatrix}\begin{pmatrix} 0 & 1 & 0 \\ 1 & 0 & 0 \\ 0 & 0 & 1 \end{pmatrix}=\begin{pmatrix} 0 & 1 & 0 \\ 1 & 0 & 0 \\ 1 & 0 & 1 \end{pmatrix}$.

5. 利用矩阵的初等变换求下列矩阵的逆矩阵.

(1) $\begin{pmatrix} 4 & -3 \\ -1 & 2 \end{pmatrix}$；(2) $\begin{pmatrix} 1 & -1 & -1 \\ 0 & 1 & -1 \\ 0 & 0 & 1 \end{pmatrix}$；(3) $\begin{pmatrix} 1 & 2 & 3 & 4 \\ 2 & 3 & 1 & 2 \\ 1 & 1 & 1 & -1 \\ 1 & 0 & -2 & -6 \end{pmatrix}$.

解:(1)将 2 阶单位阵放在矩阵右侧,然后作如下初等变换

$$\begin{pmatrix} 4 & -3 & 1 & 0 \\ -1 & 2 & 0 & 1 \end{pmatrix}\xrightarrow[-r_1]{r_1\leftrightarrow r_2}\begin{pmatrix} 1 & -2 & 0 & -1 \\ 4 & -3 & 1 & 0 \end{pmatrix}\xrightarrow{r_2-4r_1}$$

$$\begin{pmatrix} 1 & -2 & 0 & -1 \\ 0 & 5 & 1 & 4 \end{pmatrix}\xrightarrow[r_1+2r_2]{\frac{1}{5}r_2}\begin{pmatrix} 1 & 0 & 2/5 & 3/5 \\ 0 & 1 & 1/5 & 4/5 \end{pmatrix},$$

由此可得所求矩阵的逆矩阵为 $\begin{pmatrix} 2/5 & 3/5 \\ 1/5 & 4/5 \end{pmatrix}$.

（2）将 3 阶单位阵放在矩阵右侧，然后作如下初等变换

$$\begin{pmatrix}1 & -1 & -1 & 1 & 0 & 0\\0 & 1 & -1 & 0 & 1 & 0\\0 & 0 & 1 & 0 & 0 & 1\end{pmatrix}\xrightarrow[r_2+r_3]{r_1+r_2}\begin{pmatrix}1 & 0 & -2 & 1 & 1 & 0\\0 & 1 & 0 & 0 & 1 & 1\\0 & 0 & 1 & 0 & 0 & 1\end{pmatrix}\xrightarrow{r_1+2r_3}\begin{pmatrix}1 & 0 & 0 & 1 & 1 & 2\\0 & 1 & 0 & 0 & 1 & 1\\0 & 0 & 1 & 0 & 0 & 1\end{pmatrix},$$

由此可得所求矩阵的逆矩阵为$\begin{pmatrix}1 & 1 & 2\\0 & 1 & 1\\0 & 0 & 1\end{pmatrix}$.

（3）将 4 阶单位阵放在矩阵右侧，然后用类似的方法可得所求矩阵的逆矩阵为

$$\begin{pmatrix}22 & -6 & -26 & 17\\-17 & 5 & 20 & -13\\-1 & 0 & 2 & -1\\4 & -1 & -5 & 3\end{pmatrix}.$$

6．解下列矩阵方程．

（1）$\begin{pmatrix}3 & 5\\5 & 9\end{pmatrix}\boldsymbol{X}=\begin{pmatrix}1 & 2\\3 & 4\end{pmatrix}$；　（2）$\boldsymbol{X}\begin{pmatrix}1 & 2\\3 & 4\end{pmatrix}=\begin{pmatrix}3 & 5\\5 & 9\end{pmatrix}$；

（3）$\begin{pmatrix}1 & 2 & 3\\3 & 2 & -4\\2 & -1 & 0\end{pmatrix}\boldsymbol{X}=\begin{pmatrix}1 & 3\\0 & -2\\2 & 1\end{pmatrix}$.

解：（1）$\boldsymbol{X}=\begin{pmatrix}3 & 5\\5 & 9\end{pmatrix}^{-1}\begin{pmatrix}1 & 2\\3 & 4\end{pmatrix}=\begin{pmatrix}-3 & -1\\2 & 1\end{pmatrix}$；

（2）$\boldsymbol{X}=\begin{pmatrix}3 & 5\\5 & 9\end{pmatrix}\begin{pmatrix}1 & 2\\3 & 4\end{pmatrix}^{-1}=\begin{pmatrix}3/2 & 1/2\\7/2 & 1/2\end{pmatrix}$；

（3）$\boldsymbol{X}=\begin{pmatrix}1 & 2 & 3\\3 & 2 & -4\\2 & -1 & 0\end{pmatrix}^{-1}\begin{pmatrix}1 & 3\\0 & -2\\2 & 1\end{pmatrix}=\begin{pmatrix}\frac{32}{41} & \frac{20}{41}\\-\frac{18}{41} & -\frac{1}{41}\\\frac{15}{41} & \frac{35}{41}\end{pmatrix}$.

7．设 $\boldsymbol{A}=\begin{pmatrix}0 & 3 & 3\\1 & 1 & 0\\-1 & 2 & 3\end{pmatrix}$，$\boldsymbol{AB}=\boldsymbol{A}+2\boldsymbol{B}$，求 $\boldsymbol{B}$.

解：由 $\boldsymbol{AB}=\boldsymbol{A}+2\boldsymbol{B}$ 可得 $\boldsymbol{B}=(\boldsymbol{A}-2\boldsymbol{E})^{-1}\boldsymbol{A}$，经计算可得 $\boldsymbol{B}=\begin{pmatrix}0 & 3 & 3\\-1 & 2 & 3\\1 & 1 & 0\end{pmatrix}$.

8. 已知从 y_1、y_2、y_3 到 x_1、x_2、x_3 的线性变换为 $\begin{cases} x_1 = 2y_1 + 2y_2 + y_3 \\ x_2 = 3y_1 + y_2 + 5y_3 \\ x_3 = 3y_1 + 2y_2 + 3y_3 \end{cases}$，试求从 x_1、x_2、x_3 到 y_1、y_2、y_3 的线性变换.

解: 令 $\boldsymbol{x} = \boldsymbol{A}\boldsymbol{y}$，其中 $\boldsymbol{x} = (x_1, x_2, x_3)^{\mathrm{T}}$，$\boldsymbol{y} = (y_1, y_2, y_3)^{\mathrm{T}}$，$\boldsymbol{A} = \begin{pmatrix} 2 & 2 & 1 \\ 3 & 1 & 5 \\ 3 & 2 & 3 \end{pmatrix}$，于是 $\boldsymbol{y} = \boldsymbol{A}^{-1}\boldsymbol{x}$，而 $\boldsymbol{A}^{-1} = \begin{pmatrix} -7 & -4 & 9 \\ 6 & 3 & -7 \\ 3 & 2 & -4 \end{pmatrix}$，所以 $\begin{cases} y_1 = -7x_1 - 4x_2 + 9x_3 \\ y_2 = 6x_1 + 3x_2 - 7x_3. \\ y_3 = 3x_1 + 2x_2 - 4x_3 \end{cases}$

习题 2.2

1. 填空题.

(1) 设五阶矩阵 $\boldsymbol{A}, \boldsymbol{B}$ 的秩分别为 3 和 5，则 $r(\boldsymbol{BAB}) =$ ________.

(2) 设矩阵 $\boldsymbol{A} = \begin{pmatrix} 5 & 0 & 0 \\ 0 & 1 & 2 \\ 0 & 2 & 4 \end{pmatrix}$，$\boldsymbol{B}$ 为三阶满秩矩阵，则 $r(\boldsymbol{AB}) =$ ________.

(3) 设矩阵 $\boldsymbol{A} = \begin{pmatrix} k & 1 & 1 & 1 \\ 1 & k & 1 & 1 \\ 1 & 1 & k & 1 \\ 1 & 1 & 1 & k \end{pmatrix}$，且 $r(\boldsymbol{A}) = 3$，则 $k =$ ________.

(4) 设 $\boldsymbol{A} = \begin{pmatrix} 0 & 1 & 0 & 0 \\ 0 & 0 & 1 & 0 \\ 0 & 0 & 0 & 1 \\ 0 & 0 & 0 & 0 \end{pmatrix}$，则 $r(\boldsymbol{A}^2) =$ ________.

解: (1) 3　(2) 2　(3) -3　(4) 2

2. 求下列矩阵的标准形.

(1) $\begin{pmatrix} 1 & -1 & 0 & 5 & -2 \\ 0 & 2 & 3 & -2 & 1 \\ 0 & 0 & 0 & 3 & -5 \\ 0 & 0 & 0 & 0 & 0 \end{pmatrix}$；　(2) $\begin{pmatrix} 1 & 2 & -1 \\ 3 & 4 & 5 \\ 6 & -3 & 2 \\ 0 & -1 & 1 \end{pmatrix}$.

解: 求矩阵的标准形常规的方法是先利用初等行变换将矩阵化简为行最简形，然后通过列变换将行最简形化为标准形，也可通过求出矩阵的秩来求标准形，下面用两种方法分别做(1)(2)两题.

(1) 对已知矩阵作如下初等变换

$$\begin{pmatrix}1&-1&0&5&-2\\0&2&3&-2&1\\0&0&0&3&-5\\0&0&0&0&0\end{pmatrix}\xrightarrow[\frac{1}{3}r_3]{\frac{1}{2}r_2}\begin{pmatrix}1&-1&0&5&-2\\0&1&3/2&-1&1/2\\0&0&0&1&-5/3\\0&0&0&0&0\end{pmatrix}\xrightarrow[r_2+r_3]{r_1+r_2}\begin{pmatrix}1&0&3/2&4&-3/2\\0&1&3/2&0&-7/6\\0&0&0&1&-5/3\\0&0&0&0&0\end{pmatrix}$$

$$\xrightarrow{r_1-4r_3}\begin{pmatrix}1&0&3/2&0&31/6\\0&1&3/2&0&-7/6\\0&0&0&1&-5/3\\0&0&0&0&0\end{pmatrix}\xrightarrow[c_5-\frac{31}{6}c_1+\frac{7}{6}c_2+\frac{5}{3}c_4]{c_3-\frac{3}{2}c_1-\frac{3}{2}c_2}\begin{pmatrix}1&0&0&0&0\\0&1&0&0&0\\0&0&0&1&0\\0&0&0&0&0\end{pmatrix}$$

$$\xrightarrow{c_3\leftrightarrow c_4}\begin{pmatrix}1&0&0&0&0\\0&1&0&0&0\\0&0&1&0&0\\0&0&0&0&0\end{pmatrix},$$

由此可得标准形为

$$\begin{pmatrix}1&0&0&0&0\\0&1&0&0&0\\0&0&1&0&0\\0&0&0&0&0\end{pmatrix}.$$

(2) 易知矩阵的秩为3,所以所求的标准形为$\begin{pmatrix}1&0&0\\0&1&0\\0&0&1\\0&0&0\end{pmatrix}$.

3. 求下列矩阵的秩.

(1) $\begin{pmatrix}1&2&2&1\\2&1&-2&-2\\1&-1&-4&-3\end{pmatrix}$； (2) $\begin{pmatrix}1&-2&3&-1&1\\3&-1&5&-3&2\\2&1&2&-2&3\end{pmatrix}$；

(3) $\begin{pmatrix}0&1&2&-3\\-3&0&1&2\\2&-3&0&1\\1&2&-3&0\end{pmatrix}$.

解:(1) 2 (2) 3 (3) 3

4. 问 a,b 为何值时，矩阵 $\boldsymbol{A}=\begin{pmatrix}1&1&1&1&0\\0&1&2&2&1\\0&-1&a-3&-2&b\\3&2&1&a&-1\end{pmatrix}$ 的秩为 2.

解:对矩阵作如下初等行变换

$$\boldsymbol{A}=\begin{pmatrix}1&1&1&1&0\\0&1&2&2&1\\0&-1&a-3&-2&b\\3&2&1&a&-1\end{pmatrix}\xrightarrow{r_4-3r_1}\begin{pmatrix}1&1&1&1&0\\0&1&2&2&1\\0&-1&a-3&-2&b\\0&-1&-2&a-3&-1\end{pmatrix}$$

$$\xrightarrow[r_3+r_2]{r_4-r_3}\begin{pmatrix}1&1&1&1&0\\0&1&2&2&1\\0&0&a-1&0&b+1\\0&0&1-a&a-1&-1-b\end{pmatrix}\xrightarrow{r_4+r_2}\begin{pmatrix}1&1&1&1&0\\0&1&2&2&1\\0&0&a-1&0&b+1\\0&0&0&a-1&0\end{pmatrix},$$

要使得矩阵的秩为 2，则必有 $a=1,b=-1$.

5. 设 $\boldsymbol{A}=\begin{pmatrix}1&1&-1&1\\0&1&1&1\\0&0&0&1\end{pmatrix}$，求可逆矩阵 $\boldsymbol{P},\boldsymbol{Q}$，使得 $\boldsymbol{PAQ}$ 为 $\boldsymbol{A}$ 的标准形.

提示:将 $\boldsymbol{A}$ 通过初等变换变为标准形，每作一次行变换就在 $\boldsymbol{A}$ 的左边乘一个相对应的初等矩阵，每作一次列变换就在 $\boldsymbol{A}$ 的右边乘一个初等矩阵，最后左边所有初等矩阵的乘积便是 $\boldsymbol{P}$，右边所有初等矩阵的乘积便是 $\boldsymbol{Q}$；不过，由于初等变换的次序的不同，所以此题 $\boldsymbol{P},\boldsymbol{Q}$ 的结果不唯一，其中一种形式为 $\boldsymbol{P}=\begin{pmatrix}1&-1&0\\0&1&-1\\0&0&1\end{pmatrix}$，$\boldsymbol{Q}=\begin{pmatrix}1&0&0&2\\0&1&0&-1\\0&0&0&1\\0&0&1&0\end{pmatrix}$.

习题 2.3

1. 填空题.

(1) 设 $D=\begin{vmatrix}3&-1&2\\-2&-3&1\\0&1&-4\end{vmatrix}$，则 $2A_{11}+A_{21}-4A_{31}=$________.

(2) 行列式 $\begin{vmatrix}1&2&-3\\2&-1&0\\3&4&-2\end{vmatrix}$ 中元素 0 的余子式的值为________；代数余子式的值为________.

(3) $\begin{vmatrix} 1\,234 & 234 \\ 2\,469 & 469 \end{vmatrix}=$ ________.

(4) $\begin{vmatrix} 1 & 2 & 1 \\ 2 & 4 & 2 \\ 10 & 14 & 13 \end{vmatrix}=$ ________.

(5) 设 $\boldsymbol{A}$ 是三阶矩阵，$|\boldsymbol{A}|=2$，则 $|2\boldsymbol{A}|=$ ________；$|2\boldsymbol{A}^{-1}|=$ ________.

解：(1) 0　(2) -2，2　(3) 1 000　(4) 0　(5) 16，4

2．解下列线性方程组.

(1) $\begin{cases} x_1+x_2=-1 \\ 2x_1+x_2=-4 \end{cases}$；　(2) $\begin{cases} 2x_1-x_2=3 \\ x_1+x_2=12 \end{cases}$.

解：(1) $x_1=\dfrac{\begin{vmatrix} -1 & 1 \\ -4 & 1 \end{vmatrix}}{\begin{vmatrix} 1 & 1 \\ 2 & 1 \end{vmatrix}}=-3$，$x_2=\dfrac{\begin{vmatrix} 1 & -1 \\ 2 & -4 \end{vmatrix}}{\begin{vmatrix} 1 & 1 \\ 2 & 1 \end{vmatrix}}=2$；

(2) $x_1=\dfrac{\begin{vmatrix} 3 & -1 \\ 12 & 1 \end{vmatrix}}{\begin{vmatrix} 2 & -1 \\ 1 & 1 \end{vmatrix}}=5$，$x_2=\dfrac{\begin{vmatrix} 2 & 3 \\ 1 & 12 \end{vmatrix}}{\begin{vmatrix} 2 & -1 \\ 1 & 1 \end{vmatrix}}=7$.

3．计算下列行列式.

(1) $\begin{vmatrix} 6 & 9 \\ 8 & 12 \end{vmatrix}$；　(2) $\begin{vmatrix} \cos\theta & -\sin\theta \\ \sin\theta & \cos\theta \end{vmatrix}$；　(3) $\begin{vmatrix} 1 & 0 & 1 \\ 2 & 2 & 3 \\ 3 & 0 & 2 \end{vmatrix}$；　(4) $\begin{vmatrix} 1 & a & b \\ b & 1 & a \\ a & b & 1 \end{vmatrix}$.

解：(1)0　(2)1　(3)-2　(4)$1+a^3+b^3-3ab$.

4．设 $D=\begin{vmatrix} 1 & 1 & 1 \\ x & 2 & 1 \\ 1 & 3 & x \end{vmatrix}$，且 $D=2$，求 x 的值.

解：易知 $D=-x^2+5x-4$，若 $D=2$，则有 $D=-x^2+5x-4=2$，所以 $x=2$ 或 $x=3$.

5．利用 n 阶行列式的定义计算下列行列式.

(1) $\begin{vmatrix} a & 0 & 0 & 0 \\ 0 & 0 & b & 0 \\ 0 & c & 0 & 0 \\ 0 & 0 & 0 & d \end{vmatrix}$；　(2) $\begin{vmatrix} 1 & 0 & 0 & 2 \\ 2 & 2 & 1 & 4 \\ 3 & 0 & 0 & 1 \\ 4 & 1 & 3 & 1 \end{vmatrix}$；

(3) $\begin{vmatrix} 0 & 1 & 0 & \cdots & 0 \\ 0 & 0 & 2 & \cdots & 0 \\ \vdots & \vdots & \vdots & & \vdots \\ 0 & 0 & 0 & \cdots & n-1 \\ n & 0 & 0 & \cdots & 0 \end{vmatrix}$； (4) $\begin{vmatrix} 0 & 0 & \cdots & 0 & n \\ 1 & 0 & \cdots & 0 & 0 \\ 2 & 2 & \cdots & 0 & 0 \\ \vdots & \vdots & & \vdots & \vdots \\ n-1 & n-1 & \cdots & n-1 & n-1 \end{vmatrix}$.

解:(1) $-abcd$ (2) 25 (3) $(-1)^{n+1}n!$ (4) $(-1)^{n+1}n!$

提示:第(1)(2)小题可直接用行列式定义;第(3)小题先按第一列展开,然后利用对角行列式的结果即可;第(4)小题按第一行展开,然后利用下三角行列式的结果即可.

6. 计算下列行列式.

(1) $\begin{vmatrix} 1 & 1 & 1 & 1 \\ 1 & 2 & 0 & 0 \\ 1 & 0 & 3 & 0 \\ 1 & 0 & 0 & 4 \end{vmatrix}$； (2) $\begin{vmatrix} 3 & 1 & -1 & 2 \\ 5 & 1 & 3 & -4 \\ 2 & 0 & 1 & -1 \\ 1 & -5 & 3 & -3 \end{vmatrix}$；

(3) $\begin{vmatrix} 3 & 1 & 1 & 1 \\ 1 & 3 & 1 & 1 \\ 1 & 1 & 3 & 1 \\ 1 & 1 & 1 & 3 \end{vmatrix}$； (4) $\begin{vmatrix} 2 & 1 & 4 & 1 \\ 3 & -1 & 2 & 1 \\ 1 & 2 & 3 & 2 \\ 5 & 0 & 6 & 2 \end{vmatrix}$.

解:(1) -2 (2) -10 (3) 48 (4) 0

7. 利用行列式的性质,计算下列各行列式.

(1) $\begin{vmatrix} a^2 & (a+1)^2 & (a+2)^2 & (a+3)^2 \\ b^2 & (b+1)^2 & (b+2)^2 & (b+3)^2 \\ c^2 & (c+1)^2 & (c+2)^2 & (c+3)^2 \\ d^2 & (d+1)^2 & (d+2)^2 & (d+3)^2 \end{vmatrix}$； (2) $\begin{vmatrix} a & b & 0 & 0 & 0 \\ 0 & a & b & 0 & 0 \\ 0 & 0 & a & b & 0 \\ 0 & 0 & 0 & a & b \\ b & 0 & 0 & 0 & a \end{vmatrix}$；

(3) $\begin{vmatrix} a_1 & 1 & 1 & \cdots & 1 \\ 1 & a_2 & 0 & \cdots & 0 \\ 1 & 0 & a_3 & \cdots & 0 \\ \vdots & \vdots & \vdots & & \vdots \\ 1 & 0 & 0 & \cdots & a_n \end{vmatrix}$； (4) $\begin{vmatrix} 1 & 2 & 2 & \cdots & 2 \\ 2 & 2 & 2 & \cdots & 2 \\ 2 & 2 & 3 & \cdots & 2 \\ \vdots & \vdots & \vdots & & \vdots \\ 2 & 2 & 2 & \cdots & n \end{vmatrix}$.

解:(1) $\begin{vmatrix} a^2 & (a+1)^2 & (a+2)^2 & (a+3)^2 \\ b^2 & (b+1)^2 & (b+2)^2 & (b+3)^2 \\ c^2 & (c+1)^2 & (c+2)^2 & (c+3)^2 \\ d^2 & (d+1)^2 & (d+2)^2 & (d+3)^2 \end{vmatrix} \xrightarrow[c_4-c_1]{\substack{c_2-c_1 \\ c_3-c_1}} \begin{vmatrix} a^2 & 2a+1 & 4a+4 & 6a+9 \\ b^2 & 2b+1 & 4b+4 & 6b+9 \\ c^2 & 2c+1 & 4c+4 & 6c+9 \\ d^2 & 2d+1 & 4d+4 & 6d+9 \end{vmatrix}$

$$\xrightarrow[c_4-3c_2]{c_3-2c_2}\begin{vmatrix} a^2 & 2a+1 & 2 & 6 \\ b^2 & 2b+1 & 2 & 6 \\ c^2 & 2c+1 & 2 & 6 \\ d^2 & 2d+1 & 2 & 6 \end{vmatrix}=0.$$

(2) 将此行列式按第一列展开得

$$\begin{vmatrix} a & b & 0 & 0 & 0 \\ 0 & a & b & 0 & 0 \\ 0 & 0 & a & b & 0 \\ 0 & 0 & 0 & a & b \\ b & 0 & 0 & 0 & a \end{vmatrix}=a\begin{vmatrix} a & b & 0 & 0 \\ 0 & a & b & 0 \\ 0 & 0 & a & b \\ 0 & 0 & 0 & a \end{vmatrix}+b\begin{vmatrix} b & 0 & 0 & 0 \\ a & b & 0 & 0 \\ 0 & a & b & 0 \\ 0 & 0 & a & b \end{vmatrix}=a^5+b^5.$$

(3) 从第 2 行起，将第 i 行的 $\left(-\dfrac{1}{a_i}\right)$ 倍加到第 1 行得：

$$\begin{vmatrix} a_1 & 1 & 1 & \cdots & 1 \\ 1 & a_2 & 0 & \cdots & 0 \\ 1 & 0 & a_3 & \cdots & 0 \\ \vdots & \vdots & \vdots & & \vdots \\ 1 & 0 & 0 & \cdots & a_n \end{vmatrix}=\begin{vmatrix} a_1-\sum\limits_{i=2}^{n}\dfrac{1}{a_i} & 0 & 0 & \cdots & 0 \\ 1 & a_2 & 0 & \cdots & 0 \\ 1 & 0 & a_3 & \cdots & 0 \\ \vdots & \vdots & \vdots & & \vdots \\ 1 & 0 & 0 & \cdots & a_n \end{vmatrix}=\left(a_1-\sum_{i=2}^{n}a_i^{-1}\right)\prod_{i=2}^{n}a_i.$$

(4) 将此行列式后面所有的行都减去第 1 行可得：

$$\begin{vmatrix} 1 & 2 & 2 & \cdots & 2 \\ 2 & 2 & 2 & \cdots & 2 \\ 2 & 2 & 3 & \cdots & 2 \\ \vdots & \vdots & \vdots & & \vdots \\ 2 & 2 & 2 & \cdots & n \end{vmatrix}=\begin{vmatrix} 1 & 2 & 2 & \cdots & 2 \\ 1 & 0 & 0 & \cdots & 0 \\ 1 & 0 & 1 & \cdots & 0 \\ \vdots & \vdots & \vdots & & \vdots \\ 1 & 0 & 0 & \cdots & n-2 \end{vmatrix}$$

$$=-\begin{vmatrix} 2 & 2 & 2 & \cdots & 2 \\ 0 & 1 & 0 & \cdots & 0 \\ 0 & 0 & 2 & \cdots & 0 \\ \vdots & \vdots & \vdots & & \vdots \\ 0 & 0 & 0 & \cdots & n-2 \end{vmatrix}=-2(n-2)!.$$

8. 证明 $\begin{vmatrix} ax+by & ay+bz & az+bx \\ ay+bz & az+bx & ax+by \\ az+bx & ax+by & ay+bz \end{vmatrix}=(a^3+b^3)\begin{vmatrix} x & y & z \\ y & z & x \\ z & x & y \end{vmatrix}$.

提示：利用行列式的性质，将左边的行列式化简即可证明.

9. 已知 $D=\begin{vmatrix}3 & 1 & 0 & 4\\0 & 2 & -1 & 1\\1 & 1 & 2 & 1\\3 & 5 & 2 & 7\end{vmatrix}$,求(1)$A_{41}+A_{42}+A_{43}+A_{44}$;(2)$2M_{24}+4M_{34}-4M_{44}$.

解:(1) $A_{41}+A_{42}+A_{43}+A_{44}=\begin{vmatrix}3 & 1 & 0 & 4\\0 & 2 & -1 & 1\\1 & 1 & 2 & 1\\1 & 1 & 1 & 1\end{vmatrix}=-4$;

(2) $2M_{24}+4M_{34}-4M_{44}=0M_{14}+2M_{24}+4M_{34}-4M_{44}$

$$=0A_{14}+2A_{24}-4A_{34}-4A_{44}=\begin{vmatrix}3 & 1 & 0 & 0\\0 & 2 & -1 & 2\\1 & 1 & 2 & -4\\3 & 5 & 2 & -4\end{vmatrix}=0.$$

习题 2.4

1. 选择题.

(1) $\boldsymbol{A}$ 是 n 阶方阵,$\boldsymbol{A}^*$ 是其伴随矩阵,则下列结论错误的是( ).

(A) 若 $\boldsymbol{A}$ 是可逆矩阵,则 $\boldsymbol{A}^*$ 也是可逆矩阵

(B) 若 $\boldsymbol{A}$ 是不可逆矩阵,则 $\boldsymbol{A}^*$ 也是不可逆矩阵

(C) 若 $|\boldsymbol{A}^*|\neq 0$,则 $\boldsymbol{A}$ 是可逆矩阵　　(D) $|\boldsymbol{A}\boldsymbol{A}^*|=|\boldsymbol{A}|$

(2) 设 $\boldsymbol{A}$ 是 5 阶方阵,且 $|\boldsymbol{A}|\neq 0$,则 $|\boldsymbol{A}^*|=$( ).

(A) $|\boldsymbol{A}|$　　(B) $|\boldsymbol{A}|^2$　　(C) $|\boldsymbol{A}|^3$　　(D) $|\boldsymbol{A}|^4$

(3) 设 $\boldsymbol{A}^*$ 是 $\boldsymbol{A}=(a_{ij})_{n\times n}$ 的伴随矩阵,则 $\boldsymbol{A}^*\boldsymbol{A}$ 中位于第 i 行第 j 列的元素为( ).

(A) $\sum_{k=1}^{n}a_{jk}A_{ki}$　　(B) $\sum_{k=1}^{n}a_{kj}A_{ki}$　　(C) $\sum_{k=1}^{n}a_{jk}A_{ik}$　　(D) $\sum_{k=1}^{n}a_{ki}A_{kj}$

(4) 设 $\boldsymbol{A}=\begin{pmatrix}a_{11} & \cdots & a_{1n}\\\cdots & \cdots & \cdots\\a_{n1} & \cdots & a_{nn}\end{pmatrix}$, $\boldsymbol{B}=\begin{pmatrix}A_{11} & \cdots & A_{1n}\\\cdots & \cdots & \cdots\\A_{n1} & \cdots & A_{nn}\end{pmatrix}$,其中 A_{ij} 是 a_{ij} 的代数余子式,则( ).

(A) $\boldsymbol{A}$ 是 $\boldsymbol{B}$ 的伴随矩阵　　(B) $\boldsymbol{B}$ 是 $\boldsymbol{A}$ 的伴随矩阵

(C) $\boldsymbol{B}$ 是 $\boldsymbol{A}^{\mathrm{T}}$ 的伴随矩阵　　(D) 以上结论都不对

(5) n 阶矩阵 $\boldsymbol{A}$ 是可逆矩阵的充分必要条件是( ).

(A) $|\boldsymbol{A}|\neq 0$　　(B) $|\boldsymbol{A}|=0$　　(C) $\boldsymbol{A}=\boldsymbol{A}^{\mathrm{T}}$　　(D) $|\boldsymbol{A}|=1$

(6) 设 $n(n\geqslant 3)$ 阶矩阵 $\boldsymbol{A}=\begin{pmatrix}1 & a & a & \cdots & a\\ a & 1 & a & \cdots & a\\ a & a & 1 & \cdots & a\\ \cdots & \cdots & \cdots & \cdots & \cdots\\ a & a & a & \cdots & 1\end{pmatrix}$，若矩阵 $\boldsymbol{A}$ 的秩为 1，则 a 必为（　　）.

(A) 1　　(B) -1　　(C) $\dfrac{1}{1-n}$　　(D) $\dfrac{1}{n-1}$

解：(1) D　(2) D　(3) B　(4) C　(5) A　(6) A

2. 设 $\boldsymbol{A}=\begin{pmatrix}1 & 0 & 1\\ 2 & 1 & 1\\ 3 & 2 & -1\end{pmatrix}$，判断 $\boldsymbol{A}$ 是否可逆，并利用 $\boldsymbol{A}$ 的伴随矩阵求其逆矩阵.

解：因为 $|\boldsymbol{A}|=-2\neq 0$，故 $\boldsymbol{A}$ 可逆. 且 $\boldsymbol{A}^{-1}=\dfrac{1}{|\boldsymbol{A}|}\boldsymbol{A}^{*}=\begin{pmatrix}3/2 & -1 & 1/2\\ -5/2 & 2 & -1/2\\ -1/2 & 1 & -1/2\end{pmatrix}$.

3. 设 $\boldsymbol{A}$ 为三阶矩阵，$|\boldsymbol{A}|=3$，$\boldsymbol{A}^{*}$ 为 $\boldsymbol{A}$ 的伴随矩阵，若交换 $\boldsymbol{A}$ 的第一行与第二行得矩阵 $\boldsymbol{B}$，求 $|\boldsymbol{B}\boldsymbol{A}^{*}|$.

解：易知 $|\boldsymbol{B}|=-|\boldsymbol{A}|=-3$，且 $|\boldsymbol{B}\boldsymbol{A}^{*}|=|\boldsymbol{B}||\boldsymbol{A}^{*}|=|\boldsymbol{B}||\boldsymbol{A}|^{2}=-|\boldsymbol{A}|^{3}=-27$.

4. 下列命题是否正确，为什么？

(1) 若矩阵 $\boldsymbol{A}$ 的秩为 r，则矩阵 $\boldsymbol{A}$ 的所有 $r-1$ 阶子式均非零；

(2) 若矩阵 $\boldsymbol{A}$ 的秩为 r，则矩阵必有一个 $r-1$ 阶子式非零；

(3) 若矩阵 $\boldsymbol{A}$ 的秩为 r，则矩阵 $\boldsymbol{A}$ 的所有 $r+1$ 阶子式均为零；

(4) 若矩阵 $\boldsymbol{A}$ 的秩为 r，则矩阵 $\boldsymbol{A}$ 的所有 r 阶子式均非零；

(5) 若矩阵 $\boldsymbol{A}$ 有一个 r 阶子式非零，则矩阵 $\boldsymbol{A}$ 的秩为 r；

(6) 若矩阵 $\boldsymbol{A}$ 的所有 r 阶子式均为零，则矩阵 $\boldsymbol{A}$ 的秩小于 r.

解：(1)×　(2)√　(3)√　(4)×　(5)×　(6)√

5. 求矩阵 $\boldsymbol{A}=\begin{pmatrix}1 & -2 & 3 & -1 & 1\\ 3 & -1 & 5 & -3 & 2\\ 2 & 1 & 2 & -2 & 3\end{pmatrix}$ 的秩，并求一个最高阶非零子式.

解：易知 $r(\boldsymbol{A})=3$，其中一个最高阶非零子式为 $\begin{vmatrix}1 & -2 & 1\\ 3 & -1 & 2\\ 2 & 1 & 3\end{vmatrix}=10$.

6. 设 $\boldsymbol{A}=\begin{pmatrix}1 & 0 & 0\\ 2 & 2 & 0\\ 3 & 4 & 5\end{pmatrix}$，$\boldsymbol{A}^{*}$ 为 $\boldsymbol{A}$ 的伴随矩阵，求 $(\boldsymbol{A}^{*})^{-1}$.

解:易知$|\boldsymbol{A}|=10$,因为$\boldsymbol{A}^*=|\boldsymbol{A}|\boldsymbol{A}^{-1}$,所以$(\boldsymbol{A}^*)^{-1}=\frac{1}{|\boldsymbol{A}|}\boldsymbol{A}=\frac{1}{10}\boldsymbol{A}=\frac{1}{10}\begin{pmatrix}1&0&0\\2&2&0\\3&4&5\end{pmatrix}$.

7. 已知三阶矩阵$\boldsymbol{A}$的逆矩阵为$\boldsymbol{A}^{-1}=\begin{pmatrix}1&1&1\\1&2&1\\1&1&3\end{pmatrix}$,试求其伴随矩阵$\boldsymbol{A}^*$的逆矩阵.

提示:这一题与第6题有些类似,不同之处在于要先通过$\boldsymbol{A}^{-1}$求出$\boldsymbol{A}$,然后计算$\boldsymbol{A}$的行列式,最后利用第6题中的公式可得结果为$(\boldsymbol{A}^*)^{-1}=\begin{pmatrix}5&-2&-1\\-2&2&0\\-1&0&1\end{pmatrix}$.

8. 利用Cramer法则,求方程组

$$\begin{cases}2x_1-x_2=0\\-x_1+2x_2-x_3=0\\-x_2+2x_3-x_4=-3\\-x_3+2x_4=0\end{cases}$$

的解.

提示:直接用Cramer法则的公式即可,$(x_1,x_2,x_3,x_4)^{\mathrm{T}}=\left(-\frac{6}{5},-\frac{12}{5},-\frac{18}{5},-\frac{9}{5}\right)^{\mathrm{T}}$.

9. 设齐次线性方程组

$$\begin{cases}(5-k)x_1+2x_2+2x_3=0\\2x_1+(6-k)x_2=0\\2x_1+(4-k)x_3=0\end{cases}$$

试确定当参数k取何值时,方程组有非零解.

解:这是一个三元的齐次线性方程组,要想方程组有非零解,则必须有系数行列式结果为0,即$\begin{vmatrix}5-k&2&2\\2&6-k&0\\2&0&4-k\end{vmatrix}=-(k^3-15k^2+66k-80)=0$,由此可得$k=2,5,8$.

第三章　线性方程组及向量的线性相关性

一、本章内容综述

(一) 本章知识结构网络

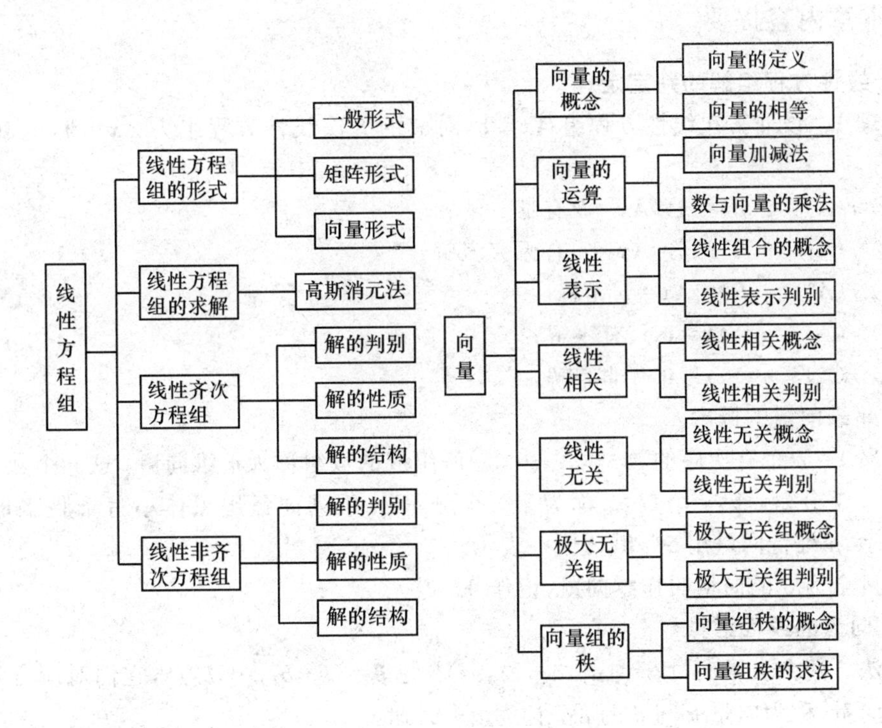

(二) 本章教学基本要求

本章主要内容包括高斯消元法(即用初等行变换求解线性方程组)、线性方程组有解的充要条件、向量的概念、向量组的线性相关理论、线性方程组的性质和解的结构. 本章的难点是向量组的线性相关性,重点是向量组的线性表示、线性相关与线性无关的概念和基本结论,它是学好本章的基础,学习中要注意将向量组的秩与矩阵的秩相联系,并且熟练

掌握齐次线性方程组基础解系的求法. 通过本章的学习,学生应该达到以下基本要求:

1. 掌握高斯消元法(即用初等行变换求解线性方程组).

2. 正确理解齐次线性方程组有非零解的充分必要条件和非齐次线性方程组有解的充分必要条件.

3. 深刻理解非齐次线性方程组与其对应齐次线性方程组解的关系和结构.

4. 理解 n 维向量的概念,理解向量的线性组合和线性表示的概念;掌握向量的加法和数乘运算.

5. 理解向量组的线性相关和线性无关的定义,会判断向量组的线性相关或线性无关.

6. 理解向量组的极大线性无关组和向量组的秩的概念;会求向量组的极大无关组和秩;了解向量组的秩与矩阵的秩之间的关系.

(三) 本章内容提要

1. 线性方程组解的判定定理

定理 1 设非齐次线性方程组 $\boldsymbol{Ax}=\boldsymbol{b}$,对应的齐次线性方程组为 $\boldsymbol{Ax}=\boldsymbol{0}$,记 $\boldsymbol{B}=(\boldsymbol{A},\boldsymbol{b})$,则有

(1) $r(\boldsymbol{A})=r(\boldsymbol{B})=n\Leftrightarrow\boldsymbol{Ax}=\boldsymbol{b}$ 有唯一解;

(2) $r(\boldsymbol{A})=r(\boldsymbol{B})<n\Leftrightarrow\boldsymbol{Ax}=\boldsymbol{b}$ 有无穷多解;

(3) $r(\boldsymbol{A})\neq r(\boldsymbol{B})\Leftrightarrow\boldsymbol{Ax}=\boldsymbol{b}$ 无解;

(4) $r(\boldsymbol{A})=n\Leftrightarrow\boldsymbol{Ax}=\boldsymbol{0}$ 只有零解;

(5) $r(\boldsymbol{A})<n\Leftrightarrow\boldsymbol{Ax}=\boldsymbol{0}$ 有非零解.

2. n 维向量的概念

定义 1 n 个有次序的数 $a_1,a_2,\cdots,a_n$ 所组成的数组称为 **n 维向量**, 这 n 个数称为该向量的 n 个分量, 第 i 个数 a_i 称为第 i 个分量. n 维列向量用黑体小写希腊字母 $\boldsymbol{\alpha},\boldsymbol{\beta},\boldsymbol{\gamma},\cdots$ 表示,n 维行向量用 $\boldsymbol{\alpha}^{\mathrm{T}},\boldsymbol{\beta}^{\mathrm{T}},\boldsymbol{\gamma}^{\mathrm{T}},\cdots$ 表示.

分量全为 0 的向量叫作**零向量**,记作 $\boldsymbol{0}$.

3. 向量的线性运算

加法 两个 n 维向量 $\boldsymbol{\alpha}=(a_1,a_2,\cdots,a_n)^{\mathrm{T}}$ 与 $\boldsymbol{\beta}=(b_1,b_2,\cdots,b_n)^{\mathrm{T}}$,它们对应分量之和组成的向量,称为向量 $\boldsymbol{\alpha}$ 与 $\boldsymbol{\beta}$ 的和, 记为 $\boldsymbol{\alpha}+\boldsymbol{\beta}$,即

$$\boldsymbol{\alpha}+\boldsymbol{\beta}=(a_1+b_1,a_2+b_2,\cdots,a_n+b_n)^{\mathrm{T}}.$$

负向量 n 维向量 $(-a_1,-a_2,\cdots,-a_n)^{\mathrm{T}}$ 称为向量 $\boldsymbol{\alpha}=(a_1,a_2,\cdots,a_n)^{\mathrm{T}}$ 的负向量.

减法 由加法和负向量的定义,可定义向量的减法:

$$\boldsymbol{\alpha}-\boldsymbol{\beta}=\boldsymbol{\alpha}+(-\boldsymbol{\beta})=(a_1-b_1,a_2-b_2,\cdots,a_n-b_n)^{\mathrm{T}}.$$

数乘 n 维向量 $\boldsymbol{\alpha}=(a_1,a_2,\cdots,a_n)^{\mathrm{T}}$ 的各个分量都乘以实数 k 后所组成的向量,称为数 k 与向量 $\boldsymbol{\alpha}$ 的乘积(简称为数乘),记为 $k\boldsymbol{\alpha}$,即 $k\boldsymbol{\alpha}=(ka_1,ka_2,\cdots,ka_n)$.

向量的线性运算满足下列运算规律：

(1) $\boldsymbol{\alpha}+\boldsymbol{\beta}=\boldsymbol{\beta}+\boldsymbol{\alpha}$；
(2) $(\boldsymbol{\alpha}+\boldsymbol{\beta})+\boldsymbol{\gamma}=\boldsymbol{\alpha}+(\boldsymbol{\beta}+\boldsymbol{\gamma})$；
(3) $\boldsymbol{\alpha}+\mathbf{0}=\boldsymbol{\alpha}$；
(4) $\boldsymbol{\alpha}+(-\boldsymbol{\alpha})=\mathbf{0}$；
(5) $1\boldsymbol{\alpha}=\boldsymbol{\alpha}$；
(6) $k(l\boldsymbol{\alpha})=(kl)\boldsymbol{\alpha}$；
(7) $k(\boldsymbol{\alpha}+\boldsymbol{\beta})=k\boldsymbol{\alpha}+k\boldsymbol{\beta}$；
(8) $(k+l)\boldsymbol{\alpha}=k\boldsymbol{\alpha}+l\boldsymbol{\alpha}$.

4. 向量的线性组合(线性表示)

定义 2　若向量 $\boldsymbol{b}=k_1\boldsymbol{\alpha}_1+k_2\boldsymbol{\alpha}_2+\cdots+k_s\boldsymbol{\alpha}_s$，则称 $\boldsymbol{b}$ 是向量组 $\boldsymbol{\alpha}_1,\boldsymbol{\alpha}_2,\cdots,\boldsymbol{\alpha}_s$ 的一个**线性组合**，也称 $\boldsymbol{b}$ 可由向量组 $\boldsymbol{\alpha}_1,\boldsymbol{\alpha}_2,\cdots,\boldsymbol{\alpha}_s$ **线性表示**.

定理 2　向量 $\boldsymbol{b}$ 能由向量组 $\boldsymbol{\alpha}_1,\boldsymbol{\alpha}_2,\cdots,\boldsymbol{\alpha}_s$ 线性表示的充分必要条件是矩阵 $\boldsymbol{A}=(\boldsymbol{\alpha}_1,\boldsymbol{\alpha}_2,\cdots,\boldsymbol{\alpha}_s)$ 和矩阵 $\boldsymbol{B}=(\boldsymbol{\alpha}_1,\boldsymbol{\alpha}_2,\cdots,\boldsymbol{\alpha}_s,\boldsymbol{b})$ 的秩相等.

几个常用结论：

(1)零向量可由任何一组向量线性表示.

(2)向量组中的每一向量都可由该向量组线性表示.

(3)任何一个 n 维向量 $\boldsymbol{\alpha}=(a_1,a_2,\cdots,a_n)^{\mathrm{T}}$ 都可由 n 维单位向量组 $\boldsymbol{\varepsilon}_1=(1,0,\cdots,0)^{\mathrm{T}},\boldsymbol{\varepsilon}_2=(0,1,0,\cdots,0)^{\mathrm{T}},\cdots,\boldsymbol{\varepsilon}_n=(0,0,\cdots,0,1)^{\mathrm{T}}$ 线性表示，且 $\boldsymbol{\alpha}=a_1\boldsymbol{\varepsilon}_1+a_2\boldsymbol{\varepsilon}_2+\cdots+a_n\boldsymbol{\varepsilon}_n$.

5. 向量组的等价

定义 3　设有向量组 $\boldsymbol{A}:\boldsymbol{\alpha}_1,\boldsymbol{\alpha}_2,\cdots,\boldsymbol{\alpha}_s$ 与向量组 $\boldsymbol{B}:\boldsymbol{\beta}_1,\boldsymbol{\beta}_2,\cdots,\boldsymbol{\beta}_m$，若 $\boldsymbol{B}$ 中的每个向量都可由向量组 $\boldsymbol{A}$ 线性表示，则称向量组 $\boldsymbol{B}$ 可由向量组 $\boldsymbol{A}$ 线性表示.

若向量组 $\boldsymbol{A}$ 和向量组 $\boldsymbol{B}$ 可互相线性表示，则称向量组 $\boldsymbol{A}$ 和向量组 $\boldsymbol{B}$ 等价.

向量组的等价满足反身性、对称性、传递性.

6. 向量组的线性相关与线性无关

定义 4　给定向量组 $\boldsymbol{\alpha}_1,\boldsymbol{\alpha}_2,\cdots,\boldsymbol{\alpha}_s$，如果存在一组不全为零的数 $k_1,k_2,\cdots,k_s$，使得

$$k_1\boldsymbol{\alpha}_1+k_2\boldsymbol{\alpha}_2+\cdots+k_s\boldsymbol{\alpha}_s=\mathbf{0},$$

则称向量组 $\boldsymbol{\alpha}_1,\boldsymbol{\alpha}_2,\cdots,\boldsymbol{\alpha}_s$ **线性相关**；否则称为**线性无关**.

定理 3　设有 n 维列向量组 $\boldsymbol{\alpha}_1,\boldsymbol{\alpha}_2,\cdots,\boldsymbol{\alpha}_s$，记 $\boldsymbol{A}=(\boldsymbol{\alpha}_1,\boldsymbol{\alpha}_2,\cdots,\boldsymbol{\alpha}_s)$，则

(1) $\boldsymbol{\alpha}_1,\boldsymbol{\alpha}_2,\cdots,\boldsymbol{\alpha}_s$ 线性相关 $\Leftrightarrow$ 齐次方程组 $k_1\boldsymbol{\alpha}_1+k_2\boldsymbol{\alpha}_2+\cdots+k_s\boldsymbol{\alpha}_s=\mathbf{0}$ 有非零解 $\Leftrightarrow r(\boldsymbol{A})<s$.

(2) $\boldsymbol{\alpha}_1,\boldsymbol{\alpha}_2,\cdots,\boldsymbol{\alpha}_s$ 线性无关 $\Leftrightarrow$ 齐次方程组 $k_1\boldsymbol{\alpha}_1+k_2\boldsymbol{\alpha}_2+\cdots+k_s\boldsymbol{\alpha}_s=\mathbf{0}$ 只有零解 $\Leftrightarrow r(\boldsymbol{A})=s$.

几个常用的结论：

(1) 包含零向量的任何向量组总是线性相关的.

(2) 当向量组只含有一个向量 $\boldsymbol{\alpha}$ 时，若 $\boldsymbol{\alpha}\neq\mathbf{0}$，则 $\boldsymbol{\alpha}$ 是线性无关的；若 $\boldsymbol{\alpha}=\mathbf{0}$，则 $\boldsymbol{\alpha}$ 是线性相关的.

(3) 仅含两个向量的向量组线性相关 $\Leftrightarrow$ 两个向量对应分量成比例.

(4) 向量组 $\boldsymbol{\alpha}_1,\boldsymbol{\alpha}_2,\cdots,\boldsymbol{\alpha}_s(s\geqslant 2)$ 线性相关的充分必要条件是向量组中至少有一个向

量可由其余 $s-1$ 个向量线性表示.

(5) 若向量组 $\boldsymbol{\alpha}_1,\boldsymbol{\alpha}_2,\cdots,\boldsymbol{\alpha}_s$ 线性无关,向量组 $\boldsymbol{\alpha}_1,\boldsymbol{\alpha}_2,\cdots,\boldsymbol{\alpha}_s,\boldsymbol{\beta}$ 线性相关,则 $\boldsymbol{\beta}$ 可由向量组 $\boldsymbol{\alpha}_1,\boldsymbol{\alpha}_2,\cdots,\boldsymbol{\alpha}_s$ 线性表示,且表达式唯一.

(6) n 个 n 维向量组 $\boldsymbol{\alpha}_1,\boldsymbol{\alpha}_2,\cdots,\boldsymbol{\alpha}_n$ 线性相关(线性无关)的充分必要条件是矩阵 $\boldsymbol{A}=(\boldsymbol{\alpha}_1,\boldsymbol{\alpha}_2,\cdots,\boldsymbol{\alpha}_n)$ 的行列式等于(不等于)零.

(7) 当向量组中所含向量的个数大于向量的维数时,向量组线性相关.

(8) 如果向量组中有一部分向量(部分组)线性相关,则整个向量组线性相关.

(9) 线性无关的向量组中的任何部分组皆线性无关.

(10) 一个线性无关的向量组中的每个向量按相同的位置随意增加一些分量所得到的向量组仍线性无关.

逆否命题:一个线性相关的向量组中的每个向量按相同的位置划去一些分量所得到的向量组仍线性相关.

7. 向量组的极大无关组

定义 5 设有向量组 $\boldsymbol{A}:\boldsymbol{\alpha}_1,\boldsymbol{\alpha}_2,\cdots,\boldsymbol{\alpha}_s$,若在向量组 $\boldsymbol{A}$ 中能选出 $r(r\leqslant s)$ 个向量 $\boldsymbol{\alpha}_1,\boldsymbol{\alpha}_2,\cdots,\boldsymbol{\alpha}_r$,满足

(1) 向量组 $\boldsymbol{A}_0:\boldsymbol{\alpha}_1,\boldsymbol{\alpha}_2,\cdots,\boldsymbol{\alpha}_r$ 线性无关;

(2) 向量组 $\boldsymbol{A}$ 中任意 $r+1$ 个向量(若有的话)都线性相关.

则称向量组 $\boldsymbol{A}_0$ 是向量组 $\boldsymbol{A}$ 的一个极大线性无关组(简称为极大无关组).

注:(1) 含有零向量的向量组没有极大无关组;

(2) 线性无关向量组的极大无关组是其本身;

(3) 向量组和它的极大无关组是等价的;

(4) 向量组的极大无关组可能不止一个,但其极大无关组所含向量的个数是相同的.

求极大无关组的方法:

以向量组 $\boldsymbol{\alpha}_1,\boldsymbol{\alpha}_2,\cdots,\boldsymbol{\alpha}_s$ 的向量为列做出一个矩阵 $\boldsymbol{A}=(\boldsymbol{\alpha}_1,\boldsymbol{\alpha}_2,\cdots,\boldsymbol{\alpha}_s)$,用初等行变换将矩阵 $\boldsymbol{A}$ 化为行阶梯形矩阵,当行阶梯形矩阵的秩为 r 时,行阶梯形非零行中第一个非零元素所在的 r 个列向量是线性无关的,从而 $\boldsymbol{A}$ 中所对应的 r 个列向量也是线性无关的,即这 r 个列所对应的向量组是 $\boldsymbol{\alpha}_1,\boldsymbol{\alpha}_2,\cdots,\boldsymbol{\alpha}_s$ 的一个极大无关组.

8. 向量组的秩

定义 6 向量组 $\boldsymbol{\alpha}_1,\boldsymbol{\alpha}_2,\cdots,\boldsymbol{\alpha}_s$ 的极大无关组中所含向量的个数称为该向量组的秩,记为 $r(\boldsymbol{\alpha}_1,\boldsymbol{\alpha}_2,\cdots,\boldsymbol{\alpha}_s)$.

规定: 只有一个零向量组成的向量组的秩为 0.

定理 4 向量组 $\boldsymbol{\alpha}_1,\boldsymbol{\alpha}_2,\cdots,\boldsymbol{\alpha}_s$ 的秩等于它所对应矩阵 $\boldsymbol{A}=(\boldsymbol{\alpha}_1,\boldsymbol{\alpha}_2,\cdots,\boldsymbol{\alpha}_s)$ 的行秩,也等于对应矩阵 $\boldsymbol{A}$ 的列秩.

9. 齐次线性方程组解的结构

齐次线性方程组 $\boldsymbol{Ax}=\boldsymbol{0}$ 的解具有如下性质:

(1) 如果 ξ_1,ξ_2 是 $Ax=0$ 的两个解,则 $\xi_1+\xi_2$ 也是它的解.

(2) 如果 ξ 是 $Ax=0$ 的解,则 $c\xi$ 也是它的解.

定义 7　若 $\alpha_1,\alpha_2,\cdots,\alpha_s$ 是齐次线性方程组 $Ax=0$ 的解向量组的一个极大线性无关组,则称 $\alpha_1,\alpha_2,\cdots,\alpha_s$ 是齐次线性方程组的一个**基础解系**.

若齐次线性方程组 $Ax=0$ 的系数矩阵 A 的秩 $r(A)=r<n$,则 $Ax=0$ 的基础解系一定存在,且每个基础解系中恰好有 $n-r$ 个解向量,这里 n 是方程组未知量的个数.

若 $\xi_1,\xi_2,\cdots,\xi_{n-r}$ 是齐次线性方程组的一个基础解系,则齐次线性方程组的**通解**为:

$$x=c_1\xi_1+c_2\xi_2+\cdots+c_{n-r}\xi_{n-r}$$

其中 $c_1,c_2,\cdots,c_{n-r}$ 为任意常数.

10. 非齐次线性方程组解的结构

非齐次线性方程组 $Ax=b$ 的解具有如下性质:

(1) 若 η 是非齐次线性方程组 $Ax=b$ 的解,ξ 是其导出组 $Ax=0$ 的一个解,则 $\xi+\eta$ 是非齐次线性方程组 $Ax=b$ 的解.

(2) 若 η_1,η_2 是非齐次线性方程组 $Ax=b$ 的两个解,则 $\eta_1-\eta_2$ 是其导出组 $Ax=0$ 的解.

若非齐次线性方程组有无穷多解,则其导出组一定有非零解,且非齐次线性方程组的全部解可表示为:

$$\eta+c_1\xi_1+c_2\xi_2+\cdots+c_{n-r}\xi_{n-r}$$

其中 η 是非齐次线性方程组的一个特解,$\xi_1,\xi_2,\cdots,\xi_{n-r}$ 是导出组的一个基础解系,$c_1,c_2,\cdots,c_{n-r}$ 为任意常数.

二、典型例题解析

题型一　线性方程组解的判定与求解

n 元非齐次线性方程组 $Ax=b$ 解的判定:

(1) 当 $r(A)<r(B)$ 时,线性方程组 $Ax=b$ 无解;

(2) 当 $r(A)=r(B)=n$ 时,线性方程组 $Ax=b$ 有唯一解;

(3) 当 $r(A)=r(B)<n$ 时,线性方程组 $Ax=b$ 有无穷多解.

n 元齐次线性方程组 $Ax=O$ 解的判定:

(1) 当 $r(A)=n$ 时,齐次线性方程组 $Ax=0$ 仅有零解;

(2) 当 $r(A)<n$ 时,齐次线性方程组 $Ax=0$ 有非零解,即有无穷多解;

(3) 若方程的个数少于未知量的个数,则 $Ax=0$ 必有非零解;

(4) n 元齐次线性方程组 $A_nx=0$ 有非零解的充分必要条件是 $|A|=0$.

用初等变换法求解线性方程组的过程:

(1) 用矩阵的初等行变换将增广矩阵化为行阶梯形矩阵;

(2) 用线性方程组有解的判定定理判别解的存在性;

(3) 若线性方程组有解,则将行阶梯形矩阵用初等行变换化为行最简形矩阵,进而得到线性方程组的解.

例 1 解下列线性方程组.

(1) $\begin{cases} 2x_1+3x_2+x_3=4 \\ x_1-2x_2+4x_3=-5 \\ 3x_1+8x_2-2x_3=13 \\ 4x_1-x_2+9x_3=-6 \end{cases}$. (2) $\begin{cases} x_1+2x_2-x_3=0 \\ 2x_1-x_2+x_3=0 \\ x_1+x_2+x_3=0 \end{cases}$.

解:(1) 对增广矩阵施行初等行变换,化为行阶梯形矩阵:

$$\boldsymbol{B}=\begin{pmatrix} 2 & 3 & 1 & 4 \\ 1 & -2 & 4 & -5 \\ 3 & 8 & -2 & 13 \\ 4 & -1 & 9 & -6 \end{pmatrix} \rightarrow \begin{pmatrix} 1 & -2 & 4 & -5 \\ 0 & 7 & -7 & 14 \\ 0 & 14 & -14 & 28 \\ 0 & 7 & -7 & 14 \end{pmatrix} \rightarrow \begin{pmatrix} 1 & -2 & 4 & -5 \\ 0 & 7 & -7 & 14 \\ 0 & 0 & 0 & 0 \\ 0 & 0 & 0 & 0 \end{pmatrix}.$$

由行阶梯形矩阵可知,$r(\boldsymbol{A})=r(\boldsymbol{B})=2$,可知方程组有无穷多解,将行阶梯形矩阵进一步化为行最简形阵:

$$\boldsymbol{B}=\begin{pmatrix} 2 & 3 & 1 & 4 \\ 1 & -2 & 4 & -5 \\ 3 & 8 & -2 & 13 \\ 4 & -1 & 9 & -6 \end{pmatrix} \rightarrow \begin{pmatrix} 1 & -2 & 4 & -5 \\ 0 & 7 & -7 & 14 \\ 0 & 0 & 0 & 0 \\ 0 & 0 & 0 & 0 \end{pmatrix} \rightarrow \begin{pmatrix} 1 & 0 & 2 & -1 \\ 0 & 1 & -1 & 2 \\ 0 & 0 & 0 & 0 \\ 0 & 0 & 0 & 0 \end{pmatrix}.$$

由行最简形阵得到同解方程组

$$\begin{cases} x_1=-2x_3-1 \\ x_2=x_3+2 \end{cases}$$

设 x_3 为自由变量,令 $x_3=c$,可得方程组的通解为 $(-2c-1,c+2,c)^{\mathrm{T}}$,其中 c 为任意常数.

(2) 对系数矩阵施行初等行变换,化为行阶梯形矩阵:

$$\boldsymbol{A}=\begin{pmatrix} 1 & 2 & -1 \\ 2 & -1 & 1 \\ 1 & 1 & 1 \end{pmatrix} \rightarrow \begin{pmatrix} 1 & 2 & -1 \\ 0 & -5 & 3 \\ 0 & 1 & -2 \end{pmatrix} \rightarrow \begin{pmatrix} 1 & 2 & -1 \\ 0 & -1 & 2 \\ 0 & 0 & -7 \end{pmatrix},$$

由行阶梯形矩阵可知,$r(\boldsymbol{A})=3=$未知量的个数,从而方程组仅有零解.

题型二 齐次线性方程组的基础解系与通解

求基础解系和通解的步骤:

(1) 对方程组的系数矩阵 $\boldsymbol{A}$ 实施初等行变换,将 $\boldsymbol{A}$ 化为行最简形矩阵.

(2) 写出对应的齐次线性方程组,确定基础解系 $\boldsymbol{\xi}_1,\boldsymbol{\xi}_2,\cdots,\boldsymbol{\xi}_{n-r}$(其中 $r(\boldsymbol{A})=r$).

(3) 齐次线性方程组的 $\boldsymbol{Ax}=\boldsymbol{0}$ 通解 $\boldsymbol{x}=c_1\boldsymbol{\xi}_1+c_2\boldsymbol{\xi}_2+\cdots+c_{n-r}\boldsymbol{\xi}_{n-r}$($c_1,c_2,\cdots,c_{n-r}$为任意常数).

例 2　求解线性方程组$\begin{cases} x_1+2x_2-x_3+2x_4=0\\ 2x_1+4x_2+x_3+x_4=0\\ -x_1-2x-2x_3+x_4=0\end{cases}$的一个基础解系,并用基础解系表示通解.

解:对系数矩阵施行初等行变换,化为行最简形矩阵:

$$\boldsymbol{A}=\begin{pmatrix}1&2&-1&2\\2&4&1&1\\-1&-2&-2&1\end{pmatrix}\to\begin{pmatrix}1&2&-1&2\\0&0&3&-3\\0&0&-3&3\end{pmatrix}\to\begin{pmatrix}1&2&0&1\\0&0&1&-1\\0&0&0&0\end{pmatrix},$$

由行最简形阵得到同解方程组

$$\begin{cases}x_1=-2x_2-x_4\\x_3=x_4\end{cases}$$

设 x_2,x_4 为自由变量,令$\begin{pmatrix}x_2\\x_4\end{pmatrix}=\begin{pmatrix}1\\0\end{pmatrix},\begin{pmatrix}0\\1\end{pmatrix}$,可得方程组的基础解系为

$$\boldsymbol{\xi}_1=(-2,1,0,0)^{\mathrm{T}},\boldsymbol{\xi}_2=(-1,0,1,1)^{\mathrm{T}}$$

方程组的通解为 $c_1\boldsymbol{\xi}_1+c_2\boldsymbol{\xi}_2$,,其中 c_1,c_2 为任意常数.

题型三　非齐次线性方程组的通解

求非齐次线性方程组的通解的步骤:

(1) 对方程组的增广矩阵 $\boldsymbol{B}$ 实施初等行变换化为行阶梯形矩阵.

(2) 用线性方程组有解的判定定理判别解的存在性.

(3) 若线性方程组有解,求出对应齐次线性方程组的基础解系和非齐次线性方程组的一个特解,进而得到线性方程组的通解.

例 3　求解线性方程组$\begin{cases}2x_1+x_2-x_3+2x_4=1\\ x_1+2x_2+x_3-x_4=2\\ x_1+x_2+2x_3+x_4=3\end{cases}$,并用基础解系表示出通解.

解:对增广矩阵施行初等行变换,化为行阶梯形矩阵:

$$\boldsymbol{B}=\begin{pmatrix}2&1&-1&2&1\\1&2&1&-1&2\\1&1&2&1&3\end{pmatrix}\xrightarrow[r_3-2r_1]{\substack{r_1\leftrightarrow r_3\\ r_2-r_1}}\begin{pmatrix}1&1&2&1&3\\0&1&-1&-2&-1\\0&-1&-5&0&-5\end{pmatrix}$$

$$\xrightarrow{r_3+r_2}\begin{pmatrix}1&1&2&1&3\\0&1&-1&-2&-1\\0&0&-6&-2&-6\end{pmatrix},$$

由行阶梯形矩阵可知,$r(\boldsymbol{A})=r(\boldsymbol{B})=3<4$,可知方程组有无穷多解,将行阶梯形矩阵进一步化为行最简形阵:

$$\begin{pmatrix}1&1&2&1&3\\0&1&-1&-2&-1\\0&0&-6&-2&-6\end{pmatrix}\xrightarrow[\substack{r_1-r_2\\r_2+r_3}]{r_3\times\left(-\frac{1}{6}\right)}\begin{pmatrix}1&0&3&3&4\\0&1&0&-5/3&0\\0&0&1&1/3&1\end{pmatrix}\xrightarrow{r_1-3r_3}\begin{pmatrix}1&0&0&2&1\\0&1&0&-5/3&0\\0&0&1&1/3&1\end{pmatrix},$$

由行最简形阵得到同解方程组

$$\begin{cases}x_1=-2x_4+1\\x_2=\dfrac{5}{3}x_4\\x_3=-\dfrac{1}{3}x_4+1\end{cases}.$$

设为 x_4 自由变量,取 $x_4=0$,可得非齐次方程组的一个特解为 $\boldsymbol{\eta}=(1,0,1,0)^{\mathrm{T}}$,令 $x_4=1$,可得对应齐次线性方程组的基础解系为 $\boldsymbol{\xi}=\left(-2,\dfrac{5}{3},-\dfrac{1}{3},1\right)^{\mathrm{T}}$. 从而原方程组的通解为 $c\boldsymbol{\xi}+\boldsymbol{\eta}$,其中 c 为任意常数.

题型四　向量由向量组线性表示的判定

判断一个向量 $\boldsymbol{\beta}$ 能否由向量组 $\boldsymbol{\alpha}_1,\boldsymbol{\alpha}_2,\cdots,\boldsymbol{\alpha}_s$ 线性表示的方法:

(1) 根据定义令 $\boldsymbol{\beta}=k_1\boldsymbol{\alpha}_1+k_2\boldsymbol{\alpha}_2+\cdots+k_s\boldsymbol{\alpha}_s$,由向量的相等得到以 $k_1,k_2,\cdots,k_s$ 为未知量的非齐次线性方程组.

(2) 判断该非齐次线性方程组是否有解. 若方程组无解,则向量 $\boldsymbol{\beta}$ 不能由向量 $\boldsymbol{\alpha}_1,\boldsymbol{\alpha}_2,\cdots,\boldsymbol{\alpha}_s$ 线性表示. 若方程组有解,则向量 $\boldsymbol{\beta}$ 能由向量组 $\boldsymbol{\alpha}_1,\boldsymbol{\alpha}_2,\cdots,\boldsymbol{\alpha}_s$ 线性表示.

(3) 当线性方程组有解时,求线性方程组的解$(k_1,k_2,\cdots,k_s)$,进而得到表达式

$$\boldsymbol{\beta}=k_1\boldsymbol{\alpha}_1+k_2\boldsymbol{\alpha}_2+\cdots+k_s\boldsymbol{\alpha}_s$$

故也可直接利用矩阵 $\boldsymbol{A}=(\boldsymbol{\alpha}_1,\boldsymbol{\alpha}_2,\cdots,\boldsymbol{\alpha}_s)$ 和矩阵 $\boldsymbol{B}=(\boldsymbol{\alpha}_1,\boldsymbol{\alpha}_2,\cdots,\boldsymbol{\alpha}_s,\boldsymbol{\beta})$ 的秩是否相等来判断向量 $\boldsymbol{\beta}$ 能否由向量组 $\boldsymbol{\alpha}_1,\boldsymbol{\alpha}_2,\cdots,\boldsymbol{\alpha}_s$ 线性表示.

例 4　判定向量 $\boldsymbol{\beta}=(1,1,1)$ 是否可表示为向量 $\boldsymbol{\alpha}_1=(0,1,-1)$, $\boldsymbol{\alpha}_2=(1,1,0)$, $\boldsymbol{\alpha}_3=(1,0,2)$ 的线性组合? 若可以,试求出其一个线性表达式.

解: 设 $\boldsymbol{\beta}=k_1\boldsymbol{\alpha}_1+k_2\boldsymbol{\alpha}_2+k_3\boldsymbol{\alpha}_3$,则可得

$$\begin{cases}k_2+k_3=1\\k_1+k_2=1\\-k_1+2k_3=1\end{cases}$$

对增广矩阵(即$(\boldsymbol{\alpha}_1{}^{\mathrm{T}},\boldsymbol{\alpha}_2{}^{\mathrm{T}},\boldsymbol{\alpha}_2{}^{\mathrm{T}},\boldsymbol{\beta}^{\mathrm{T}})$)施以初等行变换:

$$\begin{pmatrix}0&1&1&1\\1&1&0&1\\-1&0&2&1\end{pmatrix}\to\begin{pmatrix}1&1&0&1\\0&1&2&2\\0&1&1&1\end{pmatrix}\to\begin{pmatrix}1&0&0&1\\0&1&0&0\\0&0&1&1\end{pmatrix}$$

由上可知 $r(\boldsymbol{\alpha}_1^{\mathrm{T}},\boldsymbol{\alpha}_2^{\mathrm{T}},\boldsymbol{\alpha}_3^{\mathrm{T}},\boldsymbol{\beta}^{\mathrm{T}})=r(\boldsymbol{\alpha}_1{}^{\mathrm{T}},\boldsymbol{\alpha}_2{}^{\mathrm{T}},\boldsymbol{\alpha}_3{}^{\mathrm{T}})=3$,因而 $\boldsymbol{\beta}$ 可由 $\boldsymbol{\alpha}_1,\boldsymbol{\alpha}_2,\boldsymbol{\alpha}_3$ 线性表示,由行最简形矩阵可得 $k_1=1,k_2=0,k_3=1$,故线性表示式为 $\boldsymbol{\beta}=\boldsymbol{\alpha}_1+\boldsymbol{\alpha}_3$.

题型五　向量组线性相关性的判定

对给定的向量组,判别其线性相关与线性无关的方法如下:

方法 1:(求秩法)将向量 $\boldsymbol{\alpha}_1,\boldsymbol{\alpha}_2,\cdots,\boldsymbol{\alpha}_s$ 排成矩阵 $\boldsymbol{A}=(\boldsymbol{\alpha}_1,\boldsymbol{\alpha}_2,\cdots,\boldsymbol{\alpha}_s)$,再求 $\boldsymbol{A}$ 的秩. 若 $r(\boldsymbol{A})<s$,则向量组线性相关;若 $r(\boldsymbol{A})=s$,则向量组线性无关.

方法 2:(行列式法)对于 n 个 n 维向量 $\boldsymbol{\alpha}_1,\boldsymbol{\alpha}_2,\cdots,\boldsymbol{\alpha}_n$,排成矩阵

$$\boldsymbol{A}=(\boldsymbol{\alpha}_1,\boldsymbol{\alpha}_2,\cdots,\boldsymbol{\alpha}_n)$$

当 $|\boldsymbol{A}|=0$ 时,向量组线性相关;当 $|\boldsymbol{A}|\neq 0$ 时,向量组线性无关.

方法 3:(方程组法)由齐次线性方程组 $k_1\boldsymbol{\alpha}_1+k_2\boldsymbol{\alpha}_2+\cdots+k_n\boldsymbol{\alpha}_n=\boldsymbol{0}$,若方程组有非零解,则向量组 $\boldsymbol{\alpha}_1,\boldsymbol{\alpha}_2,\cdots,\boldsymbol{\alpha}_s$ 线性相关;若方程组只有零解,则向量组 $\boldsymbol{\alpha}_1,\boldsymbol{\alpha}_2,\cdots,\boldsymbol{\alpha}_s$ 线性无关.

方法 4:利用相关性性质定理证明.

例 5　判断下列向量组的线性相关性:

(1) $\boldsymbol{\alpha}_1=(1,1,1,1)^{\mathrm{T}},\boldsymbol{\alpha}_2=(1,1,-1,-1)^{\mathrm{T}},\boldsymbol{\alpha}_3=(1,-1,1,-1)^{\mathrm{T}},\boldsymbol{\alpha}_4=(1,-1,-1,1)^{\mathrm{T}}$;

(2) $\boldsymbol{\alpha}_1=(1,1,3,1)^{\mathrm{T}},\boldsymbol{\alpha}_2=(1,1,-1,3)^{\mathrm{T}},\boldsymbol{\alpha}_3=(5,-2,7,9)^{\mathrm{T}},\boldsymbol{\alpha}_4=(1,2,-5,5)^{\mathrm{T}}$.

解:(1) 方法 1,对矩阵$(\boldsymbol{\alpha}_1,\boldsymbol{\alpha}_2,\boldsymbol{\alpha}_3,\boldsymbol{\alpha}_4)$施行初等行变换化为行阶梯形矩阵:

$$\boldsymbol{A}=\begin{pmatrix}1&1&1&1\\1&1&-1&-1\\1&-1&1&-1\\1&-1&-1&1\end{pmatrix}\xrightarrow[r_4-r_1]{\substack{r_2-r_1\\r_3-r_1}}\begin{pmatrix}1&1&1&1\\0&0&-2&-2\\0&-2&0&-2\\0&-2&-2&0\end{pmatrix}\xrightarrow[r_4-r_3]{\substack{r_2\leftrightarrow r_3\\r_4-r_2}}\begin{pmatrix}1&1&1&1\\0&-2&0&-2\\0&0&-2&-2\\0&0&0&4\end{pmatrix}$$

从而 $r(\boldsymbol{A})=4$,因此 $\boldsymbol{\alpha}_1,\boldsymbol{\alpha}_2,\boldsymbol{\alpha}_3,\boldsymbol{\alpha}_4$ 线性无关.

方法 2,由于这里是判断四个四维向量的线性相关性,以它们为列构成 4 阶行列式. 由

$$|\boldsymbol{A}|=\begin{vmatrix}1&1&1&1\\1&1&-1&-1\\1&-1&1&-1\\1&-1&-1&1\end{vmatrix}=-16$$

知 $|\boldsymbol{A}|\neq 0$,所以 $\boldsymbol{\alpha}_1,\boldsymbol{\alpha}_2,\boldsymbol{\alpha}_3,\boldsymbol{\alpha}_4$ 线性无关.

(2) 计算行列式

$$|\boldsymbol{A}|=\begin{vmatrix}1&1&5&1\\1&1&-2&2\\3&-1&7&-5\\1&3&9&5\end{vmatrix}=\begin{vmatrix}1&1&5&1\\0&0&-7&1\\0&-4&-8&-8\\0&2&4&4\end{vmatrix}=0$$

故 $\boldsymbol{\alpha}_1,\boldsymbol{\alpha}_2,\boldsymbol{\alpha}_3,\boldsymbol{\alpha}_4$ 线性相关.

题型六　向量组的秩和极大无关组

求向量组的秩与极大无关组的基本方法：

方法 1：将向量组 $\boldsymbol{\alpha}_1,\boldsymbol{\alpha}_2,\cdots,\boldsymbol{\alpha}_s$ 排成矩阵 $\mathbf{A}=(\boldsymbol{\alpha}_1,\boldsymbol{\alpha}_2,\cdots,\boldsymbol{\alpha}_s)$，对矩阵 $\mathbf{A}$ 实施初等行变换，将其化为行阶梯形矩阵，则行阶梯形矩阵非零行行数 r 即为矩阵的秩，即 $r(\mathbf{A})=r$. 各非零行的第一个非零元素所在的列对应的向量就构成向量组 $\boldsymbol{\alpha}_1,\boldsymbol{\alpha}_2,\cdots,\boldsymbol{\alpha}_s$ 的极大无关组.

方法 2：将向量组 $\boldsymbol{\alpha}_1,\boldsymbol{\alpha}_2,\cdots,\boldsymbol{\alpha}_s$ 排成矩阵 $\mathbf{A}=(\boldsymbol{\alpha}_1,\boldsymbol{\alpha}_2,\cdots,\boldsymbol{\alpha}_s)$，对矩阵 $\mathbf{A}$ 实施初等行变换，将其化为行阶梯形矩阵，则行阶梯形矩阵非零行行数 r 即为矩阵的秩，即 $r(\mathbf{A})=r$. 在行阶梯形矩阵中找出非零的 r 阶子式，该子式在原矩阵 $\mathbf{A}$ 中对应的列向量组为向量组 $\boldsymbol{\alpha}_1,\boldsymbol{\alpha}_2,\cdots,\boldsymbol{\alpha}_s$ 的极大无关组.

特别提醒：

(1) 求向量组的极大无关组只能对给定向量为"列"做成的矩阵作"行"初等变换；

(2) 如果不仅要求极大无关组，还要将其余向量用极大无关组表示，则要进一步作初等行变换将行阶梯形矩阵化为行最简形矩阵. 如：

$$\mathbf{A}=(\boldsymbol{\alpha}_1,\boldsymbol{\alpha}_2,\boldsymbol{\alpha}_3,\boldsymbol{\alpha}_4)\rightarrow\begin{pmatrix}1&0&3/2&0\\0&1&-3&0\\0&0&0&1\\0&0&0&0\end{pmatrix}$$

由于行最简形中第 1,2,3 行中第一个非零元位于第"1,2,4"列，所以对应原来的矩阵 $\mathbf{A}$ 中的"$\boldsymbol{\alpha}_1,\boldsymbol{\alpha}_2,\boldsymbol{\alpha}_4$"为向量组 $\boldsymbol{\alpha}_1,\boldsymbol{\alpha}_2,\boldsymbol{\alpha}_3,\boldsymbol{\alpha}_4$ 的极大无关组，其余的向量只有 $\boldsymbol{\alpha}_3$，由行最简形阵的第 3 列可以看出 $\boldsymbol{\alpha}_3=\frac{3}{2}\boldsymbol{\alpha}_1-3\boldsymbol{\alpha}_2$.

例 6　已知 $\boldsymbol{\alpha}_1=(5,2,-3,1)^{\mathrm{T}},\boldsymbol{\alpha}_2=(4,1,-2,3)^{\mathrm{T}},\boldsymbol{\alpha}_3=(1,1,-1,-2)^{\mathrm{T}},\boldsymbol{\alpha}_4=(3,4,-1,2)^{\mathrm{T}}$，求向量组的秩与极大无关组，并将其余向量用此极大无关组线性表示.

解：对矩阵 $\mathbf{A}=(\boldsymbol{\alpha}_1,\boldsymbol{\alpha}_2,\boldsymbol{\alpha}_3,\boldsymbol{\alpha}_4)$ 施行初等行变换化为行阶梯形矩阵，进而再化为行最简形矩阵：

$$\begin{pmatrix}5&4&1&3\\2&1&1&4\\-3&-2&-1&-1\\1&3&-2&2\end{pmatrix}\xrightarrow[\substack{r_3+3r_1\\r_4-5r_1}]{\substack{r_1\leftrightarrow r_4\\r_2-2r_1}}\begin{pmatrix}1&3&-2&2\\0&-5&5&0\\0&7&-7&5\\0&-11&11&-7\end{pmatrix}$$

$$\xrightarrow[r_4+\frac{7}{5}r_3]{\substack{r_2\div(-5)\\ r_3-7r_2\\ r_4+11r_2}}\begin{pmatrix}1&3&-2&2\\0&1&-1&0\\0&0&0&5\\0&0&0&0\end{pmatrix}\xrightarrow[r_1-3r_2]{\substack{r_3\div 5\\ r_1-2r_3}}\begin{pmatrix}1&0&1&0\\0&1&-1&0\\0&0&0&1\\0&0&0&0\end{pmatrix}$$

由最后一个矩阵可知：向量组的秩为 3，$\boldsymbol{\alpha}_1,\boldsymbol{\alpha}_2,\boldsymbol{\alpha}_4$ 为一个极大无关组，且 $\boldsymbol{\alpha}_3=\boldsymbol{\alpha}_1-\boldsymbol{\alpha}_2$.

三、应用与提高

例 7　设有齐次线性方程组 $\boldsymbol{Ax}=\boldsymbol{0}$ 和 $\boldsymbol{Bx}=\boldsymbol{0}$，其中 $\boldsymbol{A},\boldsymbol{B}$ 均为 $m\times n$ 矩阵，现有 4 个命题：

① 若 $\boldsymbol{Ax}=\boldsymbol{0}$ 的解均是 $\boldsymbol{Bx}=\boldsymbol{0}$ 的解，则 $r(\boldsymbol{A})\geqslant r(\boldsymbol{B})$；

② 若 $r(\boldsymbol{A})\geqslant r(\boldsymbol{B})$，则 $\boldsymbol{Ax}=\boldsymbol{0}$ 的解均是 $\boldsymbol{Bx}=\boldsymbol{0}$ 的解；

③ 若 $\boldsymbol{Ax}=\boldsymbol{0}$ 与 $\boldsymbol{Bx}=\boldsymbol{0}$ 同解，则 $r(\boldsymbol{A})=r(\boldsymbol{B})$；

④ 若 $r(\boldsymbol{A})=r(\boldsymbol{B})$，则 $\boldsymbol{Ax}=\boldsymbol{0}$ 与 $\boldsymbol{Bx}=\boldsymbol{0}$ 同解.

以上命题中正确的是(　　).

(A) ①②　　　(B) ①③④　　　(C) ②④　　　(D) ③④

分析：由于两个线性方程组的系数矩阵 $\boldsymbol{A}$ 和 $\boldsymbol{B}$ 是同型矩阵，故若两个方程组同解，则解空间的维数是相同的，由解空间的维数 r 与矩阵的秩和未知数个数 n 的关系 $r=n-r(\boldsymbol{A})$ 可求得解. 本题也可找反例用排除法进行分析，但①②两个命题的反例比较复杂一些，关键是抓住③和④，迅速排除不正确的选项.

解：若 $\boldsymbol{Ax}=\boldsymbol{0}$ 与 $\boldsymbol{Bx}=\boldsymbol{0}$ 同解，则 $n-r(\boldsymbol{A})=n-r(\boldsymbol{B})$，即 $r(\boldsymbol{A})=r(\boldsymbol{B})$，命题③成立，可排除 A，C；但反过来，若 $r(\boldsymbol{A})=r(\boldsymbol{B})$，则不能推出 $\boldsymbol{Ax}=\boldsymbol{0}$ 与 $\boldsymbol{Bx}=\boldsymbol{0}$ 同解，如 $\boldsymbol{A}=\begin{pmatrix}1&0\\0&0\end{pmatrix}$，$\boldsymbol{B}=\begin{pmatrix}0&0\\0&1\end{pmatrix}$，则 $r(\boldsymbol{A})=r(\boldsymbol{B})=1$，但 $\boldsymbol{Ax}=\boldsymbol{0}$ 与 $\boldsymbol{Bx}=\boldsymbol{0}$ 不同解，可见命题④不成立，排除(D)，故正确选项为(B).

例 8　设 $\boldsymbol{A}$ 和 $\boldsymbol{B}$ 为满足 $\boldsymbol{AB}=\boldsymbol{O}$ 的任意两个非零矩阵，则必有(　　).

(A) $\boldsymbol{A}$ 的列向量组线性相关，$\boldsymbol{B}$ 的行向量组线性相关

(B) $\boldsymbol{A}$ 的列向量组线性相关，$\boldsymbol{B}$ 的列向量组线性相关

(C) $\boldsymbol{A}$ 的行向量组线性相关，$\boldsymbol{B}$ 的行向量组线性相关

(D) $\boldsymbol{A}$ 的行向量组线性相关，$\boldsymbol{B}$ 的列向量组线性相关

分析：$\boldsymbol{A},\boldsymbol{B}$ 的行列向量组是否线性相关，可从 $\boldsymbol{A},\boldsymbol{B}$ 是否行(或列)满秩或 $\boldsymbol{Ax}=\boldsymbol{0}$($\boldsymbol{Bx}=\boldsymbol{0}$)是否有非零解进行讨论.

解：设 $\boldsymbol{A}$ 为 $m\times n$ 矩阵，$\boldsymbol{B}$ 为 $n\times m$ 矩阵，则由 $\boldsymbol{AB}=\boldsymbol{O}$ 知，

$$r(\boldsymbol{A})+r(\boldsymbol{B})<n$$

又 $\boldsymbol{A},\boldsymbol{B}$ 为非零矩阵,必有 $r(\boldsymbol{A})>0,r(\boldsymbol{B})>0$,可见 $r(\boldsymbol{A})<n,r(\boldsymbol{B})<n$,即 $\boldsymbol{A}$ 的列向量组线性相关,$\boldsymbol{B}$ 的行向量组线性相关,故应选(A).

例 9 设 $\boldsymbol{\alpha}_1,\boldsymbol{\alpha}_2,\cdots,\boldsymbol{\alpha}_s$ 都是 n 维向量,$\boldsymbol{A}$ 是 $m\times n$ 矩阵,则(　　)成立.

(A) 若 $\boldsymbol{\alpha}_1,\boldsymbol{\alpha}_2,\cdots,\boldsymbol{\alpha}_s$ 线性相关,则 $\boldsymbol{A\alpha}_1,\boldsymbol{A\alpha}_2,\cdots,\boldsymbol{A\alpha}_s$ 线性相关

(B) 若 $\boldsymbol{\alpha}_1,\boldsymbol{\alpha}_2,\cdots,\boldsymbol{\alpha}_s$ 线性相关,则 $\boldsymbol{A\alpha}_1,\boldsymbol{A\alpha}_2,\cdots,\boldsymbol{A\alpha}_s$ 线性无关

(C) 若 $\boldsymbol{\alpha}_1,\boldsymbol{\alpha}_2,\cdots,\boldsymbol{\alpha}_s$ 线性无关,则 $\boldsymbol{A\alpha}_1,\boldsymbol{A\alpha}_2,\cdots,\boldsymbol{A\alpha}_s$ 线性相关

(D) 若 $\boldsymbol{\alpha}_1,\boldsymbol{\alpha}_2,\cdots,\boldsymbol{\alpha}_s$ 线性无关,则 $\boldsymbol{A\alpha}_1,\boldsymbol{A\alpha}_2,\cdots,\boldsymbol{A\alpha}_s$ 线性无关

分析:考察一组向量 $\boldsymbol{\alpha}_1,\boldsymbol{\alpha}_2,\cdots,\boldsymbol{\alpha}_s$ 是否线性相关或无关,常用的方法是看方程组 $x_1\boldsymbol{\alpha}_1+x_2\boldsymbol{\alpha}_2+\cdots+x_s\boldsymbol{\alpha}_s=\boldsymbol{0}$ 是否有非零解,若有非零解,则线性相关,若无非零解,则线性无关.或考察向量组 $\boldsymbol{\alpha}_1,\boldsymbol{\alpha}_2,\cdots,\boldsymbol{\alpha}_s$ 的秩,若其秩为 s,则线性无关,若其秩小于 s,则线性相关.

解:若 $\boldsymbol{\alpha}_1,\boldsymbol{\alpha}_2,\cdots,\boldsymbol{\alpha}_s$ 线性相关,则存在不全为 0 的数 $k_1,k_2,\cdots,k_s$ 使得

$$k_1\boldsymbol{\alpha}_1+k_2\boldsymbol{\alpha}_2+\cdots+k_s\boldsymbol{\alpha}_s=\boldsymbol{0}$$

用 $\boldsymbol{A}$ 左乘等式两边,得

$$k_1\boldsymbol{A\alpha}_1+k_2\boldsymbol{A\alpha}_2+\cdots+k_s\boldsymbol{A\alpha}_s=\boldsymbol{0}$$

于是 $\boldsymbol{A\alpha}_1,\boldsymbol{A\alpha}_2,\cdots,\boldsymbol{A\alpha}_s$ 线性相关.

若用秩求解,注意下面基本性质:

(1) $\boldsymbol{\alpha}_1,\boldsymbol{\alpha}_2,\cdots,\boldsymbol{\alpha}_s$ 线性无关$\Leftrightarrow r(\boldsymbol{\alpha}_1,\boldsymbol{\alpha}_2,\cdots,\boldsymbol{\alpha}_s)=s$;

(2) $r(\boldsymbol{AB})\leqslant r(\boldsymbol{B})$.

矩阵$(\boldsymbol{A\alpha}_1,\boldsymbol{A\alpha}_2,\cdots,\boldsymbol{A\alpha}_s)=\boldsymbol{A}(\boldsymbol{\alpha}_1,\boldsymbol{\alpha}_2,\cdots,\boldsymbol{\alpha}_s)$,因此

$$r(\boldsymbol{A\alpha}_1,\boldsymbol{A\alpha}_2,\cdots,\boldsymbol{A\alpha}_s)\leqslant r(\boldsymbol{\alpha}_1,\boldsymbol{\alpha}_2,\cdots,\boldsymbol{\alpha}_s)$$

由此马上可判断答案应该为(A).

例 10 设 $\boldsymbol{\alpha}_1,\boldsymbol{\alpha}_2,\cdots,\boldsymbol{\alpha}_s$ 均为 n 维向量,下列结论不正确的是(　　).

(A) 若对于任意一组不全为零的数 $k_1,k_2,\cdots,k_s$,都有 $k_1\boldsymbol{\alpha}_1+k_2\boldsymbol{\alpha}_2+\cdots+k_s\boldsymbol{\alpha}_s\neq\boldsymbol{0}$,则 $\boldsymbol{\alpha}_1,\boldsymbol{\alpha}_2,\cdots,\boldsymbol{\alpha}_s$ 线性无关

(B) 若 $\boldsymbol{\alpha}_1,\boldsymbol{\alpha}_2,\cdots,\boldsymbol{\alpha}_s$ 线性相关,则对于任意一组不全为零的数 $k_1,k_2,\cdots,k_s$,都有 $k_1\boldsymbol{\alpha}_1,k_2\boldsymbol{\alpha}_2+\cdots+k_s\boldsymbol{\alpha}_s=\boldsymbol{0}$

(C) $\boldsymbol{\alpha}_1,\boldsymbol{\alpha}_2,\cdots,\boldsymbol{\alpha}_s$ 线性无关的充分必要条件是此向量组的秩为 s

(D) $\boldsymbol{\alpha}_1,\boldsymbol{\alpha}_2,\cdots,\boldsymbol{\alpha}_s$ 线性无关的充分必要条件是其中任意两个向量线性无关

分析:本题涉及线性相关、线性无关概念的理解,以及线性相关、线性无关的等价表现形式.同时应注意是寻找不正确的命题.

解:若 $\boldsymbol{\alpha}_1,\boldsymbol{\alpha}_2,\cdots,\boldsymbol{\alpha}_s$ 线性相关,则存在一组而不是对任意一组不全为零的数 $k_1,k_2,\cdots,k_s$ 都有 $k_1\boldsymbol{\alpha}_1+k_2\boldsymbol{\alpha}_2+\cdots+k_s\boldsymbol{\alpha}_s=\boldsymbol{0}$,(B)不成立,应选择(B).

例 11 设 $\boldsymbol{\alpha}_1=(0,0,c_1)^{\mathrm{T}},\boldsymbol{\alpha}_2=(0,1,c_2)^{\mathrm{T}},\boldsymbol{\alpha}_3=(1,-1,c_3)^{\mathrm{T}},\boldsymbol{\alpha}_4=(-1,1,c_4)^{\mathrm{T}}$,其中

c_1,c_2,c_3,c_4 为任意常数,则下列向量组中线性相关的是(　)

(A) $\boldsymbol{\alpha}_1,\boldsymbol{\alpha}_2,\boldsymbol{\alpha}_3$　　(B) $\boldsymbol{\alpha}_1,\boldsymbol{\alpha}_2,\boldsymbol{\alpha}_4$　　(C) $\boldsymbol{\alpha}_1,\boldsymbol{\alpha}_3,\boldsymbol{\alpha}_4$　　(D) $\boldsymbol{\alpha}_2,\boldsymbol{\alpha}_3,\boldsymbol{\alpha}_4$

分析:从答案看,向量组都是 3 个 3 维的向量组,要线性相关,它们构成的行列式应该等于 0. 根据这一点可以选择出答案.

解:由于 $|(\boldsymbol{\alpha}_1,\boldsymbol{\alpha}_3,\boldsymbol{\alpha}_4)|=\begin{vmatrix}0&1&-1\\0&-1&1\\c_1&c_2&c_3\end{vmatrix}=c_1\begin{vmatrix}1&-1\\-1&1\end{vmatrix}=0$

从而可知 $\boldsymbol{\alpha}_1,\boldsymbol{\alpha}_3,\boldsymbol{\alpha}_4$ 线性相关,故选(C).

例 12　已知 3 阶矩阵 $\boldsymbol{A}$ 的第一行是 (a,b,c),a,b,c 不全为零,矩阵 $\boldsymbol{B}=\begin{pmatrix}1&2&3\\2&4&6\\3&6&k\end{pmatrix}$($k$ 为常数),且 $\boldsymbol{AB}=\boldsymbol{O}$,求线性方程组 $\boldsymbol{Ax}=\boldsymbol{0}$ 的通解.

分析:$\boldsymbol{AB}=\boldsymbol{O}$ 相当于 $\boldsymbol{B}$ 的每一列均为 $\boldsymbol{Ax}=\boldsymbol{0}$ 的解,关键问题是 $\boldsymbol{Ax}=\boldsymbol{0}$ 的基础解系所含解向量的个数为多少,而这又转化为确定系数矩阵 $\boldsymbol{A}$ 的秩.

解:由 $\boldsymbol{AB}=\boldsymbol{O}$ 知,$\boldsymbol{B}$ 的每一列均为 $\boldsymbol{Ax}=\boldsymbol{0}$ 的解,且 $r(\boldsymbol{A})+r(\boldsymbol{B})\leqslant 3$.

(1) 若 $k\neq 9$,则 $r(\boldsymbol{B})=2$,于是 $r(\boldsymbol{A})\leqslant 1$,显然 $r(\boldsymbol{A})\geqslant 1$,故 $r(\boldsymbol{A})=1$. 可见此时 $\boldsymbol{Ax}=\boldsymbol{0}$ 的基础解系所含向量的个数为 $3-r(\boldsymbol{A})=2$,矩阵 $\boldsymbol{B}$ 的第一、第三列线性无关,可作为其基础解系,故 $\boldsymbol{Ax}=\boldsymbol{0}$ 的通解为:

$$\boldsymbol{x}=k_1\begin{pmatrix}1\\2\\3\end{pmatrix}+k_2\begin{pmatrix}3\\6\\k\end{pmatrix},k_1,k_2\text{ 为任意常数}$$

(2) 若 $k=9$,则 $r(\boldsymbol{B})=1$,从而 $1\leqslant r(\boldsymbol{A})\leqslant 2$.

若 $r(\boldsymbol{A})=2$,则 $\boldsymbol{Ax}=\boldsymbol{0}$ 的通解为

$$\boldsymbol{x}=k_1\begin{pmatrix}1\\2\\3\end{pmatrix},k_1\text{ 为任意常数.}$$

若 $r(\boldsymbol{A})=1$,则 $\boldsymbol{Ax}=\boldsymbol{0}$ 的同解方程组为:$ax_1+bx_2+cx_3=0$,不妨设 $a\neq 0$,则其通解为

$$\boldsymbol{x}=k_1\begin{pmatrix}-b/a\\1\\0\end{pmatrix}+k_2\begin{pmatrix}-c/a\\0\\1\end{pmatrix},k_1,k_2\text{ 为任意常数.}$$

例 13　已知非齐次线性方程组

$$\begin{cases}x_1+x_2+x_3+x_4=-1\\4x_1+3x_2+5x_3-x_4=-1\\ax_1+x_2+3x_3+bx_4=1\end{cases}$$

有 3 个线性无关的解,

（1）证明此方程组的系数矩阵 $\boldsymbol{A}$ 的秩为 2；

（2）求 a,b 的值和方程组的通解.

分析：齐次线性方程组的基础解系中解向量的个数 s 和系数矩阵 $\boldsymbol{A}$ 的秩 $r(\boldsymbol{A})$ 以及未知数的个数 n 之间有下列关系 $s=n-r(\boldsymbol{A})$，且任意两个非齐次线性方程组的解 $\boldsymbol{\eta}_1$ 和 $\boldsymbol{\eta}_2$ 的差为对应的齐次线性方程组的解，由于题中所给条件是非齐次线性方程组有 3 个线性无关解，故其对应的齐次线性方程组至少有 2 个线性无关解，由此可求解本题.

解：(1) 设 $\boldsymbol{\alpha}_1,\boldsymbol{\alpha}_2,\boldsymbol{\alpha}_3$ 是方程组的 3 个线性无关的解，则 $\boldsymbol{\alpha}_2-\boldsymbol{\alpha}_1,\boldsymbol{\alpha}_3-\boldsymbol{\alpha}_1$ 是 $\boldsymbol{Ax}=\boldsymbol{0}$ 的两个线性无关的解，于是 $\boldsymbol{Ax}=\boldsymbol{0}$ 的基础解系中解的个数不少于 2，即 $4-r(\boldsymbol{A})\geqslant 2$，从而 $r(\boldsymbol{A})\leqslant 2$. 又因为 $\boldsymbol{A}$ 的行向量是两两线性无关的，所以 $r(\boldsymbol{A})\geqslant 2$. 即 $r(\boldsymbol{A})=2$.

(2) 对方程组的增广矩阵作初等行变换

$$\boldsymbol{B}=\begin{pmatrix}1&1&1&1&-1\\4&3&5&-1&-1\\a&1&3&b&1\end{pmatrix}\xrightarrow[r_3+(1-a)r_2]{\substack{r_2-4r_1\\r_3-ar_1}}\begin{pmatrix}1&1&1&1&-1\\0&-1&1&-5&3\\0&0&4-2a&4a+b-5&4-2a\end{pmatrix}.$$

由 $r(\boldsymbol{A})=2$，得出 $a=2,b=-3$，代入后继续作初等行变换

$$\boldsymbol{B}\to\begin{pmatrix}1&0&2&-4&2\\0&1&-1&5&-3\\0&0&0&0&0\end{pmatrix}.$$

从而与原方程同解的方程组为

$$\begin{cases}x_1=\ \ 2-2x_3+4x_4\\x_2=-3+\ x_3-5x_4\end{cases}$$

令 $x_3=x_4=0$，则求出原方程组的一个特解为 $(2,-3,0,0)^{\mathrm{T}}$ 和非齐次方程组对应的齐次线性方程组为

$$\begin{cases}x_1=-2x_3+4x_4\\x_2=\qquad x_3-5x_4\end{cases}$$

取 x_3,x_4 为自由变量，令 $\begin{pmatrix}x_3\\x_4\end{pmatrix}=\begin{pmatrix}1\\0\end{pmatrix},\begin{pmatrix}0\\1\end{pmatrix}$ 得齐次方程的基础解系为，

$$(-2,1,1,0)^{\mathrm{T}},(4,-5,0,1)^{\mathrm{T}},$$

从而原方程组的通解为

$\boldsymbol{x}=(2,-3,0,0)^{\mathrm{T}}+k_1(-2,1,1,0)^{\mathrm{T}}+k_2(4,-5,0,1)^{\mathrm{T}}$，其中 k_1,k_2 是任意常数.

例 14 设 $\boldsymbol{A}=\begin{pmatrix}\lambda&1&1\\0&\lambda-1&0\\1&1&\lambda\end{pmatrix},\boldsymbol{b}=\begin{pmatrix}a\\1\\1\end{pmatrix}$，已知线性方程组 $\boldsymbol{Ax}=\boldsymbol{b}$ 存在两个不同解，

（1）求 λ,a；

（2）求 $\boldsymbol{Ax}=\boldsymbol{b}$ 的通解.

分析:由题设条件知 $r(\boldsymbol{A})<3$,故 $|\boldsymbol{A}|=0$,又由于方程组有解,故方程组的增广矩阵的秩和方程组的系数矩阵的秩相等,由此可以求出 λ,a,求 $\boldsymbol{Ax}=\boldsymbol{b}$ 的通解按一般方法可求得.

解:(1) 由于方程组 $\boldsymbol{Ax}=\boldsymbol{b}$ 有 2 个不同解,即 $\boldsymbol{Ax}=\boldsymbol{0}$ 至少有一个非零解,所以 $r(\boldsymbol{A})<3$,即 $|\boldsymbol{A}|=0$,即

$$\begin{vmatrix} \lambda & 1 & 1 \\ 0 & \lambda-1 & 0 \\ 1 & 1 & \lambda \end{vmatrix}=0$$

解得 $\lambda=1$ 或 $\lambda=-1$.

当 $\lambda=-1$ 时,增广矩阵

$$\boldsymbol{B}\to\begin{pmatrix} -1 & 1 & 1 & a \\ 0 & -2 & 0 & 1 \\ 1 & 1 & -1 & 1 \end{pmatrix}\to\begin{pmatrix} 1 & 1 & -1 & 1 \\ 0 & 2 & 0 & -1 \\ 0 & 2 & 0 & a+1 \end{pmatrix}\to\begin{pmatrix} 1 & 1 & -1 & 1 \\ 0 & 2 & 0 & -1 \\ 0 & 0 & 0 & a+2 \end{pmatrix}$$

由于 $r(\boldsymbol{A})=2$,故 $r(\boldsymbol{B})=2$,从而即 $a+2=0$ 即 $a=-2$.

当 $\lambda=1$ 时,

$$\boldsymbol{B}\to\begin{pmatrix} 1 & 1 & 1 & a \\ 0 & 0 & 0 & 1 \\ 1 & 1 & 1 & 1 \end{pmatrix}\to\begin{pmatrix} 1 & 1 & 1 & a \\ 0 & 0 & 0 & 1 \\ 0 & 0 & 0 & 1-a \end{pmatrix}\to\begin{pmatrix} 1 & 1 & 1 & a \\ 0 & 0 & 0 & 1 \\ 0 & 0 & 0 & 0 \end{pmatrix}$$

显然 $r(\boldsymbol{A})=1,r(\boldsymbol{B})=2,r(\boldsymbol{A})\neq r(\boldsymbol{B})$,故方程组无解,所以 $\lambda\neq1$,故所求 $\lambda=-1,a=-2$.

(2) 对增广矩阵实施初等行变换

$$\boldsymbol{B}\to\begin{pmatrix} -1 & 1 & 1 & -2 \\ 0 & -2 & 0 & 1 \\ 1 & 1 & -1 & 1 \end{pmatrix}\to\begin{pmatrix} 1 & 1 & -1 & 1 \\ 0 & 1 & 0 & -1/2 \\ 0 & 0 & 0 & 0 \end{pmatrix}\to\begin{pmatrix} 1 & 0 & -1 & 3/2 \\ 0 & 1 & 0 & -1/2 \\ 0 & 0 & 0 & 0 \end{pmatrix}.$$

故方程组 $\boldsymbol{Ax}=\boldsymbol{b}$ 的通解为

$$\boldsymbol{x}=k\begin{pmatrix} 1 \\ 0 \\ 1 \end{pmatrix}+\begin{pmatrix} 3/2 \\ -1/2 \\ 0 \end{pmatrix}$$

其中 k 为任意常数.

四、自测题三

一、填空题

1. $\boldsymbol{A}$ 为 $m\times n$ 的矩阵,齐次线性方程组 $\boldsymbol{Ax}=\boldsymbol{0}$ 有非零解的充要条件是________.

2. $\boldsymbol{A}$ 为 $m\times n$ 的矩阵,齐次线性方程组 $\boldsymbol{Ax}=\boldsymbol{0}$ 中非自由变量的个数为 r,则 $r(\boldsymbol{A})=$

________.

3. 方程 $x_1+x_2+x_3+x_4=0$ 的通解为________.

4. 齐次线性方程组 $\begin{cases}\lambda x_1+x_2+x_3=0\\ x_1+\lambda x_2+x_3=0\\ x_1+x_2+x_3=0\end{cases}$ 只有零解,则 λ 应满足条件________.

5. 已知线性方程组 $\begin{pmatrix}1&2&1\\2&3&a+1\\1&a&-2\end{pmatrix}\begin{pmatrix}x_1\\x_2\\x_3\end{pmatrix}=\begin{pmatrix}1\\3\\0\end{pmatrix}$ 无解,则 $a\doteq$________.

6. 已知 $\boldsymbol{\alpha}=(3,5,7,9)$,$\boldsymbol{\beta}=(-1,5,2,0)$,且满足 $2\boldsymbol{\alpha}+3\boldsymbol{x}=\boldsymbol{\beta}$,则 $\boldsymbol{x}=$________.

7. 当 $k=$________时,向量 $\boldsymbol{\beta}=(1,k,5)$ 能由 $\boldsymbol{\alpha}_1=(1,-3,2)$,$\boldsymbol{\alpha}_2=(2,-1,1)$ 线性表示.

8. 已知向量组 $\boldsymbol{\alpha}_1=(1,2,3,4)$,$\boldsymbol{\alpha}_2=(2,3,4,5)$,$\boldsymbol{\alpha}_3=(3,4,5,6)$,$\boldsymbol{\alpha}_4=(4,5,6,7)$,则向量组的秩为________.

9. 设向量组 $\boldsymbol{\alpha}_1=(1,1,1)$,$\boldsymbol{\alpha}_2=(a,0,b)$,$\boldsymbol{\alpha}_3=(1,3,2)$,若 $\boldsymbol{\alpha}_1,\boldsymbol{\alpha}_2,\boldsymbol{\alpha}_3$ 线性相关,则 a,b 满足关系式________.

二、选择题

1. 当 $t=$______时向量组 $\boldsymbol{\alpha}_1=(2,1,0)$,$\boldsymbol{\alpha}_2=(3,2,5)$,$\boldsymbol{\alpha}_3=(5,4,t)$ 线性相关.

(A) 5　　(B) 10　　(C) 15　　(D) 20

2. 设向量组 $\boldsymbol{\alpha}_1=(1,-1,2,4)$,$\boldsymbol{\alpha}_2=(0,3,1,2)$,$\boldsymbol{\alpha}_3=(3,0,7,14)$,$\boldsymbol{\alpha}_4=(1,-2,2,0)$,$\boldsymbol{\alpha}_5=(2,1,5,10)$,则该向量组的极大无关组是(　　).

(A) $\boldsymbol{\alpha}_1,\boldsymbol{\alpha}_2,\boldsymbol{\alpha}_3$　　(B) $\boldsymbol{\alpha}_1,\boldsymbol{\alpha}_2,\boldsymbol{\alpha}_4$　　(C) $\boldsymbol{\alpha}_1,\boldsymbol{\alpha}_2,\boldsymbol{\alpha}_5$　　(D) $\boldsymbol{\alpha}_1,\boldsymbol{\alpha}_2,\boldsymbol{\alpha}_4,\boldsymbol{\alpha}_5$

3. n 维向量组 $\boldsymbol{\alpha}_1,\boldsymbol{\alpha}_2,\cdots,\boldsymbol{\alpha}_s(3\leqslant s\leqslant n)$ 线性无关的充要条件是(　　).

(A) $\boldsymbol{\alpha}_1,\boldsymbol{\alpha}_2,\cdots,\boldsymbol{\alpha}_s$ 中任何两个向量都线性无关

(B) 存在不全为零的 s 个数 $k_1,k_2,\cdots,k_s$,使得 $k_1\boldsymbol{\alpha}_1+k_2\boldsymbol{\alpha}_2+\cdots+k_s\boldsymbol{\alpha}_s\neq\mathbf{0}$

(C) $\boldsymbol{\alpha}_1,\boldsymbol{\alpha}_2,\cdots,\boldsymbol{\alpha}_s$ 中任何一个向量都不能用其余向量线性表示

(D) $\boldsymbol{\alpha}_1,\boldsymbol{\alpha}_2,\cdots,\boldsymbol{\alpha}_s$ 中存在一个向量不能用其余向量线性表示

4. 向量组 $\boldsymbol{\alpha}_1,\boldsymbol{\alpha}_2,\cdots,\boldsymbol{\alpha}_s$ 线性相关的充要条件是(　　).

(A) $\boldsymbol{\alpha}_1,\boldsymbol{\alpha}_2,\cdots,\boldsymbol{\alpha}_s$ 中有一个零向量

(B) $\boldsymbol{\alpha}_1,\boldsymbol{\alpha}_2,\cdots,\boldsymbol{\alpha}_s$ 中任意两个向量的分量成比例

(C) $\boldsymbol{\alpha}_1,\boldsymbol{\alpha}_2,\cdots,\boldsymbol{\alpha}_s$ 中有一个向量是其余向量的线性组合

(D) $\boldsymbol{\alpha}_1,\boldsymbol{\alpha}_2,\cdots,\boldsymbol{\alpha}_s$ 中任意一个向量都是其余向量的线性组合

三、计算题

1. 求线性方程组 $\begin{cases}2x_1-x_2+x_4=-1\\ x_1+3x_2-7x_3+4x_4=3\\ 3x_1-2x_2+x_3+x_4=-2\end{cases}$ 的通解.

2. 求当 a,b 何值时,线性方程组 $\begin{cases} x_1+x_2+x_3+x_4=0 \\ x_2+2x_3+2x_4=1 \\ -x_2+(a-3)x_3-2x_4=b \\ 3x_1+2x_2+x_3+ax_4=-1 \end{cases}$ 无解、有唯一解、有无穷多解？并求出无穷多解时的通解.

3. 设 $\boldsymbol{\alpha}_1=(-1,0,1)$,$\boldsymbol{\alpha}_2=(0,1,-2)$,如果向量 $\boldsymbol{\beta}$ 满足 $2\boldsymbol{\alpha}_1-(\boldsymbol{\beta}+\boldsymbol{\alpha}_2)=\mathbf{0}$,求向量 $\boldsymbol{\beta}$.

4. 设有向量组 $\boldsymbol{\alpha}_1=(1,2,-1)$,$\boldsymbol{\alpha}_2=(-1,-2,1)$,$\boldsymbol{\alpha}_3=(1,2,3)$,试求该向量组的一个极大无关组,并用它表示其余向量.

5. 设矩阵 $\boldsymbol{A}=\begin{pmatrix} k & 1 & 1 & 1 \\ 1 & k & 1 & 1 \\ 1 & 1 & k & 1 \\ 1 & 1 & 1 & k \end{pmatrix}$,且 $r(\boldsymbol{A})=3$,求常数 k.

五、教材习题全解

习题 3.1

1. 指出下列增广矩阵所对应的线性方程组哪些是无解的？哪些有唯一解？哪些有无穷多解？

(1) $\begin{pmatrix} 1 & 3 & 1 \\ 0 & 1 & -1 \\ 0 & 0 & 0 \end{pmatrix}$;　(2) $\begin{pmatrix} 1 & 2 & 4 \\ 0 & 1 & 3 \\ 0 & 0 & 1 \end{pmatrix}$;　(3) $\begin{pmatrix} 1 & -2 & 2 & -2 \\ 0 & 1 & -1 & 3 \\ 0 & 0 & 0 & 0 \end{pmatrix}$;

(4) $\begin{pmatrix} 1 & -2 & 2 & -2 \\ 0 & 1 & 2 & 3 \\ 0 & 0 & 1 & 0 \end{pmatrix}$;　(5) $\begin{pmatrix} 1 & -2 & 2 & -2 \\ 0 & 0 & 1 & 3 \\ 0 & 0 & 0 & 1 \end{pmatrix}$.

解:因为(2)(5)所对应的增广矩阵与系数矩阵的秩满足 $r(\boldsymbol{A})<r(\boldsymbol{B})$,所以无解;(4)所对应的增广矩阵与系数矩阵的秩满足 $r(\boldsymbol{A})=r(\boldsymbol{B})=3$,所以有唯一解;(1)(3)所对应的增广矩阵与系数矩阵的秩满足 $r(\boldsymbol{A})=r(\boldsymbol{B})$,小于未知变量个数,所以有无穷多解.

2. 选择题

(1) 设 $\boldsymbol{A}$ 为 $m\times n$ 矩阵,齐次形方程组 $\boldsymbol{Ax}=\mathbf{0}$ 仅有零解的充分必要条件是系数矩阵的秩 $\boldsymbol{r}(\boldsymbol{A})$(　　).

(A) 小于 m　　(B) 小于 n　　(C) 等于 m　　(D) 等于 n

(2) 设非齐次线性方程组 $\boldsymbol{Ax}=\boldsymbol{b}$ 的导出组为 $\boldsymbol{Ax}=\mathbf{0}$,如果 $\boldsymbol{Ax}=\mathbf{0}$ 仅有零解,则 $\boldsymbol{Ax}=\boldsymbol{b}$(　　).

(A) 必有无穷多解　　(B) 必有唯一解

(C) 必定无解　　(D) 选项(A),(B),(C)均不对

(3)设 $\boldsymbol{A}$ 是 $m\times n$ 矩阵，非齐次线性方程组 $\boldsymbol{Ax}=\boldsymbol{b}$ 的导出组为 $\boldsymbol{Ax}=\boldsymbol{0}$，如果 $m<n$，则(　　).

(A) $\boldsymbol{Ax}=\boldsymbol{b}$ 必有无穷多解　　(B) $\boldsymbol{Ax}=\boldsymbol{b}$ 必有唯一解

(C) $\boldsymbol{Ax}=\boldsymbol{0}$ 必有非零解　　(D) $\boldsymbol{Ax}=\boldsymbol{0}$ 必有唯一解

解:(1) 根据教材定理 3.2 可知答案为 D.

(2) 如果 $\boldsymbol{Ax}=\boldsymbol{0}$ 仅有零解，由(1)可知 $r(\boldsymbol{A})=n$，但是此时 $r(\boldsymbol{B})\geqslant r(\boldsymbol{A})$，因此有可能无解，唯一解，无穷解，故答案为 D.

(3) 因为此时 $r(\boldsymbol{A})\leqslant\min\{m,n\}=m<n$，由教材定理 3.2 可知答案为 C.

3. 解下列非齐次线性方程组.

(1) $\begin{cases}x_1-2x_2+3x_3-x_4=1\\3x_1-x_2+5x_3-3x_4=2;\\2x_1+x_2+2x_3-2x_4=3\end{cases}$　　(2) $\begin{cases}x_1+x_2+x_3=1\\-x_1+2x_2-4x_3=2;\\2x_1+5x_2-x_3=5\end{cases}$

(3) $\begin{cases}x_1+x_2+x_3=1\\-x_1+2x_2-4x_3=2.\\2x_1+5x_2-2x_3=5\end{cases}$

解:(1) 对增广矩阵施行初等行变换，化为行阶梯形矩阵：

$$\boldsymbol{B}=\begin{pmatrix}1&-2&3&-1&1\\3&-1&5&-3&2\\2&1&2&-2&3\end{pmatrix}\xrightarrow[r_3-2r_1]{r_2-3r_1}\begin{pmatrix}1&-2&3&-1&1\\0&5&-4&0&-1\\0&5&-4&0&1\end{pmatrix}$$

$$\xrightarrow{r_3-r_2}\begin{pmatrix}1&-2&3&-1&1\\0&5&-4&0&-1\\0&0&0&0&2\end{pmatrix}$$

由行阶梯形矩阵可知，$r(\boldsymbol{A})=2<r(\boldsymbol{B})$，可知方程组无解.

(2) 对增广矩阵施行初等行变换，化为行阶梯形矩阵：

$$\boldsymbol{B}=\begin{pmatrix}1&1&1&1\\-1&2&-4&2\\2&5&-1&5\end{pmatrix}\xrightarrow[r_3-2r_1]{r_2+r_1}\begin{pmatrix}1&1&1&1\\0&3&-3&3\\0&3&-3&3\end{pmatrix}\xrightarrow[r_2\times\frac{1}{3}]{r_3-r_2}\begin{pmatrix}1&1&1&1\\0&1&-1&1\\0&0&0&0\end{pmatrix}.$$

由行阶梯形矩阵可知，$r(\boldsymbol{A})=r(\boldsymbol{B})=2$，可知方程组有无穷多解，将行阶梯形矩阵进一步化为行最简形阵：

$$\boldsymbol{B}=\begin{pmatrix}1&1&1&1\\-1&2&-4&2\\2&5&-1&5\end{pmatrix}\longrightarrow\begin{pmatrix}1&1&1&1\\0&1&-1&1\\0&0&0&0\end{pmatrix}\xrightarrow{r_1-r_2}\begin{pmatrix}1&0&2&0\\0&1&-1&1\\0&0&0&0\end{pmatrix}$$

由行最简形阵得到同解方程组

$$\begin{cases}x_1=-2x_3\\x_2=x_3+1\end{cases}$$

设 x_3 为自由变量，令 $x_3=c$，可得方程组的通解为$(-2c,c+1,c)^{\mathrm{T}}$，c 为任意常数.

(3) 对增广矩阵施行初等行变换，化为行阶梯形矩阵：

$$\boldsymbol{B}=\begin{pmatrix}1&1&1&1\\-1&2&-4&2\\2&5&-2&5\end{pmatrix}\xrightarrow[r_3-2r_1]{r_2+r_1}\begin{pmatrix}1&1&1&1\\0&3&-3&3\\0&3&-4&3\end{pmatrix}\xrightarrow[r_2\times\frac{1}{3}]{r_3-r_2}\begin{pmatrix}1&1&1&1\\0&1&-1&1\\0&0&-1&0\end{pmatrix}$$

由行阶梯形矩阵可知，$r(\boldsymbol{A})=r(\boldsymbol{B})=3$，可知方程组有唯一解，将行阶梯形矩阵进一步化为行最简形阵：

$$\boldsymbol{B}=\begin{pmatrix}1&1&1&1\\-1&2&-4&2\\2&5&-2&5\end{pmatrix}\longrightarrow\begin{pmatrix}1&1&1&1\\0&1&-1&1\\0&0&-1&0\end{pmatrix}\xrightarrow[\substack{r_2+r_3\\r_1-2r_3}]{\substack{r_1-r_2\\r_3\times(-1)}}\begin{pmatrix}1&0&0&0\\0&1&0&1\\0&0&1&0\end{pmatrix}$$

由行最简形矩阵可知，方程组的唯一解为$(0,1,0)^{\mathrm{T}}$.

4. 解下列齐次线性方程组.

(1) $\begin{cases}x_1+x_2=0\\2x_1+x_2+x_3+2x_4=0;\\5x_1+3x_2+2x_3+2x_4=0\end{cases}$　　(2) $\begin{cases}x_1+x_2+x_3+x_4=0\\2x_1+2x_2+x_3+3x_4=0.\\x_1+x_2+2x_3=0\end{cases}$

解：(1) 对系数矩阵施行初等行变换，化为行阶梯形矩阵：

$$\boldsymbol{A}=\begin{pmatrix}1&1&0&0\\2&1&1&2\\5&3&2&2\end{pmatrix}\xrightarrow[r_3-5r_1]{r_2-2r_1}\begin{pmatrix}1&1&0&0\\0&-1&1&2\\0&-2&2&2\end{pmatrix}\xrightarrow{r_3-2r_2}\begin{pmatrix}1&1&0&0\\0&-1&1&2\\0&0&0&-2\end{pmatrix}.$$

由行阶梯形矩阵可知，$r(\boldsymbol{A})=3<4$，可知方程组有非零解. 将行阶梯形矩阵进一步化为行最简形阵：

$$\boldsymbol{A}=\begin{pmatrix}1&1&0&0\\2&1&1&2\\5&3&2&2\end{pmatrix}\longrightarrow\begin{pmatrix}1&1&0&0\\0&-1&1&2\\0&0&0&-2\end{pmatrix}\longrightarrow\begin{pmatrix}1&0&1&0\\0&1&-1&0\\0&0&0&1\end{pmatrix}.$$

由行最简形阵得到同解方程组

$$\begin{cases}x_1=-x_3\\x_2=x_3\\x_4=0\end{cases}$$

设 x_3 为自由变量，令 $x_3=c$，可得方程组的通解为$(-c,c,c,0)^{\mathrm{T}}$，c 为任意常数.

(2) 对系数矩阵施行初等行变换，化为行阶梯形矩阵：

$$\boldsymbol{A}=\begin{pmatrix}1&1&1&1\\2&2&1&3\\1&1&2&0\end{pmatrix}\xrightarrow[r_3-r_1]{r_2-2r_1}\begin{pmatrix}1&1&1&1\\0&0&-1&1\\0&0&1&-1\end{pmatrix}\xrightarrow{r_3+r_2}\begin{pmatrix}1&1&1&1\\0&0&-1&1\\0&0&0&0\end{pmatrix}$$

由行阶梯形矩阵可知，$r(\boldsymbol{A})=2<4$，可知方程组有非零解. 将行阶梯形矩阵进一步化为行

最简形阵：

$$\boldsymbol{A}=\begin{pmatrix}1&1&1&1\\2&2&1&3\\1&1&2&0\end{pmatrix}\longrightarrow\begin{pmatrix}1&1&1&1\\0&0&-1&1\\0&0&0&0\end{pmatrix}\xrightarrow[r_2\times(-1)]{r_1+r_2}\begin{pmatrix}1&1&0&2\\0&0&1&-1\\0&0&0&0\end{pmatrix}$$

由行最简形阵得到同解方程组

$$\begin{cases}x_1=-x_2-2x_4\\x_3=x_4\end{cases}.$$

设为 x_2,x_4 自由变量，令 $x_2=c_1,x_4=c_2$，可得方程组的通解为 $(-c_1,c_1,0,0)^{\mathrm{T}}+(-2c_2,0,c_2,c_2)^{\mathrm{T}}$，$c_1,c_2$ 为任意常数.

5. 试问线性方程组

$$\begin{cases}x_1+x_2+x_3=0\\x_1+2x_2+x_3=0\\x_1+x_2+\lambda x_3=0\end{cases}$$

当 λ 取何值时有非零解？

解：方程组为齐次线性方程组，对其系数矩阵进行初等变换，化成阶梯形矩阵

$$\boldsymbol{A}=\begin{pmatrix}1&1&1\\1&2&1\\1&1&\lambda\end{pmatrix}\rightarrow\begin{pmatrix}1&1&1\\0&1&0\\0&0&\lambda-1\end{pmatrix},$$

当 $\lambda-1=0$，即 $\lambda=1$ 时，$r(\boldsymbol{A})=2<3$，由教材定理 3.2，该方程组有非零解.

6. 讨论线性方程组

$$\begin{cases}x_1+x_2+2x_3+3x_4=1\\x_1+3x_2+6x_3+x_4=3\\3x_1-x_2-px_3+15x_4=3\\x_1-5x_2-10x_3+12x_4=t\end{cases}$$

当 p,t 取何值时，方程组无解？有唯一解？有无穷多解？在方程组有无穷多解的情况下，求出全部解.

解：

$$\boldsymbol{B}=\begin{pmatrix}1&1&2&3&1\\1&3&6&1&3\\3&-1&-p&15&3\\1&-5&-10&12&t\end{pmatrix}\xrightarrow[r_4-r_1]{\substack{r_2-r_1\\r_3-3r_1}}\begin{pmatrix}1&1&12&3&1\\0&2&4&-2&2\\0&-4&-p-6&6&0\\0&-6&-12&9&t-1\end{pmatrix}$$

$$\xrightarrow[r_4+3r_2]{r_3+2r_2}\begin{pmatrix}1&1&2&3&1\\0&2&4&-2&2\\0&0&-p+2&2&4\\0&0&0&3&t+5\end{pmatrix}$$

当 $p\neq 2$ 时，$r(\boldsymbol{A})=r(\boldsymbol{B})=4$，方程组有唯一解；当 $p=2,t\neq 1$ 时，$r(\boldsymbol{A})\neq r(\boldsymbol{B})$，方程组无解；当 $p=2,t=1$ 时，$r(\boldsymbol{A})=r(\boldsymbol{B})=3<4$，方程组有无穷多解，且解为 $(0,-2c,c,0)^{\mathrm{T}}+(-8,3,0,2)^{\mathrm{T}}$，$c$ 为任意常数.

7. 三个工厂分别有 3 吨、2 吨和 1 吨产品要送到两个仓库储藏，两个仓库各能储藏产品 4 吨和 2 吨，用 x_{ij} 表示从第 i 各工厂送到第 j 个仓库的产品数($i=1,2,3,j=1,2$)，试列出 x_{ij} 所满足的关系式，并求出由此得到的线性方程组的解.

解：x_{ij} 所满足的关系式为

$$\begin{cases}x_{11}+x_{12}=3\\x_{21}+x_{22}=2\\x_{31}+x_{32}=1\\x_{11}+x_{21}+x_{31}=4\\x_{12}+x_{22}+x_{32}=2\\x_{11}+x_{12}+x_{21}+x_{22}+x_{31}+x_{32}=6\end{cases},$$

将其增广矩阵化为行最简形矩阵如下：

$$\boldsymbol{B}=\begin{pmatrix}1&1&0&0&0&0&3\\0&0&1&1&0&0&2\\0&0&0&0&1&1&1\\1&0&1&0&1&0&4\\0&1&0&1&0&1&2\\1&1&1&1&1&1&6\end{pmatrix}\rightarrow\begin{pmatrix}1&0&0&-1&0&-1&1\\0&1&0&1&0&1&2\\0&0&1&1&0&0&2\\0&0&0&0&1&1&1\\0&0&0&0&0&0&0\\0&0&0&0&0&0&0\end{pmatrix}$$

得到同解方程组

$$\begin{cases}x_{11}=x_{22}+x_{32}+1\\x_{12}=-x_{22}-x_{32}+2\\x_{21}=-x_{22}+2\\x_{31}=-x_{32}+1\end{cases}$$

取 x_{22},x_{32} 为自由变量，且令 $x_{22}=c_1,x_{32}=x_2$，得

$$\begin{pmatrix}x_{11}\\x_{12}\\x_{21}\\x_{22}\\x_{31}\\x_{32}\end{pmatrix}=\begin{pmatrix}1\\2\\2\\0\\1\\0\end{pmatrix}+\begin{pmatrix}c_1\\-c_1\\-c_1\\c_1\\0\\0\end{pmatrix}+\begin{pmatrix}c_2\\-c_2\\0\\0\\-c_2\\c_2\end{pmatrix},c_1c_2\text{ 为任意常数.}$$

习题 3.2

1. 设 $\boldsymbol{\alpha}_1=(2,-4,1,-1)^{\mathrm{T}},\boldsymbol{\alpha}_2=(-3,-1,2,-5/2)^{\mathrm{T}}$，且满足 $3\boldsymbol{\alpha}_1-2(\boldsymbol{\beta}+\boldsymbol{\alpha}_2)=\boldsymbol{0}$，求 $\boldsymbol{\beta}$.

解:$\boldsymbol{\beta}=\frac{1}{2}(3\boldsymbol{\alpha}_1-2\boldsymbol{\alpha}_2)=(6,-5,-1/2,1)^{\mathrm{T}}$.

2. 证明:向量 $\boldsymbol{\beta}=(-1,1,5)^{\mathrm{T}}$ 可由向量组 $\boldsymbol{\alpha}_1=(1,2,3)^{\mathrm{T}},\boldsymbol{\alpha}_2=(0,1,4)^{\mathrm{T}},\boldsymbol{\alpha}_3=(2,3,6)^{\mathrm{T}}$ 线性表示,并求出线性表示式.

解:对矩阵$(\boldsymbol{\alpha}_1,\boldsymbol{\alpha}_2,\boldsymbol{\alpha}_3,\boldsymbol{\beta})$施以初等行变换:

$$\begin{pmatrix}1&0&2&-1\\2&1&3&1\\3&4&6&5\end{pmatrix}\xrightarrow[r_3-3r_1]{r_2-2r_1}\begin{pmatrix}1&0&2&-1\\0&1&-1&3\\0&4&0&8\end{pmatrix}\xrightarrow[r_3\div 4]{r_3-4r_2}\begin{pmatrix}1&0&2&-1\\0&1&-1&3\\0&0&1&-1\end{pmatrix}\xrightarrow[r_1-2r_3]{r_2+r_3}\begin{pmatrix}1&0&0&1\\0&1&0&2\\0&0&1&-1\end{pmatrix}$$

由上可知 $r(\boldsymbol{\alpha}_1,\boldsymbol{\alpha}_2,\boldsymbol{\alpha}_3,\boldsymbol{\beta})=r(\boldsymbol{\alpha}_1,\boldsymbol{\alpha}_2,\boldsymbol{\alpha}_3)=3$,由教材定理3.3可知可 $\boldsymbol{\beta}$ 由 $\boldsymbol{\alpha}_1,\boldsymbol{\alpha}_2,\boldsymbol{\alpha}_3$ 线性表示,由行最简形矩阵可得线性表示式为 $\boldsymbol{\beta}=\boldsymbol{\alpha}_1+2\boldsymbol{\alpha}_2-\boldsymbol{\alpha}_3$.

3. 判断下列各组中的向量 $\boldsymbol{\beta}$ 是否可以表示为其余向量的线性组合,若可以,试求出其表示式.

(1) $\boldsymbol{\beta}=(4,5,6)^{\mathrm{T}},\boldsymbol{\alpha}_1=(1,2,-1)^{\mathrm{T}},\boldsymbol{\alpha}_2=(3,-3,2)^{\mathrm{T}},\boldsymbol{\alpha}_3=(-2,1,2)^{\mathrm{T}}$.

(2) $\boldsymbol{\beta}=(-1,1,3,1)^{\mathrm{T}},\boldsymbol{\alpha}_1=(1,2,1,1,)^{\mathrm{T}},\boldsymbol{\alpha}_2=(1,1,1,2)^{\mathrm{T}},\boldsymbol{\alpha}_3=(-3,-2,1,-3)^{\mathrm{T}}$.

(3) $\boldsymbol{\beta}=(11,7,5,9),\boldsymbol{\alpha}_1=(3,2,1,2),\boldsymbol{\alpha}_2=(1,1,1,1),\boldsymbol{\alpha}_3=(2,0,0,2)$.

解:(1) 对矩阵$(\boldsymbol{\alpha}_1,\boldsymbol{\alpha}_2,\boldsymbol{\alpha}_3,\boldsymbol{\beta})$施以初等行变换:

$$\begin{pmatrix}1&3&-2&4\\2&-3&1&5\\-1&2&2&6\end{pmatrix}\xrightarrow{\substack{r_2-2r_1\\r_3+r_1\\r_3\div 5}}\begin{pmatrix}1&3&-2&4\\0&-9&5&-3\\0&1&0&2\end{pmatrix}\xrightarrow{\substack{r_2+9r_3\\r_2\div 5\\r_2\leftrightarrow r_3}}\begin{pmatrix}1&3&-2&4\\0&1&0&2\\0&0&1&3\end{pmatrix}\xrightarrow[r_1-3r_2]{r_1+2r_3}\begin{pmatrix}1&0&0&4\\0&1&0&2\\0&0&1&3\end{pmatrix}$$

由上可知 $r(\boldsymbol{\alpha}_1,\boldsymbol{\alpha}_2,\boldsymbol{\alpha}_3,\boldsymbol{\beta})=r(\boldsymbol{\alpha}_1,\boldsymbol{\alpha}_2,\boldsymbol{\alpha}_3)=3$,由教材定理3.3可知 $\boldsymbol{\beta}$ 可由 $\boldsymbol{\alpha}_1,\boldsymbol{\alpha}_2,\boldsymbol{\alpha}_3$ 线性表示,由行最简形矩阵可得线性表示式为 $\boldsymbol{\beta}=4\boldsymbol{\alpha}_1+2\boldsymbol{\alpha}_2+3\boldsymbol{\alpha}_3$.

(2) 对矩阵$(\boldsymbol{\alpha}_1,\boldsymbol{\alpha}_2,\boldsymbol{\alpha}_3,\boldsymbol{\beta})$施以初等行变换:

$$\begin{pmatrix}1&1&-3&-1\\2&1&-2&1\\1&1&1&3\\1&2&-3&1\end{pmatrix}\xrightarrow{\substack{r_2-2r_1\\r_3-r_1\\r_4-r_1}}\begin{pmatrix}1&1&-3&-1\\0&-1&4&3\\0&0&4&4\\0&1&0&2\end{pmatrix}$$

$$\xrightarrow{r_4+r_2}\begin{pmatrix}1&1&-3&-1\\0&-1&4&3\\0&0&4&4\\0&0&4&5\end{pmatrix}\xrightarrow{r_4-r_3}\begin{pmatrix}1&1&-3&-1\\0&-1&4&3\\0&0&4&4\\0&0&0&1\end{pmatrix}$$

由上可知 $r(\boldsymbol{\alpha}_1,\boldsymbol{\alpha}_2,\boldsymbol{\alpha}_3,\boldsymbol{\beta})=4\neq r(\boldsymbol{\alpha}_1,\boldsymbol{\alpha}_2,\boldsymbol{\alpha}_3)=3$,由教材定理3.3可知 $\boldsymbol{\beta}$ 不可以由 $\boldsymbol{\alpha}_1,\boldsymbol{\alpha}_2,\boldsymbol{\alpha}_3$ 线性表示.

(3) 对矩阵$(\boldsymbol{\alpha}_1^{\mathrm{T}},\boldsymbol{\alpha}_2^{\mathrm{T}},\boldsymbol{\alpha}_3^{\mathrm{T}},\boldsymbol{\beta}^{\mathrm{T}})$施以初等行变换：

$$(\boldsymbol{\alpha}_1^{\mathrm{T}},\boldsymbol{\alpha}_2^{\mathrm{T}},\boldsymbol{\alpha}_3^{\mathrm{T}},\boldsymbol{\beta}^{T})=\begin{pmatrix}3&1&2&11\\2&1&0&7\\1&1&0&5\\2&1&2&9\end{pmatrix}\to\begin{pmatrix}1&0&0&2\\0&1&0&3\\0&0&1&1\\0&0&0&0\end{pmatrix}$$

由上可知$r(\boldsymbol{\alpha}_1^{\mathrm{T}},\boldsymbol{\alpha}_2^{\mathrm{T}},\boldsymbol{\alpha}_3^{\mathrm{T}},\boldsymbol{\beta}^{\mathrm{T}})=r(\boldsymbol{\alpha}_1^{\mathrm{T}},\boldsymbol{\alpha}_2^{\mathrm{T}},\boldsymbol{\alpha}_3^{\mathrm{T}})=3$,由教材定理3.3可知$\boldsymbol{\beta}$可由$\boldsymbol{\alpha}_1,\boldsymbol{\alpha}_2,\boldsymbol{\alpha}_3$线性表示,由行最简形矩阵可得线性表示式为$\boldsymbol{\beta}=2\boldsymbol{\alpha}_1+3\boldsymbol{\alpha}_2+\boldsymbol{\alpha}_3$.

4. 设向量$\boldsymbol{\beta}=(1,2,-1)^{\mathrm{T}}$能由向量组$\boldsymbol{\alpha}_1=(1+k,1,1)^{\mathrm{T}},\boldsymbol{\alpha}_2=(1,1+k,1)^{\mathrm{T}},\boldsymbol{\alpha}_3=(1,1,k+1)^{\mathrm{T}}$唯一线性表示,求的$k$值.

解:由教材定理3.3的注(1)可知$\boldsymbol{\beta}$能由向量组$\boldsymbol{\alpha}_1,\boldsymbol{\alpha}_2,\boldsymbol{\alpha}_3$唯一线性表示的充分必要条件是线性方程组$x_1\boldsymbol{\alpha}_1+x_2\boldsymbol{\alpha}_2+x_3\boldsymbol{\alpha}_3=\boldsymbol{\beta}$有唯一解,即$r(\boldsymbol{\alpha}_1,\boldsymbol{\alpha}_2,\boldsymbol{\alpha}_3,\boldsymbol{\beta})=r(\boldsymbol{\alpha}_1,\boldsymbol{\alpha}_2,\boldsymbol{\alpha}_3)=3$,对矩阵$(\boldsymbol{\alpha}_1,\boldsymbol{\alpha}_2,\boldsymbol{\alpha}_3,\boldsymbol{\beta})$施以初等行变换:

$$\begin{pmatrix}1+k&1&1&1\\1&1+k&1&2\\1&1&1+k&-1\end{pmatrix}\xrightarrow[\substack{r_2-r_1\\r_3-(k+1)r_1}]{r_3\leftrightarrow r_1}\begin{pmatrix}1&1&1+k&-1\\0&k&-k&3\\0&-k&-k^2-2k&2+k\end{pmatrix}$$

$$\xrightarrow{r_3+r_2}\begin{pmatrix}1&1&1+k&-1\\0&k&-k&3\\0&0&-k(k+3)&5+k\end{pmatrix}$$

要使得$r(\boldsymbol{\alpha}_1,\boldsymbol{\alpha}_2,\boldsymbol{\alpha}_3,\boldsymbol{\beta})=r(\boldsymbol{\alpha}_1,\boldsymbol{\alpha}_2,\boldsymbol{\alpha}_3)=3$,则$-k(k+3)\neq0$,故$k\neq0$,且$k\neq-3$.

习题3.3

1. 已知$\boldsymbol{\alpha}_1=(1,1,1)^{\mathrm{T}},\boldsymbol{\alpha}_2=(0,2,5)^{\mathrm{T}},\boldsymbol{\alpha}_3=(2,4,7)^{\mathrm{T}}$,试讨论向量组$\boldsymbol{\alpha}_1,\boldsymbol{\alpha}_2,\boldsymbol{\alpha}_3$及$\boldsymbol{\alpha}_1,\boldsymbol{\alpha}_2$的线性相关性.

解:对矩阵$\boldsymbol{A}=(\boldsymbol{\alpha}_1,\boldsymbol{\alpha}_2,\boldsymbol{\alpha}_3)$施行行初等行变换,将其化为行阶梯形矩阵,即可同时看出矩阵$\boldsymbol{A}$和矩阵$\boldsymbol{B}=(\boldsymbol{\alpha}_1,\boldsymbol{\alpha}_2)$的秩,由教材定理3.6即可得出结论.

$$\boldsymbol{A}=\begin{pmatrix}1&0&2\\1&2&4\\1&5&7\end{pmatrix}\xrightarrow[r_3-r_2]{r_2-r_1}\begin{pmatrix}1&0&2\\0&2&2\\0&5&5\end{pmatrix}\xrightarrow{r_3-\frac{5}{2}r_2}\begin{pmatrix}1&0&2\\0&2&2\\0&0&0\end{pmatrix}$$

可见$r(\boldsymbol{A})=2,r(\boldsymbol{B})=2$,故向量$\boldsymbol{\alpha}_1,\boldsymbol{\alpha}_2,\boldsymbol{\alpha}_3$组线性相关,向量组$\boldsymbol{\alpha}_1,\boldsymbol{\alpha}_2$线性无关.

2. 判断下列向量组的线性相关性.

(1) $\boldsymbol{\alpha}_1=(3,-2,0)^{\mathrm{T}},\boldsymbol{\alpha}_2=(1,2,2)^{\mathrm{T}}$.

(2) $\boldsymbol{\alpha}_1=(1,1,1)^{\mathrm{T}},\boldsymbol{\alpha}_2=(0,2,5)^{\mathrm{T}},\boldsymbol{\alpha}_3=(1,3,6)^{\mathrm{T}}$.

(3) $\boldsymbol{\alpha}_1=(1,-1,2,4)^{\mathrm{T}},\boldsymbol{\alpha}_2=(0,3,1,2)^{\mathrm{T}},\boldsymbol{\alpha}_3=(3,0,7,14)^{\mathrm{T}}$.

(4) $\boldsymbol{\alpha}_1=(1,0,0,2,5)^{\mathrm{T}},\boldsymbol{\alpha}_2=(0,1,0,3,4)^{\mathrm{T}},\boldsymbol{\alpha}_3=(0,0,1,4,7)^{\mathrm{T}},\boldsymbol{\alpha}_4=(2,-3,4,11,12)^{\mathrm{T}}$.

解:(1) 因为 $\boldsymbol{\alpha}_1,\boldsymbol{\alpha}_2$ 对应的分量不成比例,所以 $\boldsymbol{\alpha}_1,\boldsymbol{\alpha}_2$ 线性无关.

(2) 向量个数等于维数,故可用行列式是否为零判断.因为

$$\begin{vmatrix} 1 & 0 & 1 \\ 1 & 2 & 3 \\ 1 & 5 & 6 \end{vmatrix}=0$$

所以 $\boldsymbol{\alpha}_1,\boldsymbol{\alpha}_2,\boldsymbol{\alpha}_3$ 线性相关.

(3) 对矩阵 $\boldsymbol{A}=(\boldsymbol{\alpha}_1,\boldsymbol{\alpha}_2,\boldsymbol{\alpha}_3)$ 施行初等行变换化为行阶梯形矩阵:

$$\boldsymbol{A}=\begin{pmatrix} 1 & 0 & 3 \\ -1 & 3 & 0 \\ 2 & 1 & 7 \\ 4 & 2 & 14 \end{pmatrix}\xrightarrow[r_4-4r_1]{\substack{r_2+r_1 \\ r_2-2r_1}}\begin{pmatrix} 1 & 0 & 3 \\ 0 & 3 & 3 \\ 0 & 1 & 1 \\ 0 & 2 & 2 \end{pmatrix}\xrightarrow[r_2\leftrightarrow r_3]{\substack{r_2-3r_3 \\ r_4-2r_3}}\begin{pmatrix} 1 & 0 & 3 \\ 0 & 1 & 1 \\ 0 & 0 & 0 \\ 0 & 0 & 0 \end{pmatrix}$$

从而 $r(\boldsymbol{A})=2<3$,由教材定理 3.6 可知 $\boldsymbol{\alpha}_1,\boldsymbol{\alpha}_2,\boldsymbol{\alpha}_3$ 线性相关.

(4) 对矩阵 $\boldsymbol{A}=(\boldsymbol{\alpha}_1,\boldsymbol{\alpha}_2,\boldsymbol{\alpha}_3,\boldsymbol{\alpha}_4)$ 施行初等行变换化为行阶梯形矩阵:

$$\boldsymbol{A}=\begin{pmatrix} 1 & 0 & 0 & 2 \\ 0 & 1 & 0 & -3 \\ 0 & 0 & 1 & 4 \\ 2 & 3 & 4 & 11 \\ 5 & 4 & 7 & 12 \end{pmatrix}\xrightarrow{\substack{r_4-2r_1 \\ r_5-5r_1}}\begin{pmatrix} 1 & 0 & 0 & 2 \\ 0 & 1 & 0 & -3 \\ 0 & 0 & 1 & 4 \\ 0 & 3 & 4 & 7 \\ 0 & 4 & 7 & 2 \end{pmatrix}\xrightarrow{\substack{r_4-3r_2 \\ r_5-4r_2 \\ r_4\div 4 \\ r_5\div 7}}\begin{pmatrix} 1 & 0 & 0 & 2 \\ 0 & 1 & 0 & -3 \\ 0 & 0 & 1 & 4 \\ 0 & 0 & 1 & 4 \\ 0 & 0 & 1 & 2 \end{pmatrix}\xrightarrow{\substack{r_4-r_3 \\ r_5-r_3 \\ r_4\leftrightarrow r_5}}\begin{pmatrix} 1 & 0 & 0 & 2 \\ 0 & 1 & 0 & -3 \\ 0 & 0 & 1 & 4 \\ 0 & 0 & 0 & -2 \\ 0 & 0 & 0 & 0 \end{pmatrix}$$

从而 $r(\boldsymbol{A})=4$,由教材定理 3.6 可知 $\boldsymbol{\alpha}_1,\boldsymbol{\alpha}_2,\boldsymbol{\alpha}_3,\boldsymbol{\alpha}_4$ 线性无关.

3. 设向量组 $\boldsymbol{\alpha}_1,\boldsymbol{\alpha}_2,\boldsymbol{\alpha}_3$ 线性相关,向量组 $\boldsymbol{\alpha}_2,\boldsymbol{\alpha}_3,\boldsymbol{\alpha}_4$ 线性无关,证明

(1) $\boldsymbol{\alpha}_1$ 能由 $\boldsymbol{\alpha}_2,\boldsymbol{\alpha}_3$ 线性表示.

(2) $\boldsymbol{\alpha}_4$ 不能由 $\boldsymbol{\alpha}_1,\boldsymbol{\alpha}_2,\boldsymbol{\alpha}_3$ 线性表示.

证明:(1) 因 $\boldsymbol{\alpha}_2,\boldsymbol{\alpha}_3,\boldsymbol{\alpha}_4$ 线性无关,故 $\boldsymbol{\alpha}_2,\boldsymbol{\alpha}_3$ 线性无关,而 $\boldsymbol{\alpha}_1,\boldsymbol{\alpha}_2,\boldsymbol{\alpha}_3$ 线性相关,从而 $\boldsymbol{\alpha}_1$ 能由 $\boldsymbol{\alpha}_2,\boldsymbol{\alpha}_3$ 线性表示.

(2) 用反证法.假设 $\boldsymbol{\alpha}_4$ 能由 $\boldsymbol{\alpha}_1,\boldsymbol{\alpha}_2,\boldsymbol{\alpha}_3$ 线性表示,而由(1)知 $\boldsymbol{\alpha}_1$ 能由 $\boldsymbol{\alpha}_2,\boldsymbol{\alpha}_3$ 线性表示,因此 $\boldsymbol{\alpha}_4$ 能由 $\boldsymbol{\alpha}_2,\boldsymbol{\alpha}_3$ 表示,这与线性 $\boldsymbol{\alpha}_2,\boldsymbol{\alpha}_3,\boldsymbol{\alpha}_4$ 无关矛盾.证毕.

4. 设向量组 $\boldsymbol{\alpha}_1,\boldsymbol{\alpha}_2,\boldsymbol{\alpha}_3$ 线性无关,$\boldsymbol{\beta}_1=2\boldsymbol{\alpha}_1+3\boldsymbol{\alpha}_2$,$\boldsymbol{\beta}_2=\boldsymbol{\alpha}_2+4\boldsymbol{\alpha}_3$,$\boldsymbol{\beta}_3=\boldsymbol{\alpha}_1+5\boldsymbol{\alpha}_3$,试证向量组 $\boldsymbol{\beta}_1,\boldsymbol{\beta}_2,\boldsymbol{\beta}_3$ 也线性无关.

证明:由已知得 $(\boldsymbol{\beta}_1,\boldsymbol{\beta}_2,\boldsymbol{\beta}_3)=(\boldsymbol{\alpha}_1,\boldsymbol{\alpha}_2,\boldsymbol{\alpha}_3)\begin{pmatrix} 2 & 0 & 1 \\ 3 & 1 & 0 \\ 0 & 4 & 5 \end{pmatrix}$,记 $\boldsymbol{K}=\begin{pmatrix} 2 & 0 & 1 \\ 3 & 1 & 0 \\ 0 & 4 & 5 \end{pmatrix}$,容易计算 $|\boldsymbol{K}|=22\neq 0$,矩阵 $\boldsymbol{K}$ 可逆,从而 $r(\boldsymbol{\beta}_1,\boldsymbol{\beta}_2,\boldsymbol{\beta}_3)=r(\boldsymbol{\alpha}_1,\boldsymbol{\alpha}_2,\boldsymbol{\alpha}_3)$,由于 $\boldsymbol{\alpha}_1,\boldsymbol{\alpha}_2,\boldsymbol{\alpha}_3$ 线性无关,所以 $r(\boldsymbol{\beta}_1,\boldsymbol{\beta}_2,\boldsymbol{\beta}_3)=r(\boldsymbol{\alpha}_1,\boldsymbol{\alpha}_2,\boldsymbol{\alpha}_3)=3$,由教材定理 3.6 可知向量组 $\boldsymbol{\beta}_1,\boldsymbol{\beta}_2,\boldsymbol{\beta}_3$ 也线性无关.

5. 问 t 为何值时,向量组 $\boldsymbol{\alpha}_1=(t,-1,-1)^{\mathrm{T}}$,$\boldsymbol{\alpha}_2=(-1,t,-1)^{\mathrm{T}}$,$\boldsymbol{\alpha}_3=(-1,-1,t)^{\mathrm{T}}$ 线性相关?

解:向量个数等于维数,向量组线性相关,故行列式等于零,即

$$|\boldsymbol{\alpha}_1,\boldsymbol{\alpha}_2,\boldsymbol{\alpha}_3|=\begin{vmatrix} t & -1 & -1 \\ -1 & t & -1 \\ -1 & -1 & t \end{vmatrix}=(t-2)(t+1)^2=0,$$

所以当 $t=2$ 或 $t=-1$ 时,向量组线性相关.

6. 问 t 为何值时,向量 $\boldsymbol{\alpha}_1=(1,1,1)^{\mathrm{T}},\boldsymbol{\alpha}_2=(1,2,3)^{\mathrm{T}},\boldsymbol{\alpha}_3=(1,3,t)^{\mathrm{T}}$ 线性无关?

解:向量个数等于维数,向量组线性无关,故行列式不等于零,即

$$|\boldsymbol{\alpha}_1,\boldsymbol{\alpha}_2,\boldsymbol{\alpha}_3|=\begin{vmatrix} 1 & 1 & 1 \\ 1 & 2 & 3 \\ 1 & 3 & t \end{vmatrix}=t-5\neq 0,$$

所以当 $t\neq 5$ 时,向量组线性无关.

7. 设三维列向量组 $\boldsymbol{\alpha}_1,\boldsymbol{\alpha}_2,\boldsymbol{\alpha}_3$ 线性无关,$\boldsymbol{A}$ 是三阶矩阵,且有

$$\boldsymbol{A}\boldsymbol{\alpha}_1=\boldsymbol{\alpha}_1+2\boldsymbol{\alpha}_2+3\boldsymbol{\alpha}_3,\boldsymbol{A}\boldsymbol{\alpha}_2=2\boldsymbol{\alpha}_2+3\boldsymbol{\alpha}_3,\boldsymbol{A}\boldsymbol{\alpha}_3=3\boldsymbol{\alpha}_2-4\boldsymbol{\alpha}_3$$

试求 $|\boldsymbol{A}|$.

解:由已知得 $(\boldsymbol{A}\boldsymbol{\alpha}_1,\boldsymbol{A}\boldsymbol{\alpha}_2,\boldsymbol{A}\boldsymbol{\alpha}_3)=(\boldsymbol{\alpha}_1,\boldsymbol{\alpha}_2,\boldsymbol{\alpha}_3)\begin{pmatrix} 1 & 0 & 0 \\ 2 & 2 & 3 \\ 3 & 3 & -4 \end{pmatrix}$,两边取行列式有

$$|\boldsymbol{A}||\boldsymbol{\alpha}_1,\boldsymbol{\alpha}_2,\boldsymbol{\alpha}_3|=|\boldsymbol{\alpha}_1,\boldsymbol{\alpha}_2,\boldsymbol{\alpha}_3|\begin{vmatrix} 1 & 0 & 0 \\ 2 & 2 & 3 \\ 3 & 3 & -4 \end{vmatrix},$$

由于向量组 $\boldsymbol{\alpha}_1,\boldsymbol{\alpha}_2,\boldsymbol{\alpha}_3$ 线性无关,即 $|\boldsymbol{\alpha}_1,\boldsymbol{\alpha}_2,\boldsymbol{\alpha}_3|\neq 0$,所以有 $|\boldsymbol{A}|=\begin{vmatrix} 1 & 0 & 0 \\ 2 & 2 & 3 \\ 3 & 3 & -4 \end{vmatrix}=-17.$

习题 3.4

1. 设矩阵

$$\boldsymbol{A}=\begin{pmatrix} 2 & -1 & -1 & 1 & 2 \\ 1 & 1 & -2 & 1 & 4 \\ 4 & -6 & 2 & -2 & 4 \\ 3 & 6 & -9 & 7 & 9 \end{pmatrix},$$

求矩阵 $\boldsymbol{A}$ 的列向量组的一个极大无关组,并用极大无关组表示其余列向量.

解:对 $\boldsymbol{A}$ 施行初等行变换化为行阶梯形矩阵:

$$\boldsymbol{A}=\begin{pmatrix} 2 & -1 & -1 & 1 & 2 \\ 1 & 1 & -2 & 1 & 4 \\ 4 & -6 & 2 & -2 & 4 \\ 3 & 6 & -9 & 7 & 9 \end{pmatrix}\rightarrow\begin{pmatrix} 1 & 1 & -2 & 1 & 4 \\ 0 & 1 & -1 & 1 & 0 \\ 0 & 0 & 0 & 1 & -3 \\ 0 & 0 & 0 & 0 & 0 \end{pmatrix}\rightarrow\begin{pmatrix} 1 & 0 & -1 & 0 & 4 \\ 0 & 1 & -1 & 0 & 3 \\ 0 & 0 & 0 & 1 & -3 \\ 0 & 0 & 0 & 0 & 0 \end{pmatrix}$$

知 $r(\boldsymbol{A})=3$，故列向量组的极大无关组含 3 个向量，而三个非零行的非零首元在第 1,2,4 列，故 $\boldsymbol{\alpha}_1,\boldsymbol{\alpha}_2,\boldsymbol{\alpha}_4$ 为列向量组的一个极大无关组. 由 $\boldsymbol{A}$ 的行最简形矩阵，有 $\boldsymbol{\alpha}_3=-\boldsymbol{\alpha}_1-\boldsymbol{\alpha}_2$，$\boldsymbol{\alpha}_5=4\boldsymbol{\alpha}_1+3\boldsymbol{\alpha}_2-3\boldsymbol{\alpha}_4$.

2. 求下列向量组的秩与极大无关组，并用极大无关组表示其余向量.

(1) $\boldsymbol{\alpha}_1=(1,2,3,4)^{\mathrm{T}},\boldsymbol{\alpha}_2=(2,3,4,5)^{\mathrm{T}},\boldsymbol{\alpha}_3(3,4,5,6)^{\mathrm{T}},\boldsymbol{\alpha}_4=(4,5,6,7)^{\mathrm{T}}$.

(2) $\boldsymbol{\alpha}_1=(1,1,3,1)^{\mathrm{T}},\boldsymbol{\alpha}_2=(-1,1,-1,3)^{\mathrm{T}},\boldsymbol{\alpha}_3=(5,-2,8,-9)^{\mathrm{T}},\boldsymbol{\alpha}_4=(-1,3,1,7)^{\mathrm{T}}$.

(3) $\boldsymbol{\alpha}_1=(2,1,1,1)^{\mathrm{T}},\boldsymbol{\alpha}_2=(-1,1,7,10)^{\mathrm{T}},\boldsymbol{\alpha}_3=(3,1,-1,-2)^{\mathrm{T}},\boldsymbol{\alpha}_4=(8,5,9,11)^{\mathrm{T}}$.

解：(1) 对矩阵$(\boldsymbol{\alpha}_1,\boldsymbol{\alpha}_2,\boldsymbol{\alpha}_3,\boldsymbol{\alpha}_4)$施行初等行变换化为行阶梯形矩阵，进而再化为行最简形矩阵：

$$\begin{pmatrix}1&2&3&4\\2&3&4&5\\3&4&5&6\\4&5&6&7\end{pmatrix}\xrightarrow[r_2-r_1]{\substack{r_4-r_3\\r_3-r_2}}\begin{pmatrix}1&2&3&4\\1&1&1&1\\1&1&1&1\\1&1&1&1\end{pmatrix}\xrightarrow[r_2-r_1]{\substack{r_3-r_2\\r_4-r_2}}\begin{pmatrix}1&2&3&4\\0&-1&-2&-3\\0&0&0&0\\0&0&0&0\end{pmatrix}\xrightarrow[r_1-2r_2]{r_2\times(-1)}\begin{pmatrix}1&0&-1&-2\\0&1&2&3\\0&0&0&0\\0&0&0&0\end{pmatrix}$$

由最后一个矩阵可知：$r(\boldsymbol{\alpha}_1,\boldsymbol{\alpha}_2,\boldsymbol{\alpha}_3,\boldsymbol{\alpha}_4)=2$，$\boldsymbol{\alpha}_1,\boldsymbol{\alpha}_2$ 为一个极大无关组，且 $\boldsymbol{\alpha}_3=-\boldsymbol{\alpha}_1+2\boldsymbol{\alpha}_2$，$\boldsymbol{\alpha}_4=-2\boldsymbol{\alpha}_1+3\boldsymbol{\alpha}_2$.

(2) 对矩阵$(\boldsymbol{\alpha}_1,\boldsymbol{\alpha}_2,\boldsymbol{\alpha}_3,\boldsymbol{\alpha}_4)$施行初等行变换化为行阶梯形矩阵，进而再化为行最简形矩阵：

$$\begin{pmatrix}1&-1&5&-1\\1&1&-2&3\\3&-1&8&1\\1&3&-9&7\end{pmatrix}\xrightarrow[r_4-r_1]{\substack{r_2-r_1\\r_3-3r_1}}\begin{pmatrix}1&-1&5&-1\\0&2&-7&4\\0&2&-7&4\\0&4&-14&8\end{pmatrix}$$

$$\xrightarrow[r_4-2r_2]{r_3-r_2}\begin{pmatrix}1&-1&5&-1\\0&2&-7&4\\0&0&0&0\\0&0&0&0\end{pmatrix}\xrightarrow[r_1+r_2]{r_2\times\frac{1}{2}}\begin{pmatrix}1&0&3/2&1\\0&1&-7/2&2\\0&0&0&0\\0&0&0&0\end{pmatrix}$$

由最后一个矩阵可知：$r(\boldsymbol{\alpha}_1,\boldsymbol{\alpha}_2,\boldsymbol{\alpha}_3,\boldsymbol{\alpha}_4)=2$，$\boldsymbol{\alpha}_1,\boldsymbol{\alpha}_2$ 为一个极大无关组，且 $\boldsymbol{\alpha}_3=\dfrac{3}{2}\boldsymbol{\alpha}_1-\dfrac{7}{2}\boldsymbol{\alpha}_2$，$\boldsymbol{\alpha}_4=\boldsymbol{\alpha}_1+2\boldsymbol{\alpha}_2$.

(3) 对矩阵$(\boldsymbol{\alpha}_1,\boldsymbol{\alpha}_2,\boldsymbol{\alpha}_3,\boldsymbol{\alpha}_4)$施行初等行变换化为行阶梯形矩阵，进而再化为行最简形矩阵：

$$\begin{pmatrix}2&-1&3&8\\1&1&1&5\\1&7&-1&9\\1&10&-2&11\end{pmatrix}\xrightarrow[r_4-r_1]{\substack{r_2\leftrightarrow r_1\\r_2-2r_1\\r_3-r_1}}\begin{pmatrix}1&1&1&5\\0&-3&1&-2\\0&6&-2&4\\0&9&-3&6\end{pmatrix}$$

$$\xrightarrow[r_4+3r_2]{r_3+2r_2}\begin{pmatrix}1&1&1&5\\0&-3&1&-2\\0&0&0&0\\0&0&0&0\end{pmatrix}\xrightarrow[r_1-r_2]{r_2\times\left(-\frac{1}{3}\right)}\begin{pmatrix}1&0&4/3&13/3\\0&1&-1/3&2/3\\0&0&0&0\\0&0&0&0\end{pmatrix}$$

由最后一个矩阵可知：$r(\boldsymbol{\alpha}_1,\boldsymbol{\alpha}_2,\boldsymbol{\alpha}_3,\boldsymbol{\alpha}_4)=2$，$\boldsymbol{\alpha}_1,\boldsymbol{\alpha}_2$ 为一个极大无关组，且 $\boldsymbol{\alpha}_3=\frac{4}{3}\boldsymbol{\alpha}_1-\frac{1}{3}\boldsymbol{\alpha}_2$，$\boldsymbol{\alpha}_4=\frac{13}{3}\boldsymbol{\alpha}_1+\frac{2}{3}\boldsymbol{\alpha}$.

3. 设向量组

$$\boldsymbol{\alpha}_1=\begin{pmatrix}a\\3\\1\end{pmatrix},\boldsymbol{\alpha}_2=\begin{pmatrix}2\\b\\3\end{pmatrix},\boldsymbol{\alpha}_3=\begin{pmatrix}1\\2\\1\end{pmatrix},\boldsymbol{\alpha}_4=\begin{pmatrix}2\\3\\1\end{pmatrix}$$

的秩为 2，求 a,b.

解：对矩阵$(\boldsymbol{\alpha}_3,\boldsymbol{\alpha}_4,\boldsymbol{\alpha}_1,\boldsymbol{\alpha}_2)$施行初等行变换化为行阶梯形矩阵：

$$\begin{pmatrix}1&2&a&2\\2&3&3&b\\1&1&1&3\end{pmatrix}\xrightarrow[r_3-r_1]{r_2-2r_1}\begin{pmatrix}1&2&a&2\\0&-1&3-2a&b-4\\0&-1&1-a&1\end{pmatrix}\xrightarrow{r_3-r_2}\begin{pmatrix}1&2&a&2\\0&-1&3-2a&b-4\\0&0&a-2&5-b\end{pmatrix}$$

由最后一个矩阵可知，若 $r(\boldsymbol{\alpha}_1,\boldsymbol{\alpha}_2,\boldsymbol{\alpha}_3,\boldsymbol{\alpha}_4)=2$，则 $a=2,b=5$.

4. 求向量组

$\boldsymbol{\alpha}_1=(1,2,-1,1)^{\mathrm{T}},\boldsymbol{\alpha}_2=(2,0,t,0)^{\mathrm{T}},\boldsymbol{\alpha}_3=(0,-4,5,-2)^{\mathrm{T}},\boldsymbol{\alpha}_4=(3,-2,t+4,-1)^{\mathrm{T}}$

的秩和一个极大无关组.

解：向量的分量中含参数 t，向量组的秩和极大无关组与 t 的取值有关. 对下列矩阵作初等行变换：

$$(\boldsymbol{\alpha}_1,\boldsymbol{\alpha}_2,\boldsymbol{\alpha}_3,\boldsymbol{\alpha}_4)=\begin{pmatrix}1&2&0&3\\2&0&-4&-2\\-1&t&5&t+4\\1&0&-2&-1\end{pmatrix}\to\begin{pmatrix}1&2&0&3\\0&-4&-4&-8\\0&t+2&5&t+7\\0&-2&-2&-4\end{pmatrix}\to\begin{pmatrix}1&2&0&3\\0&1&1&2\\0&0&3-t&3-t\\0&0&0&0\end{pmatrix}$$

(1) $t=3$ 时，则 $r(\boldsymbol{\alpha}_1,\boldsymbol{\alpha}_2,\boldsymbol{\alpha}_3,\boldsymbol{\alpha}_4)=2$，且 $\boldsymbol{\alpha}_1,\boldsymbol{\alpha}_2$ 是极大无关组.

(2) $t\neq3$ 时，则 $r(\boldsymbol{\alpha}_1,\boldsymbol{\alpha}_2,\boldsymbol{\alpha}_3,\boldsymbol{\alpha}_4)=3$，且 $\boldsymbol{\alpha}_1,\boldsymbol{\alpha}_2,\boldsymbol{\alpha}_3$ 是极大无关组.

5. 设向量组 $\boldsymbol{B}$ 能由向量组 $\boldsymbol{A}$ 线性表示，且它们的秩相等，证明向量组 $\boldsymbol{A}$ 与向量组 $\boldsymbol{B}$ 等价.

证明：设向量组 $\boldsymbol{A}$ 和 $\boldsymbol{B}$ 的秩都为 s. 因 $\boldsymbol{B}$ 组能由 $\boldsymbol{A}$ 组线性表示，故 $\boldsymbol{A}$ 组和 $\boldsymbol{B}$ 组合并而成的向量组$(\boldsymbol{A},\boldsymbol{B})$能由 $\boldsymbol{A}$ 组线性表示. 而 $\boldsymbol{A}$ 组是$(\boldsymbol{A},\boldsymbol{B})$组的部分组，故 $\boldsymbol{A}$ 组总能由$(\boldsymbol{A},\boldsymbol{B})$组线性表示. 所以$(\boldsymbol{A},\boldsymbol{B})$组与 $\boldsymbol{A}$ 组等价，因此$(\boldsymbol{A},\boldsymbol{B})$组的秩也为 s.

又因 $\boldsymbol{B}$ 组的秩也为 s，故 $\boldsymbol{B}$ 组的极大无关组 $\boldsymbol{B}_0$ 含 s 个向量，因此 $\boldsymbol{B}_0$ 组也是$(\boldsymbol{A},\boldsymbol{B})$组

的极大无关组，从而$(\boldsymbol{A},\boldsymbol{B})$组与$\boldsymbol{B}_0$组等价，由$\boldsymbol{A}$组与$(\boldsymbol{A},\boldsymbol{B})$组等价，$(\boldsymbol{A},\boldsymbol{B})$与$\boldsymbol{B}_0$等价，推知$\boldsymbol{A}$组与$\boldsymbol{B}$组等价.

6. 设$\boldsymbol{A}_{m\times n}$及$\boldsymbol{B}_{n\times s}$为两个矩阵，证明：$\boldsymbol{A}$与$\boldsymbol{B}$乘积的秩不大于$\boldsymbol{A}$的秩和$\boldsymbol{B}$的秩，即$r(\boldsymbol{AB})\leqslant\min(r(\boldsymbol{A}),r(\boldsymbol{B}))$.

证明：设$\boldsymbol{A}=(a_{ij})_{m\times n}=(\boldsymbol{\alpha}_1,\boldsymbol{\alpha}_2,\cdots,\boldsymbol{\alpha}_n)$，$\boldsymbol{B}=(b_{ij})_{n\times s}$，$\boldsymbol{AB}=\boldsymbol{C}=(c_{ij})_{m\times s}=(\boldsymbol{\gamma}_1,\boldsymbol{\gamma}_2,\cdots,\boldsymbol{\gamma}_s)$ 即

$$(\boldsymbol{\gamma}_1,\boldsymbol{\gamma}_2,\cdots,\boldsymbol{\gamma}_s)=(\boldsymbol{\alpha}_1,\boldsymbol{\alpha}_2,\cdots,\boldsymbol{\alpha}_n)\begin{pmatrix} b_{11} & \cdots & b_{1j} & \cdots & b_{1s} \\ b_{21} & \cdots & b_{2j} & \cdots & b_{2s} \\ \vdots & \vdots & \vdots & \vdots & \vdots \\ b_{n1} & \cdots & b_{nj} & \cdots & b_{ns} \end{pmatrix}$$

因此有$\boldsymbol{\gamma}_j=b_{1j}\boldsymbol{\alpha}_1+b_{2j}\boldsymbol{\alpha}_2+\cdots+b_{nj}\boldsymbol{\alpha}_n(j=1,2,\cdots,s)$，即$\boldsymbol{AB}$的列向量组$\boldsymbol{\gamma}_1,\boldsymbol{\gamma}_2,\cdots,\boldsymbol{\gamma}_s$可由$\boldsymbol{A}$的列向量组$\boldsymbol{\alpha}_1,\boldsymbol{\alpha}_2,\cdots,\boldsymbol{\alpha}_n$线性表示，故$\boldsymbol{\gamma}_1,\boldsymbol{\gamma}_2,\cdots,\boldsymbol{\gamma}_s$的极大无关组可由$\boldsymbol{\alpha}_1,\boldsymbol{\alpha}_2,\cdots,\boldsymbol{\alpha}_n$的极大无关组线性表示，所以$r(\boldsymbol{AB})\leqslant r(\boldsymbol{A})$. 类似地，设

$$\boldsymbol{B}=(b_{ij})_{n\times s}=\begin{pmatrix} \boldsymbol{\beta}_1 \\ \boldsymbol{\beta}_2 \\ \vdots \\ \boldsymbol{\beta}_n \end{pmatrix}$$

可以证明：$r(\boldsymbol{AB})\leqslant r(\boldsymbol{B})$，因此，$r(\boldsymbol{AB})\leqslant\min(r(\boldsymbol{A}),r(\boldsymbol{B}))$.

习题 3.5

1. 求下列齐次线性方程组的一个基础解系.

(1) $\begin{cases} x_1+x_2+2x_3-x_4=0 \\ 2x_1+x_2+x_3-x_4=0 \\ 2x_1+2x_2+x_3+2x_4=0 \end{cases}$　　(2) $\begin{cases} 2x_1+x_2-x_3+x_4=0 \\ 4x_1+2x_2-2x_3+x_4=0 \\ 2x_1+x_2-x_3-x_4=0 \end{cases}$

解：(1) $\boldsymbol{A}=\begin{pmatrix} 1 & 1 & 2 & -1 \\ 2 & 1 & 1 & -1 \\ 2 & 2 & 1 & 2 \end{pmatrix}\to\begin{pmatrix} 1 & 1 & 2 & -1 \\ 0 & -1 & -3 & 1 \\ 0 & 0 & -3 & 4 \end{pmatrix}\to\begin{pmatrix} 1 & 0 & -1 & 0 \\ 0 & 1 & 3 & -1 \\ 0 & 0 & 1 & -4/3 \end{pmatrix}$

取自由未知量$x_4=1$，得齐次线性方程组的一个基础解系为：$\boldsymbol{\xi}=(4/3,-3,4/3,1)^{\mathrm{T}}$.

(2) $\boldsymbol{A}=\begin{pmatrix} 2 & 1 & -1 & 1 \\ 4 & 2 & -2 & 1 \\ 2 & 1 & -1 & -1 \end{pmatrix}\to\begin{pmatrix} 2 & 1 & -1 & 1 \\ 0 & 0 & 0 & 1 \\ 0 & 0 & 0 & 0 \end{pmatrix}$

取自由未知量为x_2，x_3分别为$\begin{pmatrix} 1 \\ 0 \end{pmatrix}$和$\begin{pmatrix} 0 \\ 1 \end{pmatrix}$，得到方程组的一个基础解系为：$\xi_1=$

$(-1/2,1,0,0)^{\mathrm{T}}$ 和 $\xi_2=(1/2,0,1,0)^{\mathrm{T}}$.

2. 求下列非齐次线性方程组的解,用其导出组的基础解系表示其通解.

(1) $\begin{cases} x_1+3x_2+3x_3-2x_4+x_5=3 \\ 2x_1+6x_2+x_3-3x_4=2 \\ x_1+3x_2-2x_3-x_4-x_5=-1 \\ 3x_1+9x_2+4x_3-5x_4+x_5=5 \end{cases}$　(2) $\begin{cases} 2x+3y+z=4 \\ x-2y+4z=-5 \\ 3x+8y-2z=13 \\ 4x-y+9z=-6 \end{cases}$

解:(1) $$\boldsymbol{B}=\begin{pmatrix} 1 & 3 & 3 & -2 & 1 & 3 \\ 2 & 6 & 1 & -3 & 0 & 2 \\ 1 & 3 & -2 & -1 & -1 & -1 \\ 3 & 9 & 4 & -5 & 1 & 5 \end{pmatrix} \to \begin{pmatrix} 1 & 3 & 3 & -2 & 1 & 3 \\ 0 & 0 & -5 & 1 & -2 & -4 \\ 0 & 0 & 0 & 0 & 0 & 0 \\ 0 & 0 & 0 & 0 & 0 & 0 \end{pmatrix}$$

原方程组的一个特解:$\boldsymbol{\eta}=\left(\frac{3}{5},0,\frac{4}{5},0,0\right)^{\mathrm{T}}$,导出组的基础解系为:

$$\boldsymbol{\xi}_1=(-3,1,0,0,0)^{\mathrm{T}},\boldsymbol{\xi}_2=\left(\frac{7}{5},0,\frac{1}{5},1,0\right)^{\mathrm{T}},\boldsymbol{\xi}_3=\left(\frac{1}{5},0,-\frac{2}{5},0,1\right)^{\mathrm{T}}$$

原方程组的全部解为:$x=c_1\boldsymbol{\xi}_1+c_2\boldsymbol{\xi}_2+c_3\boldsymbol{\xi}_3+\boldsymbol{\eta}$.

(2) $$\boldsymbol{B}=\begin{pmatrix} 2 & 3 & 1 & 4 \\ 1 & -2 & 4 & -5 \\ 3 & 8 & -2 & 13 \\ 4 & -1 & 9 & -6 \end{pmatrix} \to \begin{pmatrix} 1 & -2 & 4 & -5 \\ 2 & 3 & 1 & 4 \\ 3 & 8 & -2 & 13 \\ 4 & -1 & 9 & -6 \end{pmatrix} \to \begin{pmatrix} 1 & 0 & 2 & -1 \\ 0 & 1 & -1 & 2 \\ 0 & 0 & 0 & 0 \\ 0 & 0 & 0 & 0 \end{pmatrix}$$

特解:$\boldsymbol{\eta}=(-1,2,0)^{\mathrm{T}}$ 和基础解系:$\boldsymbol{\xi}=(-2,1,1)^{\mathrm{T}}$. 即得方程组的全部解为:$\boldsymbol{x}=c\boldsymbol{\xi}+\boldsymbol{\eta}$.

3. 已知 $\boldsymbol{\eta}_1,\boldsymbol{\eta}_2,\boldsymbol{\eta}_3$ 是齐次线性方程组 $\boldsymbol{Ax}=\boldsymbol{0}$ 的一个基础解系,证明 $\boldsymbol{\eta}_1,\boldsymbol{\eta}_1+\boldsymbol{\eta}_2,\boldsymbol{\eta}_1+\boldsymbol{\eta}_2+\boldsymbol{\eta}_3$ 也是齐次线性方程组 $\boldsymbol{Ax}=\boldsymbol{0}$ 的一个基础解系.

证明:由已知可得,齐次线性方程组 $\boldsymbol{Ax}=\boldsymbol{0}$ 的基础解系含有 3 个解向量,并且由齐次线性方程组解的性质可知 $\boldsymbol{\eta}_1,\boldsymbol{\eta}_1+\boldsymbol{\eta}_2,\boldsymbol{\eta}_1+\boldsymbol{\eta}_2+\boldsymbol{\eta}_3$ 都是 $\boldsymbol{Ax}=\boldsymbol{0}$ 的解. 因此只要证明 $\boldsymbol{\eta}_1,\boldsymbol{\eta}_1+\boldsymbol{\eta}_2,\boldsymbol{\eta}_1+\boldsymbol{\eta}_2+\boldsymbol{\eta}_3$ 线性无关即可. 设存在数 k_1,k_2,k_3 使

$$k_1\boldsymbol{\eta}_1+k_2(\boldsymbol{\eta}_1+\boldsymbol{\eta}_2)+k_3(\boldsymbol{\eta}_1+\boldsymbol{\eta}_2+\boldsymbol{\eta}_3)=0$$

成立. 整理得:

$$(k_1+k_2+k_3)\boldsymbol{\eta}_1+(k_2+k_3)\boldsymbol{\eta}_2+k_3\boldsymbol{\eta}_3=0.$$

已知 $\boldsymbol{\eta}_1,\boldsymbol{\eta}_2,\boldsymbol{\eta}_3$ 是齐次线性方程组 $\boldsymbol{Ax}=\boldsymbol{0}$ 的一个基础解系,即得 $\boldsymbol{\eta}_1,\boldsymbol{\eta}_2,\boldsymbol{\eta}_3$ 线性无关,则由上式得

$$\begin{cases} k_1+k_2+k_3=0 \\ k_2+k_3=0 \\ k_3=0 \end{cases}$$

解得:$k_1=k_2=k_3=0$ 所以 $\boldsymbol{\eta}_1,\boldsymbol{\eta}_1+\boldsymbol{\eta}_2,\boldsymbol{\eta}_1+\boldsymbol{\eta}_2+\boldsymbol{\eta}_3$ 线性无关. 即 $\boldsymbol{\eta}_1,\boldsymbol{\eta}_1+\boldsymbol{\eta}_2,\boldsymbol{\eta}_1+\boldsymbol{\eta}_2+\boldsymbol{\eta}_3$ 也是齐次线性方程组 $\boldsymbol{Ax}=\boldsymbol{0}$ 的一个基础解系.

4. 设矩阵 $\boldsymbol{A}=(a_{ij})_{m\times n}$，$\boldsymbol{B}=(b_{ij})_{n\times s}$，证明 $\boldsymbol{AB}=\boldsymbol{O}$ 的充分必要条件是矩阵 $\boldsymbol{B}$ 的每个列向量都是齐次方程组 $\boldsymbol{Ax}=\boldsymbol{0}$ 的解.

证明：把矩阵 $\boldsymbol{B}$ 按列分块 $\boldsymbol{B}=(\boldsymbol{B}_1,\boldsymbol{B}_2,\cdots,\boldsymbol{B}_s)$，其中 $\boldsymbol{B}_i$ 是矩阵 $\boldsymbol{B}$ 的第 i 列向量($i=1,2,\cdots,s$)，零矩阵也按列分块 $\boldsymbol{O}_{m\times s}=(\boldsymbol{O}_1,\boldsymbol{O}_2,\cdots,\boldsymbol{O}_s)$，则 $\boldsymbol{AB}=(\boldsymbol{AB}_1,\boldsymbol{AB}_2,\cdots,\boldsymbol{AB}_s)$.

必要性：$\boldsymbol{AB}=\boldsymbol{O}$ 可得 $\boldsymbol{AB}_i=\boldsymbol{O}_i(i=1,2,\cdots,s)$，即 $\boldsymbol{B}_i$ 是齐次方程组 $\boldsymbol{Ax}=\boldsymbol{0}$ 的解.

充分性：矩阵 $\boldsymbol{B}$ 的每一列向量都是齐次方程组 $\boldsymbol{Ax}=\boldsymbol{0}$ 的解，即有

$$\boldsymbol{AB}_i=\boldsymbol{O}_i,(i=1,2,\cdots,s)$$

得 $\boldsymbol{AB}=(\boldsymbol{AB}_1,\boldsymbol{AB}_2,\cdots,\boldsymbol{AB}_s)=(\boldsymbol{O}_1,\boldsymbol{O}_2,\cdots,\boldsymbol{O}_s$，即证.

5. 设 $\boldsymbol{\eta}_1,\boldsymbol{\eta}_2,\boldsymbol{\eta}_3$ 是四元非齐次线性方程组 $\boldsymbol{Ax}=\boldsymbol{b}$ 的三个解向量，且矩阵 $\boldsymbol{A}$ 的秩为 3，$\boldsymbol{\eta}_1=(1,2,3,4)^{\mathrm{T}}$，$\boldsymbol{\eta}_2+\boldsymbol{\eta}_3=(0,1,2,3)^{\mathrm{T}}$，求 $\boldsymbol{Ax}=\boldsymbol{b}$ 的解.

解：因为 $\boldsymbol{A}$ 的秩为 3，则 $\boldsymbol{Ax}=\boldsymbol{0}$ 的基础解系含有 $4-3=1$ 个解向量. 由线性方程组解的性质得：$\boldsymbol{\eta}_2+\boldsymbol{\eta}_3-2\boldsymbol{\eta}_1=(\boldsymbol{\eta}_2-\boldsymbol{\eta}_1)+(\boldsymbol{\eta}_3-\boldsymbol{\eta}_1)$ 是 $\boldsymbol{Ax}=\boldsymbol{0}$ 的解，则解得 $\boldsymbol{Ax}=\boldsymbol{0}$ 的一个非零解为：

$$\boldsymbol{\eta}_2+\boldsymbol{\eta}_3-2\boldsymbol{\eta}_1=(-2,-3,-4,-5)^{\mathrm{T}}.$$

由此可得 $\boldsymbol{Ax}=\boldsymbol{b}$ 的通解为：$(1,2,3,4)^{\mathrm{T}}+c(2,3,4,5)^{\mathrm{T}}$.

第四章　相似矩阵

一、本章内容综述

(一) 本章知识结构网络

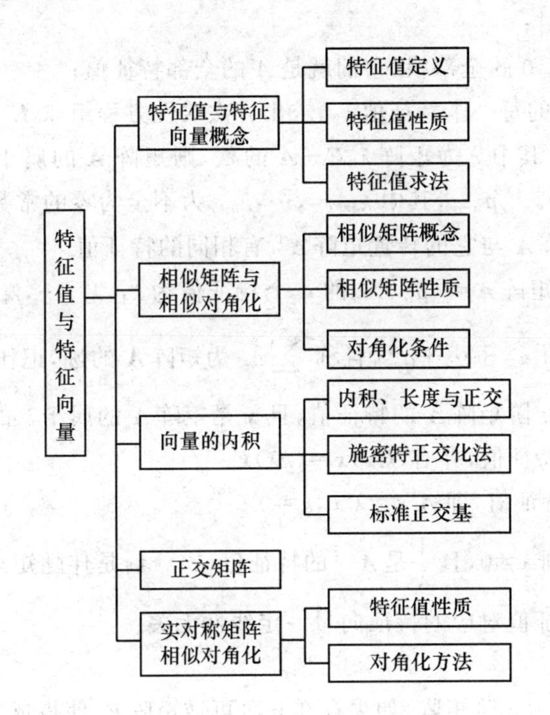

(二) 本章教学基本要求

本章主要讨论了方阵的特征值与特征向量及方阵的对角化的理论和方法，介绍了相似矩阵的概念及其性质，阐述了方阵可对角化的充分必要条件，给出了正交向量组与正交矩阵的概念和性质，并讨论了求一个正交向量组的施密特正交化方法，这些内容在线性代数体系中占有重要地位. 通过本章的学习，学生应该达到以下基本要求：

1. 熟练掌握和理解矩阵的特征值与特征向量的概念与性质，会求矩阵的特征值与特征向量.

2. 理解相似矩阵的概念和性质,掌握矩阵可相似对角化的充分必要条件,熟练掌握求相似变换矩阵的方法,并化矩阵为相似对角矩阵.

3. 理解正交向量组与正交矩阵的概念及性质,掌握施密特单位正交化方法.

4. 熟练掌握用正交变换化实对称矩阵为对角矩阵的方法.

(三) 本章内容提要

1. 方阵的特征值与特征向量

定义1 设$\boldsymbol{A}$为n阶方阵,λ是一个数,如果存在非零n维向量$\boldsymbol{x}$,使得:$\boldsymbol{A}\boldsymbol{x}=\lambda\boldsymbol{x}$,则称$\lambda$是方阵$\boldsymbol{A}$的一个**特征值**,非零向量$\boldsymbol{x}$为矩阵$\boldsymbol{A}$的属于(或对应于)特征值$\lambda$的**特征向量**.

求法:求方阵$\boldsymbol{A}$的特征值及特征向量的步骤如下。

(1) 计算$|\lambda\boldsymbol{E}-\boldsymbol{A}|$;

(2) 求$|\lambda\boldsymbol{E}-\boldsymbol{A}|=0$的全部根,它们就是$\boldsymbol{A}$的全部特征值;

(3) 对于矩阵$\boldsymbol{A}$的每一个特征值λ_0,求出齐次线性方程组$(\lambda_0\boldsymbol{E}-\boldsymbol{A})\boldsymbol{x}=\boldsymbol{0}$的一个基础解系:$\boldsymbol{p}_1,\boldsymbol{p}_2,\cdots,\boldsymbol{p}_{n-r}$,其中$r$为矩阵$\lambda_0\boldsymbol{E}-\boldsymbol{A}$的秩,则矩阵$\boldsymbol{A}$的属于$\lambda_0$的全部特征向量为:$k_1\boldsymbol{p}_1+k_2\boldsymbol{p}_2+\cdots+k_{n-r}\boldsymbol{p}_{n-r}$,其中$k_1,k_2,\cdots,k_{n-r}$为不全为零的常数.

定理1 n阶矩阵$\boldsymbol{A}$与它的转置矩阵$\boldsymbol{A}^{\mathrm{T}}$有相同的特征值.

定理2 设n阶矩阵$\boldsymbol{A}=(a_{ij})_{n\times n}$的$n$个特征值为$\lambda_1,\lambda_2,\cdots,\lambda_n$,则$\lambda_1\lambda_2\cdots\lambda_n=|\boldsymbol{A}|$,

$\lambda_1+\lambda_2+\cdots+\lambda_n=a_{11}+a_{22}+\cdots+a_{nn}$,且称$\sum\limits_{i=1}^{n}a_{ii}$为矩阵$\boldsymbol{A}$的迹,记作$tr(\boldsymbol{A})$.

定理3 设λ是n阶矩阵$\boldsymbol{A}$的特征值,且$\boldsymbol{x}$是矩阵$\boldsymbol{A}$的属于λ的特征向量,则有

(1) $k\lambda$是$k\boldsymbol{A}$的特征值,并有$(k\boldsymbol{A})\boldsymbol{x}=(k\lambda)\boldsymbol{x}$.

(2) λ^k是$\boldsymbol{A}^k$的特征值,即$\boldsymbol{A}^k\boldsymbol{x}=\lambda^k\boldsymbol{x}$,$k\neq0$.

(3) 若$\boldsymbol{A}$可逆,则$\lambda\neq0$,且$\dfrac{1}{\lambda}$是$\boldsymbol{A}^{-1}$的特征值,$\lambda^{-1}|\boldsymbol{A}|$是伴随矩阵$\boldsymbol{A}^*$的特征值.

定理4 不同特征值对应的特征向量一定线性无关.

2. 相似矩阵

定义2 设$\boldsymbol{A},\boldsymbol{B}$为$n$阶矩阵,如果存在$n$阶可逆矩阵$\boldsymbol{P}$,使得成立$\boldsymbol{P}^{-1}\boldsymbol{A}\boldsymbol{P}=\boldsymbol{B}$,则称矩阵$\boldsymbol{A}$与$\boldsymbol{B}$相似,记作$\boldsymbol{A}\sim\boldsymbol{B}$.

相似矩阵有下列基本性质:

(1) 反身性:$\boldsymbol{A}\sim\boldsymbol{A}$.

(2) 对称性:若$\boldsymbol{A}\sim\boldsymbol{B}$,则$\boldsymbol{B}\sim\boldsymbol{A}$.

(3) 传递性:若$\boldsymbol{A}\sim\boldsymbol{B}$,$\boldsymbol{B}\sim\boldsymbol{C}$,则$\boldsymbol{A}\sim\boldsymbol{C}$.

其中,$\boldsymbol{A},\boldsymbol{B},\boldsymbol{C}$都是$n$阶方阵.

相似矩阵的性质：

定理 5　若矩阵 $\boldsymbol{A}$ 与 $\boldsymbol{B}$ 相似，则

(1) $\boldsymbol{A}$ 与 $\boldsymbol{B}$ 有相同的特征多项式和特征值.

(2) $\boldsymbol{A}$ 与 $\boldsymbol{B}$ 的行列式相等，即 $|\boldsymbol{A}|=|\boldsymbol{B}|$.

(3) $\boldsymbol{A}$ 与 $\boldsymbol{B}$ 的秩相等，即 $r(\boldsymbol{A})=r(\boldsymbol{B})$.

(4) 矩阵 $\boldsymbol{A}^m$ 与 $\boldsymbol{B}^m$ 相似，其中 m 为正整数.

3. 一般矩阵的对角化

定义 3　若方阵 $\boldsymbol{A}$ 可以和某个对角矩阵相似，则称矩阵 $\boldsymbol{A}$ 可对角化.

可对角化条件：

定理 6　n 阶矩阵 $\boldsymbol{A}$ 相似于对角阵的充分必要条件是 $\boldsymbol{A}$ 有 n 个线性无关的特征向量.

定理 7　若 n 阶矩阵 $\boldsymbol{A}$ 有 n 个相异的特征值 $\lambda_1,\lambda_2,\cdots,\lambda_n$，则矩阵 $\boldsymbol{A}$ 一定可对角化.

定理 8　n 阶矩阵 $\boldsymbol{A}$ 可对角化的充分必要条件是 $\boldsymbol{A}$ 的 k 重特征值有 k 个线性无关的特征向量.

n 阶矩阵 $\boldsymbol{A}$ 对角化的方法如下：

(1) 求 $\boldsymbol{A}$ 的特征值，求出 n 阶矩阵 $\boldsymbol{A}$ 的所有不同特征值 $\lambda_1,\lambda_2,\cdots,\lambda_m$，它们的重数分别为 $n_1,n_2,\cdots,n_m$.

(2) 求 $\boldsymbol{A}$ 的特征向量. 对每个特征值 λ_i，$i=1,2,\cdots,m$，求出齐次线性方程组 $(\lambda_i\boldsymbol{E}-\boldsymbol{A})\boldsymbol{x}=\boldsymbol{0}$ 的一个基础解系，设为 $\boldsymbol{p}_{i1},\boldsymbol{p}_{i2},\cdots,\boldsymbol{p}_{is_i}$ $(i=1,2,\cdots,m)$.

(3) 判别 $\boldsymbol{A}$ 是否可对角化，若 $\boldsymbol{A}$ 的 n_i 重特征值 λ_i，对应的有 $n_i(s_i=n_i)$ 个线性无关的特征向量，则 $\boldsymbol{A}$ 可对角化；否则，$\boldsymbol{A}$ 不可对角化.

(4) 求出对角矩阵，当 $\boldsymbol{A}$ 可对角化时，求出可逆矩阵 $\boldsymbol{P}$ 和对角矩阵 $\boldsymbol{\Lambda}$：

$$\boldsymbol{P}=(\boldsymbol{p}_{11},\boldsymbol{p}_{12},\cdots,\boldsymbol{p}_{1n_1},\boldsymbol{p}_{21},\boldsymbol{p}_{22},\cdots,\boldsymbol{p}_{2n_2},\cdots,\boldsymbol{p}_{m1},\boldsymbol{p}_{m2},\cdots,\boldsymbol{p}_{mn_m}),$$

$$\boldsymbol{\Lambda}=\mathrm{diag}(\underbrace{\lambda_1,\cdots,\lambda_1}_{n_1},\underbrace{\lambda_2,\cdots,\lambda_2}_{n_2},\cdots,\underbrace{\lambda_m,\cdots,\lambda_m}_{n_m}).$$

当 n 阶矩阵 $\boldsymbol{A}$、$\boldsymbol{B}$ 相似时，有矩阵 $\boldsymbol{A}^m$ 与 $\boldsymbol{B}^m$ 相似（m 为任意非负整数），且 $\boldsymbol{P}^{-1}\boldsymbol{A}^m\boldsymbol{P}=\boldsymbol{B}^m$. 由此可得：$\boldsymbol{A}^m=\boldsymbol{P}\boldsymbol{B}^m\boldsymbol{P}^{-1}$，如果 $\boldsymbol{B}$ 是对角阵 $\boldsymbol{\Lambda}$，则 $\boldsymbol{A}^m=\boldsymbol{P}\boldsymbol{\Lambda}^m\boldsymbol{P}^{-1}$.

4. 向量的内积、长度及夹角

定义 4　设有 n 维向量

$$\boldsymbol{x}=\begin{pmatrix}x_1\\x_2\\\vdots\\x_n\end{pmatrix},\boldsymbol{y}=\begin{pmatrix}y_1\\y_2\\\vdots\\y_n\end{pmatrix}$$

令 $\langle\boldsymbol{x},\boldsymbol{y}\rangle=x_1y_1+x_2y_2+\cdots+x_ny_n=\boldsymbol{x}^{\mathrm{T}}\boldsymbol{y}$，称 $\langle\boldsymbol{x},\boldsymbol{y}\rangle$ 为向量 $\boldsymbol{x}$ 与 $\boldsymbol{y}$ 的**内积**. 内积满足下列性质：

(1) 对称性：$\langle \boldsymbol{x},\boldsymbol{y}\rangle=\langle \boldsymbol{y},\boldsymbol{x}\rangle$.

(2) 线性性：$\langle k\boldsymbol{x}+l\boldsymbol{y},\boldsymbol{z}\rangle=k\langle \boldsymbol{x},\boldsymbol{z}\rangle+l\langle \boldsymbol{y},\boldsymbol{z}\rangle$.

(3) 非负性：$\langle \boldsymbol{x},\boldsymbol{x}\rangle\geqslant 0$，当且仅当 $\boldsymbol{x}=\boldsymbol{0}$ 时，$\langle \boldsymbol{x},\boldsymbol{x}\rangle=0$.

定义 5 n 维向量 $\boldsymbol{x}=(x_1,x_2,\cdots,x_n)^{\mathrm{T}}$，记

$$\|\boldsymbol{x}\|=\sqrt{\langle \boldsymbol{x},\boldsymbol{x}\rangle}=\sqrt{x_1^2+x_2^2+\cdots+x_n^2},$$

称为向量 $\boldsymbol{x}=(x_1,x_2,\cdots,x_n)^{\mathrm{T}}$ 的**长度**(或范数). 长度为 1 的向量称为单位向量. 当 $\boldsymbol{x}\neq\boldsymbol{0}$ 时，称 $\dfrac{\boldsymbol{x}}{\|\boldsymbol{x}\|}$ 为 $\boldsymbol{x}$ 的单位化(也称标准化、规范化). 向量的长度具有下述性质：

(1) 非负性：$\|\boldsymbol{x}\|\geqslant\boldsymbol{0}$.

(2) 齐次性：$\|\lambda\boldsymbol{x}\|=\lambda\|\boldsymbol{x}\|$.

(3) 三角不等式：$\|\boldsymbol{x}+\boldsymbol{y}\|\leqslant\|\boldsymbol{x}\|+\|\boldsymbol{y}\|$.

定义 6 设 $\boldsymbol{x}$ 与 $\boldsymbol{y}$ 是两个 n 维向量，且 $\boldsymbol{x}\neq\boldsymbol{0},\boldsymbol{y}\neq\boldsymbol{0}$，称 $\theta=\arccos\dfrac{\langle \boldsymbol{x},\boldsymbol{y}\rangle}{\|\boldsymbol{x}\|\|\boldsymbol{y}\|}$ $(0\leqslant\theta\leqslant\pi)$为向量 $\boldsymbol{x}$ 与 $\boldsymbol{y}$ 的**夹角**.

5. 正交向量组

定义 7 当若干非零向量两两正交时，称它们构成的向量组为**正交向量组**；进一步的，若它们又都是单位向量，则称为**标准正交向量组**(或正交规范组).

若 n 维向量组 $\boldsymbol{\alpha}_1,\boldsymbol{\alpha}_2,\cdots,\boldsymbol{\alpha}_m$ 是正交向量组，则 $\boldsymbol{\alpha}_1,\boldsymbol{\alpha}_2,\cdots,\boldsymbol{\alpha}_m$ 线性无关.

由线性无关的向量组 $\boldsymbol{\alpha}_1,\boldsymbol{\alpha}_2,\cdots,\boldsymbol{\alpha}_m$ 构造正交向量组 $\boldsymbol{\beta}_1,\boldsymbol{\beta}_2,\cdots,\boldsymbol{\beta}_m$ 的**施密特正交化方法**.

(1) 正交化：令

$$\boldsymbol{\beta}_1=\boldsymbol{\alpha}_1;$$

$$\boldsymbol{\beta}_2=\boldsymbol{\alpha}_2-\frac{\langle \boldsymbol{\beta}_1,\boldsymbol{\alpha}_2\rangle}{\langle \boldsymbol{\beta}_1,\boldsymbol{\beta}_1\rangle}\boldsymbol{\beta}_1;$$

$$\vdots$$

$$\boldsymbol{\beta}_m=\boldsymbol{\alpha}_m-\frac{\langle \boldsymbol{\beta}_1,\boldsymbol{\alpha}_m\rangle}{\langle \boldsymbol{\beta}_1,\boldsymbol{\beta}_1\rangle}\boldsymbol{\beta}_1-\frac{\langle \boldsymbol{\beta}_2,\boldsymbol{\alpha}_m\rangle}{\langle \boldsymbol{\beta}_2,\boldsymbol{\beta}_2\rangle}\boldsymbol{\beta}_2-\cdots-\frac{\langle \boldsymbol{\beta}_{m-1},\boldsymbol{\alpha}_m\rangle}{\langle \boldsymbol{\beta}_{m-1},\boldsymbol{\beta}_{m-1}\rangle}\boldsymbol{\beta}_{m-1}$$

则易验证 $\boldsymbol{\beta}_1,\boldsymbol{\beta}_2,\cdots,\boldsymbol{\beta}_m$ 两两正交，且 $\boldsymbol{\beta}_1,\boldsymbol{\beta}_2,\cdots,\boldsymbol{\beta}_m$ 与 $\boldsymbol{\alpha}_1,\boldsymbol{\alpha}_2,\cdots,\boldsymbol{\alpha}_m$ 等价.

若要将向量组 $\boldsymbol{\alpha}_1,\boldsymbol{\alpha}_2,\cdots,\boldsymbol{\alpha}_m$ 正交规范化，则可继续以下过程.

(2) 单位化：令

$$\boldsymbol{e}_1=\frac{\boldsymbol{\beta}_1}{\|\boldsymbol{\beta}_1\|},\boldsymbol{e}_2=\frac{\boldsymbol{\beta}_2}{\|\boldsymbol{\beta}_2\|},\cdots,\boldsymbol{e}_m=\frac{\boldsymbol{\beta}_m}{\|\boldsymbol{\beta}_m\|},$$

则 $\boldsymbol{e}_1,\boldsymbol{e}_2,\cdots,\boldsymbol{e}_m$ 是一组规范正交向量组.

6. 正交矩阵与正交变换

定义 8 若 n 阶矩阵 $\boldsymbol{A}$ 满足 $\boldsymbol{A}^{\mathrm{T}}\boldsymbol{A}=\boldsymbol{E}$，则称 $\boldsymbol{A}$ 为**正交矩阵**，它有如下的主要性质.

(1) $|\boldsymbol{A}|=\pm1$，$\boldsymbol{A}^{-1}$存在，并且 $\boldsymbol{A}^{-1}$ 也为正交矩阵.

(2) 若 $\boldsymbol{B}$ 也是正交矩阵,则 $\boldsymbol{AB}$ 为正交矩阵.

(3) $\boldsymbol{A}$ 的行(列)向量组构成一个标准正交基.

定义 9　设 $\boldsymbol{A}$ 为正交矩阵,则向量的线性变换称 $\boldsymbol{y}=\boldsymbol{Ax}$ 为**正交变换**. 正交变换具有保持长度不变性.

7. 实对称矩阵的对角化

实对称矩阵的性质:

定理 9　实对称矩阵的特征值都是实数,也必有实特征向量.

定理 10　实对称矩阵的属于不同特征值的特征向量是正交的.

定理 11　设 $\boldsymbol{A}$ 为 n 阶实对称矩阵,λ_i 是 $\boldsymbol{A}$ 的 n_i 重特征值,则 $r(\boldsymbol{A}-\lambda_i\boldsymbol{E})=n-n_i$,从而特征值 λ_i 恰有 n_i 个线性无关的特征向量.

定理 12　设 $\boldsymbol{A}$ 为 n 阶实对称矩阵,则存在 n 阶正交矩阵 $\boldsymbol{Q}$,使 $\boldsymbol{Q}^{-1}\boldsymbol{AQ}$ 为对角阵 $\boldsymbol{\Lambda}$. 其中 $\boldsymbol{\Lambda}$ 是以 $\boldsymbol{A}$ 的 n 个特征值为对角元的对角阵,即实对称矩阵必可经过正交变换对角化.

实对称矩阵对角化的步骤:

(1) 求出 n 阶矩阵 $\boldsymbol{A}$ 的所有不同特征值 $\lambda_1,\lambda_2,\cdots,\lambda_m$,它们的重数分别为 n_1,$n_2,\cdots,n_m$.

(2) 对于每个特征值 λ_i(n_i 重根),求齐次线性方程组 $(\lambda_i\boldsymbol{E}-\boldsymbol{A})\boldsymbol{x}=\boldsymbol{0}$ 的一个基础解系:$\xi_{i1},\xi_{i2},\cdots,\xi_{in_i}$,利用施密特正交化方法将其正交化,再将其单位化得 $\boldsymbol{p}_{i1},\boldsymbol{p}_{i2},\cdots,\boldsymbol{p}_{in_i}$.

(3) 将在第二步中每个特征值得到的一组标准正交向量组组合为一个向量组:

$$\boldsymbol{p}_{11},\boldsymbol{p}_{12},\cdots,\boldsymbol{p}_{1n_1},\boldsymbol{p}_{21},\boldsymbol{p}_{22},\cdots,\boldsymbol{p}_{2n_2},\cdots,\boldsymbol{p}_{m1},\boldsymbol{p}_{m2},\cdots,\boldsymbol{p}_{mn_m},$$

这个向量组中有向量 $n_1+n_2+\cdots+n_m=n$ 个. 它们是 n 个向量组成的标准正交向量组,以其为列向量组的矩阵 $\boldsymbol{Q}$ 就是所求正交矩阵.

(4) $\boldsymbol{Q}^{-1}\boldsymbol{AQ}=\boldsymbol{Q}^{\mathrm{T}}\boldsymbol{AQ}=\boldsymbol{\Lambda}$,其主对角线元素依次为:

$$\underbrace{\lambda_1,\cdots,\lambda_1}_{n_1},\underbrace{\lambda_2,\cdots,\lambda_2}_{n_2},\cdots,\underbrace{\lambda_m,\cdots,\lambda_m}_{n_m}.$$

二、典型例题解析

题型一　矩阵特征值与特征向量的求法

给定方阵 $\boldsymbol{A}$,求其特征值及特征向量的步骤如下:

(1) 计算行列式 $|\lambda\boldsymbol{E}-\boldsymbol{A}|$,并将其分解成一次因子之积.

(2) 求 $|\lambda\boldsymbol{E}-\boldsymbol{A}|=0$ 的全部根,它们就是 $\boldsymbol{A}$ 的全部特征值.

(3) 对于矩阵 $\boldsymbol{A}$ 的每一个特征值 λ_0,求出齐次线性方程组 $(\lambda_0\boldsymbol{E}-\boldsymbol{A})\boldsymbol{x}=\boldsymbol{0}$ 的一个基础解系:$\boldsymbol{p}_1,\boldsymbol{p}_2,\cdots,\boldsymbol{p}_{n-r}$,其中 r 为矩阵 $\lambda_0\boldsymbol{E}-\boldsymbol{A}$ 的秩,则矩阵 $\boldsymbol{A}$ 的属于 λ_0 的全部特征向量

为:$k_1\boldsymbol{p}_1+k_2\boldsymbol{p}_2+\cdots+k_{n-r}\boldsymbol{p}_{n-r}$,其中 $k_1,k_2,\cdots,k_{n-r}$ 为不全为零的常数.

特别提醒:在上述步骤中,如果(1)中计算的行列式改成 $|\boldsymbol{A}-\lambda\boldsymbol{E}|$ 也可以,只需注意此时(2)(3)步也做同样的变动,即步骤(2)为求出 $|\boldsymbol{A}-\lambda\boldsymbol{E}|=0$ 的全部根,步骤(3)为求出齐次线性方程组 $(\boldsymbol{A}-\lambda_0\boldsymbol{E})\boldsymbol{x}=\boldsymbol{0}$ 的一个基础解系,其余都相同.

例 1 求下列矩阵的特征值与特征向量.

(1) $\boldsymbol{A}=\begin{pmatrix}1&-2&2\\-2&-2&4\\2&4&-2\end{pmatrix}$ (2) $\boldsymbol{A}=\begin{pmatrix}1&3&1&2\\0&-1&1&3\\0&0&3&5\\0&0&0&3\end{pmatrix}$

解:(1) 该方阵的特征多项式是

$$|\boldsymbol{A}-\lambda\boldsymbol{E}|=\begin{vmatrix}1-\lambda&-2&2\\-2&-2-\lambda&4\\2&4&-2-\lambda\end{vmatrix}=-(2-\lambda)^2(\lambda+7),$$

所以特征值为 $\lambda_1=-7,\lambda_2=\lambda_3=2$.

当 $\lambda_1=-7$ 时,解齐次线性方程组 $(\boldsymbol{A}+7\boldsymbol{E})\boldsymbol{x}=\boldsymbol{0}$. 由

$$\boldsymbol{A}+7\boldsymbol{E}=\begin{pmatrix}8&-2&2\\-2&5&4\\2&4&5\end{pmatrix}\to\begin{pmatrix}1&0&1/2\\0&1&1\\0&0&0\end{pmatrix}$$

得基础解系为 $\boldsymbol{p}_1=(1,2,-2)^{\mathrm{T}}$,所以 $\boldsymbol{A}$ 的属于特征值 -7 的全部特征向量为 $k_1\boldsymbol{p}_1$,其中 k_1 为不等于零的常数.

当 $\lambda_2=\lambda_3=2$ 时,解齐次线性方程组 $(\boldsymbol{A}-2\boldsymbol{E})\boldsymbol{x}=\boldsymbol{0}$. 由

$$\boldsymbol{A}-2\boldsymbol{E}=\begin{pmatrix}-1&-2&2\\-2&-4&4\\2&4&-4\end{pmatrix}\to\begin{pmatrix}1&2&-2\\0&0&0\\0&0&0\end{pmatrix}$$

得基础解系为 $\boldsymbol{p}_2=(-2,1,0)^{\mathrm{T}},\boldsymbol{p}_3=(2,0,1)^{\mathrm{T}}$,所以 $\boldsymbol{A}$ 的属于特征值 2 的全部特征向量为 $k_2\boldsymbol{p}_2+k_3\boldsymbol{p}_3$,其中 k_2,k_3 是不全为零的任意常数.

(2) 该方阵的特征多项式是

$$|\boldsymbol{A}-\lambda\boldsymbol{E}|=\begin{vmatrix}1-\lambda&3&1&2\\0&-1-\lambda&1&3\\0&0&3-\lambda&3\\0&0&0&3-\lambda\end{vmatrix}=(\lambda-1)(\lambda+1)(\lambda-3)^2,$$

所以特征值为 $\lambda_1=1,\lambda_2=-1,\lambda_3=\lambda_4=3$.

当 $\lambda_1=1$ 时,解齐次线性方程组 $(\boldsymbol{A}-\boldsymbol{E})\boldsymbol{x}=\boldsymbol{0}$. 由

$$\boldsymbol{A}-\boldsymbol{E}=\begin{pmatrix}0 & 3 & 1 & 2\\0 & -2 & 1 & 3\\0 & 0 & 2 & 5\\0 & 0 & 0 & 2\end{pmatrix}\to\begin{pmatrix}0 & 1 & 0 & 0\\0 & 0 & 1 & 0\\0 & 0 & 0 & 1\\0 & 0 & 0 & 0\end{pmatrix}$$

得基础解系为 $\boldsymbol{p}_1=(1,0,0,0)^{\mathrm{T}}$,所以 $\boldsymbol{A}$ 的属于特征值 1 的全部特征向量为 $k_1\boldsymbol{p}_1$,其中 k_1 为不等于零的常数.

当时 $\lambda_2=-1$,解齐次线性方程组 $(\boldsymbol{A}+\boldsymbol{E})\boldsymbol{x}=\boldsymbol{0}$. 由

$$\boldsymbol{A}+\boldsymbol{E}=\begin{pmatrix}2 & 3 & 1 & 2\\0 & 0 & 1 & 3\\0 & 0 & 4 & 5\\0 & 0 & 0 & 4\end{pmatrix}\to\begin{pmatrix}2 & 3 & 0 & 0\\0 & 0 & 1 & 0\\0 & 0 & 0 & 1\\0 & 0 & 0 & 0\end{pmatrix}$$

得基础解系为 $\boldsymbol{p}_2=(-3,2,0,0)^{\mathrm{T}}$,所以 $\boldsymbol{A}$ 的属于特征值 -1 的全部特征向量为 $k_2\boldsymbol{p}_2$,其中 k_2 是不为零的任意常数.

当 $\lambda_3=\lambda_4=3$ 时,解齐次线性方程组 $(\boldsymbol{A}-3\boldsymbol{E})\boldsymbol{x}=\boldsymbol{0}$. 由

$$\boldsymbol{A}-3\boldsymbol{E}=\begin{pmatrix}-2 & 3 & 1 & 2\\0 & -4 & 1 & 3\\0 & 0 & 0 & 5\\0 & 0 & 0 & 0\end{pmatrix}\to\begin{pmatrix}-2 & 7 & 0 & 0\\0 & -4 & 1 & 0\\0 & 0 & 0 & 1\\0 & 0 & 0 & 0\end{pmatrix}$$

得基础解系为 $\boldsymbol{p}_3=(7,2,8,0)^{\mathrm{T}}$,所以 $\boldsymbol{A}$ 的属于特征值 $\lambda_3=\lambda_4=3$ 的全部特征向量为 $k_3\boldsymbol{p}_3$,其中 k_3 是不为零的任意常数.

题型二　方阵可相似对角化的判别及求出相似变换矩阵与对角阵

判别矩阵 $\boldsymbol{A}$ 可相似对角化的条件:

(1) 若矩阵 $\boldsymbol{A}$ 为实对称矩阵,则矩阵 $\boldsymbol{A}$ 可相似对角化.

(2) 若 n 阶矩阵 $\boldsymbol{A}$ 有 n 个互不相同的特征值,则矩阵 $\boldsymbol{A}$ 可相似对角化.

(3) n 阶矩阵 $\boldsymbol{A}$ 可相似对角化的充分必要是 $\boldsymbol{A}$ 有 n 个线性无关的特征向量.

(4) n 阶矩阵 $\boldsymbol{A}$ 可相似对角化的充分必要条件是 $\boldsymbol{A}$ 的 k 重特征值有 k 个线性无关的特征向量.

其对角化的步骤为:

(1) 令 $|\lambda\boldsymbol{E}-\boldsymbol{A}|=0$,求出 $\boldsymbol{A}$ 的全部特征值 $\lambda_1,\lambda_2,\cdots,\lambda_m$,重数分别为 $n_1,n_2,\cdots,n_m$.

(2) 对每个特征值 λ_i,$i=1,2,\cdots,m$,求出齐次线性方程组 $(\lambda_i\boldsymbol{E}-\boldsymbol{A})\boldsymbol{x}=\boldsymbol{0}$ 的一个基础解系,设为 $\boldsymbol{p}_{i1},\boldsymbol{p}_{i2},\cdots,\boldsymbol{p}_{is_i}$ $(i=1,2,\cdots,m)$.

(3) 若所有不同特征值的线性无关的特征向量合起来刚好有 n 个,则 $\boldsymbol{A}$ 可对角化,且用这些线性无关的特征向量做成矩阵 $\boldsymbol{P}$,令

$$P=(p_{11},p_{12},\cdots,p_{1n_1},p_{21},p_{22},\cdots,p_{2n_2},\cdots,p_{m1},p_{m2},\cdots,p_{mn_m}),$$

$$\Lambda=\mathrm{diag}(\underbrace{\lambda_1,\cdots,\lambda_1}_{n_1},\underbrace{\lambda_2,\cdots,\lambda_2}_{n_2},\cdots,\underbrace{\lambda_m,\cdots,\lambda_m}_{n_m}).$$

则 $P^{-1}AP=\Lambda$.

例 2 已知 $A=\begin{pmatrix}2&1&1\\0&2&0\\0&-1&1\end{pmatrix}$,问矩阵 A 可否对角化？若可对角化求出可逆阵 P 及对角阵 Λ.

解: $|A-\lambda E|=\begin{vmatrix}2-\lambda&1&1\\0&2-\lambda&0\\0&-1&1-\lambda\end{vmatrix}=-(\lambda-2)^2(\lambda-1)$

所以特征值为 $\lambda_1=1,\lambda_2=\lambda_3=2$.

当 $\lambda_1=1$ 时,解齐次线性方程组 $(A-E)x=0$,可得方程组的一个基础解系 $p_1=(-1,0,1)^{\mathrm{T}}$.

当 $\lambda_2=\lambda_3=2$ 时,解齐次线性方程组 $(A-2E)x=0$,可得方程组的一个基础解系 $p_2=(1,0,0)^{\mathrm{T}},p_3=(0,-1,1)^{\mathrm{T}}$.

由于 A 有三个线性无关的特征向量,故 A 可对角化,且知可逆阵 $P=(p_1,p_2,p_3)=\begin{pmatrix}-1&1&0\\0&0&-1\\1&0&1\end{pmatrix}$,对应的对角阵 $\Lambda=\begin{pmatrix}1&0&0\\0&2&0\\0&0&2\end{pmatrix}$.

题型三　实对称矩阵的正交相似与对角阵的确定

实对称矩阵正交相似对角化的问题就是求一个正交矩阵 Q,使 $Q^{-1}AQ$ 为对角矩阵.具体步骤为:

(1) 令 $|\lambda E-A|=0$,求出 A 的全部特征值;

(2) 对每个特征值,若其重数为 k,求出其 k 个线性无关的特征向量;

(3) 将求出的 k 个线性无关的特征向量正交规范化,即先用施密特正交化方法将向量正交化,再将每个向量除以自己的长度(单位化);

(4) 用求出的个正交规范的特征向量做成正交矩阵 Q;

(5) 写出 $Q^{-1}AQ$.

例 3 求正交矩阵 Q,使 $Q^{\mathrm{T}}AQ$ 为对角阵,其中 $A=\begin{pmatrix}1&2&4\\2&1&4\\4&4&7\end{pmatrix}$.

解: $|A-\lambda E|=\begin{vmatrix}1-\lambda&2&4\\2&1-\lambda&4\\4&4&7-\lambda\end{vmatrix}=-(\lambda+1)^2(\lambda-11)$,

得 $\boldsymbol{A}$ 的特征值为:$\lambda_1=\lambda_2=-1,\lambda_3=11$.

当 $\lambda_1=\lambda_2=-1$ 时,解齐次线性方程组 $(\boldsymbol{A}+\boldsymbol{E})\boldsymbol{x}=\boldsymbol{0}$,可得方程组的一个基础解系 $\boldsymbol{\xi}_1=(-1,1,0)^{\mathrm{T}},\boldsymbol{\xi}_2=(-2,0,1)^{\mathrm{T}}$,将其正交化得:

$$\boldsymbol{\beta}_1=\boldsymbol{\xi}_1=(-1,1,0)^{\mathrm{T}};$$

$$\boldsymbol{\beta}_2=\boldsymbol{\xi}_2-\frac{\langle\boldsymbol{\beta}_1,\boldsymbol{\xi}_2\rangle}{\langle\boldsymbol{\beta}_1,\boldsymbol{\beta}_1\rangle}\boldsymbol{\beta}_1=(-1,-1,1)^{\mathrm{T}}$$

再单位化:$\boldsymbol{p}_1=\dfrac{\boldsymbol{\beta}_1}{\|\boldsymbol{\beta}_2\|}=\left(-\dfrac{1}{\sqrt{2}},\dfrac{1}{\sqrt{2}},0\right)^{\mathrm{T}},\boldsymbol{p}_2=\dfrac{\boldsymbol{\beta}_2}{\|\boldsymbol{\beta}_2\|}=\left(-\dfrac{1}{\sqrt{3}},-\dfrac{1}{\sqrt{3}},\dfrac{1}{\sqrt{3}}\right)^{\mathrm{T}}$.

当 $\lambda_3=11$ 时,解齐次线性方程组 $(\boldsymbol{A}-11\boldsymbol{E})\boldsymbol{x}=\boldsymbol{0}$,可得方程组的一个基础解系 $\boldsymbol{\beta}_3=(1,1,2)^{\mathrm{T}}$,将其单位化得:$\boldsymbol{p}_3=\dfrac{\boldsymbol{\beta}_3}{\|\boldsymbol{\beta}_3\|}=\left(\dfrac{1}{\sqrt{6}},\dfrac{1}{\sqrt{6}},\dfrac{2}{\sqrt{6}}\right)^{\mathrm{T}}$.

所以得正交矩阵 $\boldsymbol{Q}=(\boldsymbol{p}_1,\boldsymbol{p}_2,\boldsymbol{p}_3)=\begin{pmatrix}-\dfrac{1}{\sqrt{2}} & -\dfrac{1}{\sqrt{3}} & \dfrac{1}{\sqrt{6}}\\ \dfrac{1}{\sqrt{2}} & -\dfrac{1}{\sqrt{3}} & \dfrac{1}{\sqrt{6}}\\ 0 & \dfrac{1}{\sqrt{3}} & \dfrac{2}{\sqrt{6}}\end{pmatrix},\boldsymbol{Q}^{\mathrm{T}}\boldsymbol{A}\boldsymbol{Q}=\begin{pmatrix}-1&0&0\\0&-1&0\\0&0&11\end{pmatrix}$.

三、应用与提高

例 4　设矩阵 $\boldsymbol{A}$ 与 $\boldsymbol{B}$ 相似,其中 $\boldsymbol{A}=\begin{pmatrix}-2&0&0\\2&x&2\\3&1&1\end{pmatrix},\boldsymbol{B}=\begin{pmatrix}-1&0&0\\0&2&0\\0&0&y\end{pmatrix}$,(1)求 x 和 y 的值;(2)求可逆矩阵 $\boldsymbol{P}$,使 $\boldsymbol{P}^{-1}\boldsymbol{A}\boldsymbol{P}=\boldsymbol{B}$.

分析:本题是相似矩阵的逆问题,即已知两个矩阵相似,反过来求矩阵中的未知参数,根据 $\boldsymbol{A},\boldsymbol{B}$ 矩阵的特征及相似矩阵的性质,可以考虑用如下方法确定参数 x,y:(1)相似矩阵有相同的特征值;(2)$\boldsymbol{B}$ 为对角阵,$\boldsymbol{A}$ 的特征值即为 $\boldsymbol{B}$ 的对角线上的元素,利用以上两点可以求出 x 和 y 的值,问题(2)是一个典型的化方阵为对角阵的问题,容易求解.

解:(1) 由 $\lambda_1=-1$ 为矩阵 $\boldsymbol{A}$ 的特征值有

$$|\boldsymbol{A}-\lambda_1\boldsymbol{E}|=\begin{vmatrix}-1&0&0\\2&x+1&2\\3&1&2\end{vmatrix}=-2x=0$$

故 $x=0$. 再由 $-2+x+1=-1+2+y$,解得 $y=-2$.

(2) 对应于特征值 $\lambda_1=-1$ 的特征向量满足

$$\begin{pmatrix}-1&0&0\\2&1&2\\3&1&2\end{pmatrix}\boldsymbol{x}=\boldsymbol{0}$$

方程组同解于方程组

$$\begin{cases}x_1=0\\x_2+2x_3=0\end{cases}$$

解得基础解系 $\boldsymbol{p}_1=(0,2,-1)^{\mathrm{T}}$；

对应于特征值 $\lambda_2=2$ 的特征向量满足

$$\begin{pmatrix}-4&0&0\\2&1&2\\3&1&2\end{pmatrix}\boldsymbol{x}=\boldsymbol{0}$$

方程组同解于方程组

$$\begin{cases}x_1=0\\x_2-x_3=0\end{cases}$$

解得基础解系 $\boldsymbol{p}_1=(0,1,1)^{\mathrm{T}}$；

对应于特征值 $\lambda_3=-2$ 的特征向量满足

$$\begin{pmatrix}0&0&0\\2&2&2\\3&1&3\end{pmatrix}\boldsymbol{x}=\boldsymbol{0}$$

方程组同解于方程组

$$\begin{cases}x_1+x_2+x_3=0\\x_2=0\end{cases}$$

解得基础解系 $\boldsymbol{p}_3=(1,0,-1)^{\mathrm{T}}$.

令 $\boldsymbol{P}=(\boldsymbol{p}_1,\boldsymbol{p}_2,\boldsymbol{p}_3)=\begin{pmatrix}0&0&1\\2&1&0\\-1&1&-1\end{pmatrix}$，则 $\boldsymbol{P}^{-1}\boldsymbol{AP}=\boldsymbol{B}$.

例 5 设 $\boldsymbol{A}$ 为 3 阶是实对称矩阵，$r(\boldsymbol{A})=2$ 且 $\boldsymbol{A}\begin{pmatrix}1&1\\0&0\\-1&1\end{pmatrix}=\begin{pmatrix}-1&1\\0&0\\1&1\end{pmatrix}$.(1) 求 $\boldsymbol{A}$ 的特征值与特征向量；(2)求矩阵 $\boldsymbol{A}$.

分析：根据已知关系式能求出 $\boldsymbol{A}$ 的两个特征值以及对应的特征向量，进而根据矩阵的秩为 2 可求出另一特征值为 0. 问题(2)按常规解法求解即可.

解：(1) 易知特征值 -1 对应的特征向量 $\begin{pmatrix}1\\0\\-1\end{pmatrix}$，特征值 1 对应的特征向量为 $\begin{pmatrix}1\\0\\1\end{pmatrix}$，由 $r(\boldsymbol{A})=2$ 知 $\boldsymbol{A}$ 的另一个特征值为 0，因为实对称矩阵不同特征值的特征向量正交，从而特征值 0 所对应的特征向量为 $\begin{pmatrix}0\\1\\0\end{pmatrix}$.

(2) 由 $A=\begin{pmatrix}1&1&0\\0&0&1\\-1&1&0\end{pmatrix}\begin{pmatrix}-1&0&0\\0&1&0\\0&0&0\end{pmatrix}\begin{pmatrix}1&1&0\\0&0&1\\-1&1&0\end{pmatrix}^{-1}$

得
$$A=\begin{pmatrix}0&0&1\\0&0&0\\1&0&0\end{pmatrix}.$$

例 6　设 A 是 n 阶矩阵，$AA^{T}=E$，$|A|<0$，求 $|A+E|$.

分析：由题设条件知 A 是一个正交矩阵，$AA^{T}=E$ 且 $|A|^{2}=1$，$A+E=A+AA^{T}=A(E+A^{T})=A(E+A)^{T}$，从而可求出 $|A+E|$.

解：由题设条件知 A 是一个正交矩阵，故 $AA^{T}=E$，从而 $|A|^{2}=1$，由于 $|A|<0$，故 $|A|=-1$，于是
$$|A+E|=|A+AA^{T}|=|A(E+A^{T})|=|A(E+A)^{T}|=|A||E+A|$$
由于 $|A|=-1$，所以 $|A+E|=-|E+A|$，即 $|A+E|=0$.

例 7　设矩阵 $A=\begin{pmatrix}3&2&2\\2&3&2\\2&2&3\end{pmatrix}$，$P=\begin{pmatrix}0&1&0\\1&0&1\\0&0&1\end{pmatrix}$，$B=P^{-1}A^{*}P$，求 $B+2E$ 的特征值与特征向量，其中 A^{*} 为 A 的伴随矩阵，E 为 3 阶单位矩阵.

分析：由于矩阵 A 与矩阵 P 的具体形式已给出，故可先求出 A^{*}，P^{-1}，进而求出 $B+2E$，再求其特征值与特征向量，也可以利用相似矩阵有相同的特征值来求解本题. 注意虽然相似矩阵有相同的特征值，但对应的特征向量不同，前一种方法计算量较大，后一种方法利用 A 与 A^{*} 的特征值之间的关系来讨论，可适当降低计算量.

解：方法 1，经计算有
$$A^{*}=\begin{pmatrix}5&-2&-2\\-2&5&-2\\-2&-2&5\end{pmatrix},P^{-1}=\begin{pmatrix}0&0&-1\\1&0&0\\0&0&1\end{pmatrix}$$
从而
$$B=P^{-1}A^{*}P=\begin{pmatrix}7&0&0\\-2&5&-4\\-2&-2&3\end{pmatrix},B+2E=\begin{pmatrix}9&0&0\\-2&7&-4\\-2&-2&5\end{pmatrix}$$
$$|\lambda E-(B+2E)|=\begin{vmatrix}\lambda-9&0&0\\2&\lambda-7&4\\2&2&\lambda-5\end{vmatrix}=(\lambda-9)^{2}(\lambda-3)$$
故 $B+2E$ 的特征值为 $\lambda_1=\lambda_2=9$，$\lambda_3=3$.

当 $\lambda_1=\lambda_2=9$ 时，解线性方程组 $(9E-(B+2E))x=0$ 得线性无关的特征向量为
$$\xi_1=(-1,1,0)^{T},\xi_2=(-2,0,0)^{T}$$
所以属于特征值 $\lambda_1=\lambda_2=9$ 的所有特征向量为 $k_1\xi_1+k_2\xi_2$，其中 k_1,k_2 是不全为零的任意常数.

当 $\lambda_3=3$ 时,解 $(3\boldsymbol{E}-(\boldsymbol{B}+2\boldsymbol{E}))\boldsymbol{x}=\boldsymbol{0}$ 得线性无关的特征向量为

$$\boldsymbol{\xi}_3=(0,1,1)^{\mathrm{T}}$$

所以属于特征值 $\lambda_3=3$ 的所有特征向量为 $k_3\boldsymbol{\xi}_3$,其中 k_3 为不等于零的任意常数.

方法 2,设 $\boldsymbol{A}$ 的特征值为 λ,对应的特征向量为 $\boldsymbol{\eta}$,即 $\boldsymbol{A\eta}=\lambda\boldsymbol{\eta}$,由于 $|\boldsymbol{A}|=7\neq0$,所以 $\lambda\neq0$. 又因为

$$\boldsymbol{A}^*\boldsymbol{A}=|\boldsymbol{A}|\boldsymbol{E}$$

故有

$$\boldsymbol{A}^*\boldsymbol{\eta}=\frac{|\boldsymbol{A}|}{\lambda}\boldsymbol{\eta}.$$

于是有

$$\boldsymbol{B}(\boldsymbol{P}^{-1}\boldsymbol{\eta})=\boldsymbol{P}^{-1}\boldsymbol{A}^*\boldsymbol{P}(\boldsymbol{P}^{-1}\boldsymbol{\eta})=\boldsymbol{P}^{-1}\boldsymbol{A}^*\boldsymbol{P}=\boldsymbol{P}^{-1}\frac{|\boldsymbol{A}|}{\lambda}\boldsymbol{\eta}=\frac{|\boldsymbol{A}|}{\lambda}(\boldsymbol{P}^{-1}\boldsymbol{\eta})$$

$$(\boldsymbol{B}+2\boldsymbol{E})\boldsymbol{P}^{-1}\boldsymbol{\eta}=\left(\frac{|\boldsymbol{A}|}{\lambda}+2\right)\boldsymbol{P}^{-1}\boldsymbol{\eta}$$

因此,$\frac{|\boldsymbol{A}|}{\lambda}+2$ 为 $\boldsymbol{B}+2\boldsymbol{E}$ 的特征值,对应的特征向量为 $\boldsymbol{P}^{-1}\boldsymbol{\eta}$,由于

$$|\lambda\boldsymbol{E}-\boldsymbol{A}|=\begin{vmatrix}\lambda-3 & -2 & -2\\ -2 & \lambda-3 & -2\\ -2 & -2\lambda & \lambda-3\end{vmatrix}=(\lambda-1)^2(\lambda-7)$$

故矩阵 $\boldsymbol{A}$ 的特征值为 $\lambda_1=\lambda_2=1,\lambda_3=7$.

当 $\lambda_1=\lambda_2=1$ 时,解方程组 $(\boldsymbol{E}-\boldsymbol{A})\boldsymbol{x}=\boldsymbol{0}$ 得线性无关的两个特征向量为 $\boldsymbol{\eta}_1=(-1,1,0)^{\mathrm{T}}$,$\boldsymbol{\eta}_2=(-1,0,1)^{\mathrm{T}}$.

当 $\lambda_3=7$ 时,解方程组 $(7\boldsymbol{E}-\boldsymbol{A})\boldsymbol{x}=\boldsymbol{0}$ 得线性无关的特征向量为 $\boldsymbol{\eta}_3=(1,1,1)^{\mathrm{T}}$.

由 $\boldsymbol{P}^{-1}=\begin{pmatrix}0 & 0 & -1\\ 1 & 0 & 0\\ 0 & 0 & 1\end{pmatrix}$ 有

$$\boldsymbol{P}^{-1}\boldsymbol{\eta}_1=(1,-1,0)^{\mathrm{T}},\boldsymbol{P}^{-1}\boldsymbol{\eta}_2=(-1,-1,1)^{\mathrm{T}},\boldsymbol{P}^{-1}\boldsymbol{\eta}_3=(0,1,1)^{\mathrm{T}}$$

因此 $\boldsymbol{B}+2\boldsymbol{E}$ 的三个特征值分别为 $\frac{7}{1}+2,\frac{7}{1}+2,\frac{7}{7}+2$,即 9,9,3.

而对应于特征值 9 的全部特征向量为 $k_1(1,-1,0)^{\mathrm{T}}+k_2(-1,-1,1)^{\mathrm{T}}$,其中 k_1,k_2 是不全为零的任意常数.

对应于特征值 3 的全部特征向量为 $k_3(0,1,1)^{\mathrm{T}}$,其中 k_3 是不为零的任意常数.

例 8 设 3 阶对称矩阵 $\boldsymbol{A}$ 为 $\lambda_1=1,\lambda_2=2,\lambda_3=-2$,$\boldsymbol{\alpha}_1=(1,-1,1)^{\mathrm{T}}$ 是 $\boldsymbol{A}$ 的属于 λ_1 的一个特征向量,记 $\boldsymbol{B}=\boldsymbol{A}^5-4\boldsymbol{A}^3+\boldsymbol{E}$,其中 $\boldsymbol{E}$ 为 3 阶单位矩阵,

(1) 验证 $\boldsymbol{\alpha}_1$ 是矩阵 $\boldsymbol{B}$ 的特征向量,并求 $\boldsymbol{B}$ 的全部特征值与特征向量;

(2) 求矩阵 $\boldsymbol{B}$.

分析:由关系式 $\boldsymbol{B}=\boldsymbol{A}^5-4\boldsymbol{A}^3+\boldsymbol{E}$ 可求出矩阵 $\boldsymbol{B}$ 的特征值,而求矩阵 $\boldsymbol{B}$ 是已知特征

值、特征向量反求矩阵的问题，故只要先求矩阵 $\boldsymbol{B}$ 的特征值和对应的特征向量，利用关系式 $\boldsymbol{B}\xi_i=\lambda_i\xi_i$，即可求出矩阵 $\boldsymbol{B}$.

解：(1)由题设条件有

$$\boldsymbol{A}\boldsymbol{\alpha}_1=\lambda_1\boldsymbol{\alpha}_1,\boldsymbol{A}^n\boldsymbol{\alpha}_1=\lambda_1{}^n\boldsymbol{\alpha}_1,(n=1,2,3,\cdots)$$

于是有

$$\boldsymbol{B}\boldsymbol{\alpha}_1=(\boldsymbol{A}^5-4\boldsymbol{A}^3+\boldsymbol{E})\boldsymbol{\alpha}_1=(\lambda_1{}^5-4\lambda_1{}^3+1)\boldsymbol{\alpha}_1=-2\boldsymbol{\alpha}_1$$

于是 $\boldsymbol{\alpha}_1$ 是矩阵 $\boldsymbol{B}$ 的对应于特征值 -2 的特征向量，又因为

$$\lambda(\boldsymbol{B})=\lambda^5(\boldsymbol{A})-4\lambda^3(\boldsymbol{A})+1$$

而矩阵 $\boldsymbol{A}$ 的全部特征值为 $1,2,-2$，故矩阵 $\boldsymbol{B}$ 的全部特征值为 $-2,1,1$，且对应于特征值 $\lambda_1=-2$ 的特征向量为 $\boldsymbol{\alpha}_1=(1,-1,1)^{\mathrm{T}}$，由于 $\boldsymbol{A}$ 是实对称矩阵，故矩阵 $\boldsymbol{B}$ 也是实对称矩阵. 设矩阵 $\boldsymbol{B}$ 的属于特征值 $\lambda_2=\lambda_3=1$ 的特征向量为 $(x_1,x_2,x_3)^{\mathrm{T}}$，则有 $x_1-x_2+x_3=0$，于是求得 $\boldsymbol{B}$ 的属于 1 的特征向量为 $\boldsymbol{\alpha}_2=(-1,0,1)^{\mathrm{T}}$，$\boldsymbol{\alpha}_3=(1,1,0)^{\mathrm{T}}$.

(2) 由于 $\boldsymbol{B}\boldsymbol{\alpha}_1=-2\boldsymbol{\alpha}_1,\boldsymbol{B}\boldsymbol{\alpha}_2=\boldsymbol{\alpha}_2,\boldsymbol{B}\boldsymbol{\alpha}_3=\boldsymbol{\alpha}_3$，故 $\boldsymbol{B}(\boldsymbol{\alpha}_1,\boldsymbol{\alpha}_2,\boldsymbol{\alpha}_3)=(-2\boldsymbol{\alpha}_1,\boldsymbol{\alpha}_2,\boldsymbol{\alpha}_3)$，令

$$\boldsymbol{P}=(\boldsymbol{\alpha}_1,\boldsymbol{\alpha}_2,\boldsymbol{\alpha}_3)=\begin{pmatrix}1&-1&1\\-1&0&1\\1&1&0\end{pmatrix}$$

则

$$\boldsymbol{B}=\boldsymbol{P}\begin{pmatrix}-2&0&0\\0&1&0\\0&0&1\end{pmatrix}\boldsymbol{P}^{-1}=\begin{pmatrix}-2&-1&1\\2&0&1\\-2&1&0\end{pmatrix}\begin{pmatrix}1&-1&1\\-1&0&1\\1&1&0\end{pmatrix}^{-1}$$

$$=\begin{pmatrix}-2&-1&1\\2&0&1\\-2&1&0\end{pmatrix}\begin{pmatrix}\frac{1}{3}&-\frac{1}{3}&\frac{1}{3}\\-\frac{1}{3}&\frac{1}{3}&\frac{2}{3}\\\frac{1}{3}&\frac{2}{3}&\frac{1}{3}\end{pmatrix}=\begin{pmatrix}0&1&-1\\1&0&1\\-1&1&0\end{pmatrix}.$$

例 9　某实验性生产线每年一月份进行熟练工和非熟练工的人数统计，然后将 $\frac{1}{6}$ 熟练工支援其他生产部门，且缺额由招收新的非熟练工补齐，新、老非熟练工经过培训及实践至年终考核有 $\frac{2}{5}$ 成为熟练工. 设第 n 年一月份统计的熟练工和非熟练工所占百分比分别为 x_n 和 y_n，记成向量 $\begin{pmatrix}x_n\\y_n\end{pmatrix}$，

(1) 求 $\begin{pmatrix}x_{n+1}\\y_{n+1}\end{pmatrix}$ 与 $\begin{pmatrix}x_n\\y_n\end{pmatrix}$ 的关系式，并写成矩阵形式 $\begin{pmatrix}x_{n+1}\\y_{n+1}\end{pmatrix}=\boldsymbol{A}\begin{pmatrix}x_n\\y_n\end{pmatrix}$；

(2) 验证 $\boldsymbol{\eta}_1=\begin{pmatrix}4\\1\end{pmatrix}$，$\boldsymbol{\eta}_2=\begin{pmatrix}-1\\1\end{pmatrix}$ 是 $\boldsymbol{A}$ 的两个线性无关的特征向量，并求出相应的特征值；

(3) 当$\begin{pmatrix} x_1 \\ y_1 \end{pmatrix}=\begin{pmatrix} \frac{1}{2} \\ \frac{1}{2} \end{pmatrix}$时，求$\begin{pmatrix} x_{n+1} \\ y_{n+1} \end{pmatrix}$.

分析：本题是一个与应用有关的题目，要求从实际问题中建立数学模型，问题(1)是一个典型的从实际问题中建立线性变换$\begin{pmatrix} x_{n+1} \\ y_{n+1} \end{pmatrix}=\boldsymbol{A}\begin{pmatrix} x_n \\ y_n \end{pmatrix}$模型的问题，问题(2)是一个考查特征值，特征向量概念的问题，利用定义计算 $\boldsymbol{A}\boldsymbol{\eta}_1$ 是否等于 $k_1\boldsymbol{\eta}_1$（k_1 为常数），若是则 $\boldsymbol{\eta}_1$ 是对应于特征值 k_1 的特征向量，类似地可以验证 $\boldsymbol{\eta}_2$ 是否是矩阵 $\boldsymbol{A}$ 的特征向量，问题(3)中求$\begin{pmatrix} x_{n+1} \\ y_{n+1} \end{pmatrix}$是一个计算方阵高次幂的问题，计算方阵的高次幂首先将方阵对角化，然后再计算方阵的高次幂.

解：(1) 第 $n+1$ 年一月份的熟练工由两部分组成，一部分是第 n 年一月份的熟练工中的$\frac{5}{6}$，另一部分是第 n 年新、老非熟练工中培养出来的，因此 $x_{n+1}=\frac{5}{6}x_n+\frac{2}{5}\left(\frac{1}{6}x_n+y_n\right)$，第$n+1$ 年一月份的非熟练工由第 n 年新、老非熟练工中未成为熟练工的人组成，因此

$$y_{n+1}=\frac{3}{5}\left(\frac{1}{6}x_n+y_n\right)$$

写成矩阵形式为

$$\begin{pmatrix} x_{n+1} \\ y_{n+1} \end{pmatrix}=\begin{pmatrix} 9/10 & 2/5 \\ 1/10 & 3/5 \end{pmatrix}\begin{pmatrix} x_n \\ y_n \end{pmatrix},$$

于是

$$\boldsymbol{A}=\begin{pmatrix} 9/10 & 2/5 \\ 1/10 & 3/5 \end{pmatrix}.$$

(2) 令 $\boldsymbol{P}=\begin{pmatrix} 4 & -1 \\ 1 & 1 \end{pmatrix}$，则$|\boldsymbol{P}|=5\neq 0$，所以 $\boldsymbol{\eta}_1,\boldsymbol{\eta}_2$ 线性无关. 因为

$$\boldsymbol{A}\boldsymbol{\eta}_1=\begin{pmatrix} 9/10 & 2/5 \\ 1/10 & 3/5 \end{pmatrix}\begin{pmatrix} 4 \\ 1 \end{pmatrix}=\begin{pmatrix} 4 \\ 1 \end{pmatrix}$$

故 $\boldsymbol{\eta}_1$ 是矩阵 $\boldsymbol{A}$ 的对应于特征值$\lambda_1=1$ 的特征向量.

又因为

$$\boldsymbol{A}\boldsymbol{\eta}_2=\begin{pmatrix} 9/10 & 2/5 \\ 1/10 & 3/5 \end{pmatrix}\begin{pmatrix} -1 \\ 1 \end{pmatrix}=\begin{pmatrix} -1/2 \\ 1/2 \end{pmatrix}=\frac{1}{2}\begin{pmatrix} -1 \\ 1 \end{pmatrix}=\frac{1}{2}\boldsymbol{\eta}_2,$$

故 $\boldsymbol{\eta}_2$ 是矩阵 $\boldsymbol{A}$ 的对应于特征值$\lambda_2=\frac{1}{2}$的特征向量.

(3) 由(2)的求解结果知

$$\boldsymbol{P}^{-1}\boldsymbol{A}\boldsymbol{P}=\begin{pmatrix} 1 & 0 \\ 0 & 1/2 \end{pmatrix}$$

即

$$A=P\begin{pmatrix}1&0\\0&1/2\end{pmatrix}P^{-1},P^{-1}=\frac{1}{5}\begin{pmatrix}1&1\\-1&4\end{pmatrix}$$

故

$$A^n=P\begin{pmatrix}1&0\\0&\frac{1}{2}\end{pmatrix}^nP^{-1}=\frac{1}{5}\begin{pmatrix}4&-1\\1&1\end{pmatrix}\begin{pmatrix}1&0\\0&\frac{1}{2^n}\end{pmatrix}\begin{pmatrix}1&1\\-1&4\end{pmatrix}=\frac{1}{5}\begin{pmatrix}4+\frac{1}{2^n}&4-\frac{4}{2^n}\\1-\frac{1}{2^n}&1+\frac{4}{2^n}\end{pmatrix}$$

$$\begin{pmatrix}x_{n+1}\\y_{n+1}\end{pmatrix}=A\begin{pmatrix}x_n\\y_n\end{pmatrix}=A^2\begin{pmatrix}x_{n-1}\\y_{n-1}\end{pmatrix}=A^n\begin{pmatrix}x_1\\y_1\end{pmatrix}=\frac{1}{5}\begin{pmatrix}4+\frac{1}{2^n}&4-\frac{4}{2^n}\\1-\frac{1}{2^n}&1+\frac{4}{2^n}\end{pmatrix}\begin{pmatrix}\frac{1}{2}\\\frac{1}{2}\end{pmatrix}=\frac{1}{10}\begin{pmatrix}8-\frac{3}{2^n}\\2+\frac{3}{2^n}\end{pmatrix}.$$

四、自测题四

一、填空题

1. 向量 $\boldsymbol{\alpha}=(-1,0,1,2)^{\mathrm{T}}$ 与 $\boldsymbol{\beta}=(0,-2,0,-1)^{\mathrm{T}}$ 的内积为________.

2. 已知 3 阶方阵 A 的三个特征值为 $1,-2,3$，则 $|A|=$________，A^{-1} 的特征值为________.

3. 设 $\lambda=0$ 是矩阵 $A=\begin{pmatrix}1&0&1\\0&2&0\\1&0&a\end{pmatrix}$ 的特征值，则 $a=$______，A 的另一特征值为______.

4. 已知矩阵 $A=\begin{pmatrix}1&-1&1\\2&4&-2\\-3&-3&5\end{pmatrix}$，$B=\begin{pmatrix}\lambda&0&0\\0&2&0\\0&0&2\end{pmatrix}$，且 $A\sim B$，则 $\lambda=$________.

5. 若 3 阶矩阵 $A\sim B$，矩阵 A 有特征值 $1,2,3$，则 $|2B-E|$________.

二、选择题

1. 设 $A=\begin{pmatrix}1&2\\3&2\end{pmatrix}$，则 A 的特征值为(　　).

(A) 1,2　　(B) 1,4　　(C) −1,4　　(D) 2,3

2. 可逆矩阵 A 与矩阵(　　)有相同的特征值.

(A) A^{T}　　(B) A^{-1}　　(C) A^2　　(D) $A+E$

3. 设 $\lambda=2$ 是非奇异矩阵 A 的一个特征值，则矩阵 $\left(\frac{1}{3}A^2\right)^{-1}$ 有一个特征值为(　　).

(A) $\frac{4}{3}$　　(B) $\frac{3}{4}$　　(C) $\frac{1}{2}$　　(D) $\frac{1}{4}$

4. 设 n 阶方阵 $\boldsymbol{A}$ 与某对角矩阵相似，则下列结论中正确的是(　　).

(A) 方阵 $\boldsymbol{A}$ 的秩等于 n　　(B) 方阵 $\boldsymbol{A}$ 有 n 个不同的特征值

(C) 方阵 $\boldsymbol{A}$ 是一个对角矩阵　　(D) 方阵 $\boldsymbol{A}$ 有 n 个线性无关的特征向量

5. 设 $\boldsymbol{A}$ 为 n 阶可逆方阵，λ 为 $\boldsymbol{A}$ 的一个特征值，则 $\boldsymbol{A}$ 的伴随阵 $\boldsymbol{A}^*$ 的一个特征值为(　　).

(A) $\lambda^{-1}|\boldsymbol{A}|^n$　　(B) $\lambda^{-1}|\boldsymbol{A}|$　　(C) $\lambda|\boldsymbol{A}|$　　(D) $\lambda^{-1}|\boldsymbol{A}|^{n-1}$

6. 设 n 阶方阵 $\boldsymbol{A}$ 满足 $|\boldsymbol{A}+\boldsymbol{E}|=0$，则 $\boldsymbol{A}$ 必有一个特征值为(　　).

(A) 1　　(B) -1　　(C) 0　　(D) 2

7. 设 $\boldsymbol{A}$ 的特征多项式 $|\lambda\boldsymbol{E}-\boldsymbol{A}|=\lambda^4+\lambda^3$，则 $\lambda=0$(　　).

(A) 不是 $\boldsymbol{A}$ 的特征值　　(B) 是 $\boldsymbol{A}$ 的特征值

(C) 是 $\boldsymbol{A}$ 的三重特征值　　(D) 是 $\boldsymbol{A}$ 的四重特征值

三、计算与证明题

1. 求 $\boldsymbol{A}=\begin{pmatrix}2&1&1\\0&2&0\\0&-1&1\end{pmatrix}$ 的特征值与特征向量.

2. 利用施密特正交化方法，将向量组

$$\boldsymbol{\alpha}_1=(1,-2,2)^{\mathrm{T}},\boldsymbol{\alpha}_2=(-1,0,-1)^{\mathrm{T}},\boldsymbol{\alpha}_3=(5,-3,-7)^{\mathrm{T}},$$

化为正交的单位向量组.

3. 求正交阵 $\boldsymbol{P}$，将矩阵 $\boldsymbol{A}$ 对角化，其中 $\boldsymbol{A}=\begin{pmatrix}1&-2&0\\-2&2&-2\\0&-2&3\end{pmatrix}$.

4. 设 n 阶方阵 $\boldsymbol{A}$ 满足 $\boldsymbol{A}^2-3\boldsymbol{A}-4\boldsymbol{E}=\boldsymbol{O}$，证明：$\boldsymbol{A}$ 的特征值只能是 4 或 -1.

五、教材习题全解

习题 4.1

1. 求下列矩阵的特征值及对应的特征向量.

(1) $\boldsymbol{A}=\begin{pmatrix}1&2\\5&4\end{pmatrix}$　　(2) $\boldsymbol{A}=\begin{pmatrix}-1&-4&1\\1&3&0\\0&0&2\end{pmatrix}$　　(3) $\boldsymbol{A}=\begin{pmatrix}-2&0&-4\\1&2&1\\1&0&3\end{pmatrix}$

解：(1) 该方阵的特征多项式是 $|\lambda\boldsymbol{E}-\boldsymbol{A}|=\begin{vmatrix}\lambda-1&-2\\-5&\lambda-4\end{vmatrix}=(\lambda+1)(\lambda-6)$，

所以特征值为 $\lambda_1=-1,\lambda_2=6$.

当 $\lambda_1=-1$ 时，解齐次线性方程组 $(-\boldsymbol{E}-\boldsymbol{A})\boldsymbol{x}=\boldsymbol{0}$. 由

$$-\boldsymbol{E}-\boldsymbol{A}=\begin{pmatrix}-2 & -2\\ -5 & -5\end{pmatrix}\rightarrow\begin{pmatrix}1 & 1\\ 0 & 0\end{pmatrix}$$

得基础解系为 $\boldsymbol{p}_1=(-1,1)^{\mathrm{T}}$,所以 $\boldsymbol{A}$ 的属于特征值-1 的全部特征向量为 $k_1\boldsymbol{p}_1$,其中 k_1 为不等于零的常数.

当 $\lambda_2=6$ 时,解齐次线性方程组$(6\boldsymbol{E}-\boldsymbol{A})\boldsymbol{x}=\boldsymbol{0}$. 由

$$6\boldsymbol{E}-\boldsymbol{A}=\begin{pmatrix}5 & -2\\ -5 & 2\end{pmatrix}\rightarrow\begin{pmatrix}1 & -\frac{2}{5}\\ 0 & 0\end{pmatrix}$$

得基础解系为 $\boldsymbol{p}_2=(2,5)^{\mathrm{T}}$,所以 $\boldsymbol{A}$ 的属于特征 6 值的全部特征向量为 $k_2\boldsymbol{p}_2(k_2\neq 0)$.

(2) 该方阵的特征多项式是 $|\lambda\boldsymbol{E}-\boldsymbol{A}|=\begin{vmatrix}\lambda+1 & 4 & -1\\ -1 & \lambda-3 & 0\\ 0 & 0 & \lambda-2\end{vmatrix}=(\lambda-2)(\lambda-1)^2$,所以特征值为 $\lambda_1=\lambda_2=1,\lambda_3=-2$.

当 $\lambda_1=\lambda_2=1$ 时,解齐次线性方程组$(\boldsymbol{E}-\boldsymbol{A})\boldsymbol{x}=\boldsymbol{0}$. 由

$$\boldsymbol{E}-\boldsymbol{A}=\begin{pmatrix}2 & 4 & -1\\ -1 & -2 & 0\\ 0 & 0 & -1\end{pmatrix}\rightarrow\begin{pmatrix}1 & 2 & 0\\ 0 & 0 & 1\\ 0 & 0 & 0\end{pmatrix}$$

得基础解系为 $\boldsymbol{p}_1=(-2,1,0)^{\mathrm{T}}$,所以 $\boldsymbol{A}$ 的属于特征值 1 的全部特征向量为 $k_1\boldsymbol{p}_1$,其中 k_1 为不等于零的常数.

当 $\lambda_3=2$ 时,解齐次线性方程组$(2\boldsymbol{E}-\boldsymbol{A})\boldsymbol{x}=\boldsymbol{0}$. 由

$$2\boldsymbol{E}-\boldsymbol{A}=\begin{pmatrix}3 & 4 & -1\\ -1 & -1 & 0\\ 0 & 0 & 0\end{pmatrix}\rightarrow\begin{pmatrix}1 & 0 & 1\\ 0 & 1 & -1\\ 0 & 0 & 0\end{pmatrix}$$

得基础解系为 $\boldsymbol{p}_2=(-1,1,1)^{\mathrm{T}}$,所以 $\boldsymbol{A}$ 的属于特征值 2 的全部特征向量为 $k_2\boldsymbol{p}_2\ (k_2\neq 0)$.

(3) 该方阵的特征多项式是 $|\lambda\boldsymbol{E}-\boldsymbol{A}|=\begin{vmatrix}\lambda+2 & 0 & 4\\ -1 & \lambda-2 & -1\\ -1 & 0 & \lambda-3\end{vmatrix}=(\lambda+1)(\lambda-2)^2$,所以特征值为 $\lambda_1=-1,\lambda_2=\lambda_3=2$.

当 $\lambda_1=-1$ 时,解齐次线性方程组$(-\boldsymbol{E}-\boldsymbol{A})\boldsymbol{x}=\boldsymbol{0}$. 由

$$-\boldsymbol{E}-\boldsymbol{A}=\begin{pmatrix}1 & 0 & 4\\ -1 & -3 & -1\\ -1 & 0 & -4\end{pmatrix}\rightarrow\begin{pmatrix}1 & 0 & 4\\ 0 & 1 & -1\\ 0 & 0 & 0\end{pmatrix}$$

得基础解系为 $\boldsymbol{p}_1=(-4,1,1)^{\mathrm{T}}$,所以 $\boldsymbol{A}$ 的属于特征值-1 的全部特征向量为 $k_1\boldsymbol{p}_1$,其中 k_1 为不等于零的常数.

当 $\lambda_3=2$ 时,解齐次线性方程组$(2\boldsymbol{E}-\boldsymbol{A})\boldsymbol{x}=\boldsymbol{0}$. 由

$$2E-A=\begin{pmatrix}4&0&4\\-1&0&-1\\-1&0&-1\end{pmatrix}\to\begin{pmatrix}1&0&1\\0&0&0\\0&0&0\end{pmatrix}$$

得基础解系为 $p_2=(-2,1,0)^T$，$p_3=(-1,0,1)^T$，所以 A 的属于特征值 2 的全部特征向量为 $k_2p_2+k_3p_3$，k_1,k_2 为不全等于零的常数.

2. 设 $A=\begin{pmatrix}7&4&-1\\4&7&y\\-4&-4&x\end{pmatrix}$ 的特征值为 $\lambda_1=\lambda_2=3,\lambda_3=12$，求 x,y 的值.

解：由教材定理 4.2 得 $\lambda_1+\lambda_2+\lambda_3=18=7+7+x$，从而 $x=4$，另外

$$\lambda_1\lambda_2\lambda_3=108=|A|=120+12y,$$

所以 $y=-1$.

3. 证明：若 $A^2=O$，则 A 的特征值全为零.

证明：设 λ 是矩阵 A 的任一特征值，$\alpha\neq 0$ 是对应的特征向量，则 $A\alpha=\lambda\alpha$，所以

$$0=A^2\alpha=A(A\alpha)=\lambda^2\alpha,$$

而 $\alpha\neq 0$，故 $\lambda=0$.

4. 如果 n 阶矩阵 A 满足 $A^2=A$，则称 A 为幂等矩阵. 试证：幂等矩阵的特征值只能是 0 或 1.

证明：设 λ 是 A 的特征值，对应的特征向量为 $\alpha\neq 0$，由 $A\alpha=\lambda\alpha$，有

$$A^2\alpha=A(A\alpha)=A(\lambda\alpha)=\lambda A\alpha=\lambda^2\alpha$$

等式 $A^2=A$ 两边右乘 α，有

$$A^2\alpha-A\alpha=0$$

即 $\lambda^2\alpha-\lambda\alpha=0$，也即 $(\lambda^2-\lambda)\alpha=0$，因为 $\alpha\neq 0$，所以 $\lambda^2-\lambda=0$，故 $\lambda_1=0,\lambda_2=1$. 从而幂等矩阵的特征值只能是 0 或 1.

5. 已知三阶方阵 A 的特征值分别是 $1,-1,2$，求下列各矩阵的所有特征值.

(1) $|A|A^T$；(2) A^3+2A^2-3A+E.

解：$|A|=1\times(-1)\times 2=-2$

(1) $|A|A^T$ 的特征值：$-2,2,-4$.

(2) A^3+2A^2-3A+E 的特征值分别为：

$1^3+2\times 1^2-3\times 1+1,(-1)^3+2\times(-1)^2-3\times(-1)+1,2^3+2\times 2^2-3\times 2+1$

即为 $1,5,11$.

6. 三阶矩阵 A 的特征值为 $-2,1,3$，则下列矩阵中可逆矩阵是(　　)

(A) $2E-A$　　(B) $2E+A$　　(C) $E-A$　　(D) $A-3E$

解：可逆矩阵的特征值不能为零，上述矩阵中 $2E-A$ 的特征值为：$4,1,-1$；$2E+A$ 的特征值为：$0,3,5$；$E-A$ 的特征值为：$3,0,-2$；$A-3E$ 的特征值为：$-5,-2,0$. 所以正确答案为 A.

习题 4.2

1. 已知 n 阶方阵 $\boldsymbol{A}$、$\boldsymbol{B}$ 相似，且 $|\boldsymbol{A}|=5$，求 $|\boldsymbol{B}^{\mathrm{T}}|$，$|(\boldsymbol{A}^{\mathrm{T}}\boldsymbol{B})^{-1}|$.

解：因为 $\boldsymbol{A}\sim\boldsymbol{B}$，所以有 $|\boldsymbol{A}|=|\boldsymbol{B}|$，又因 $|\boldsymbol{B}^{\mathrm{T}}|=|\boldsymbol{B}|$，则得 $|\boldsymbol{B}^{\mathrm{T}}|=5$.

$$|(\boldsymbol{A}^{\mathrm{T}}\boldsymbol{B})^{-1}|=|(\boldsymbol{A}^{\mathrm{T}}\boldsymbol{B})|^{-1}=(|\boldsymbol{A}^{\mathrm{T}}|\cdot|\boldsymbol{B}|)^{-1}=(|\boldsymbol{A}|\cdot|\boldsymbol{B}|)^{-1}=\frac{1}{25}.$$

2. 若 $\boldsymbol{A}=\begin{pmatrix}22 & 31\\ y & x\end{pmatrix}$ 与 $\boldsymbol{B}=\begin{pmatrix}1 & 2\\ 3 & 4\end{pmatrix}$ 相似，求 x,y 的值.

解：因为 $\boldsymbol{A}\sim\boldsymbol{B}$，所以 $|\boldsymbol{A}|=|\boldsymbol{B}|$，由此得 $22x-31y=-2$，又由于 $\boldsymbol{A}\sim\boldsymbol{B}$，所以 $tr(\boldsymbol{A})=tr(\boldsymbol{B})$，得 $22+x=1+4$，解得：$x=-17$，$y=-12$.

3. (1) 已知 $\boldsymbol{A}=\begin{pmatrix}3 & -1 & 1\\ 2 & 0 & 1\\ 1 & -1 & 2\end{pmatrix}$，问矩阵 $\boldsymbol{A}$ 可否对角化？若可对角化求出可逆阵 $\boldsymbol{P}$ 及对角阵 $\boldsymbol{\Lambda}$.

(2) 已知 $\boldsymbol{A}=\begin{pmatrix}-2 & 0 & -4\\ 1 & 2 & 1\\ 1 & 0 & 3\end{pmatrix}$，问矩阵 $\boldsymbol{A}$ 可否对角化？若可对角化求出可逆阵 $\boldsymbol{P}$ 及对角阵 $\boldsymbol{\Lambda}$.

解：(1) 因为 $|\lambda\boldsymbol{E}-\boldsymbol{A}|=\begin{vmatrix}\lambda-3 & 1 & -1\\ -2 & \lambda & -1\\ -1 & 1 & \lambda-2\end{vmatrix}=(\lambda-1)(\lambda-2)^2$，所以矩阵 $\boldsymbol{A}$ 的特征值为 $\lambda_1=\lambda_2=2$，$\lambda_3=1$.

当 $\lambda_1=\lambda_2=2$ 时，$\lambda_1\boldsymbol{E}-\boldsymbol{A}=\begin{pmatrix}-1 & 1 & -1\\ -2 & 2 & -1\\ -1 & 1 & 0\end{pmatrix}\to\begin{pmatrix}1 & -1 & 1\\ 0 & 0 & 1\\ 0 & 0 & 0\end{pmatrix}$.

取 x_2 为自由未知量，对应的方程组为 $\begin{cases}x_1+x_3=x_2\\ x_3=0\end{cases}$，求得它的一个基础解系为 $\boldsymbol{\alpha}_1=(1,1,0)^{\mathrm{T}}$.

当 $\lambda_3=1$ 时，$\lambda_3\boldsymbol{E}-\boldsymbol{A}=\begin{pmatrix}-2 & 1 & -1\\ -2 & 1 & -1\\ -1 & 1 & -1\end{pmatrix}\to\begin{pmatrix}1 & -1 & 1\\ -2 & 1 & -1\\ -2 & 1 & -1\end{pmatrix}\to\begin{pmatrix}1 & -1 & 1\\ 0 & 1 & -1\\ 0 & 0 & 0\end{pmatrix}$.

取 x_3 为自由未知量，对应的方程组为 $\begin{cases}x_1-x_2+x_3=0\\ x_2-x_3=0\end{cases}$，求得它的一个基础解系为 $\boldsymbol{\alpha}_2=(0,1,1)^{\mathrm{T}}$.

因为 $\boldsymbol{A}$ 只有 2 个线性无关的特征向量 $\boldsymbol{\alpha}_1$，$\boldsymbol{\alpha}_2$，而 $n=3$，所以矩阵 $\boldsymbol{A}$ 不能对角化.

(2) 因为$|\lambda \boldsymbol{E}-\boldsymbol{A}|=\begin{vmatrix}\lambda+2 & 0 & 4\\ -1 & \lambda-2 & -1\\ -1 & 0 & \lambda-3\end{vmatrix}=(\lambda+1)(\lambda-2)^2$,所以矩阵$\boldsymbol{A}$的特征值为$\lambda_1=-1,\lambda_2=\lambda_3=2$.

当$\lambda_1=-1$时,$-\boldsymbol{E}-\boldsymbol{A}=\begin{pmatrix}1 & 0 & 4\\ -1 & -3 & -1\\ -1 & 0 & -4\end{pmatrix}\rightarrow\begin{pmatrix}1 & 0 & 4\\ 0 & 1 & -1\\ 0 & 0 & 0\end{pmatrix}$,取$x_3$为自由未知量,求得基础解系为$\boldsymbol{\alpha}_1=(-4,1,1)^{\mathrm{T}}$.

当$\lambda_2=\lambda_3=2$时,$2\boldsymbol{E}-\boldsymbol{A}=\begin{pmatrix}4 & 0 & 4\\ -1 & 0 & -1\\ -1 & 0 & -1\end{pmatrix}\rightarrow\begin{pmatrix}1 & 0 & 1\\ 0 & 0 & 0\\ 0 & 0 & 0\end{pmatrix}$,取$x_2,x_3$为自由未知量,求得基础解系为$\boldsymbol{\alpha}_2=(0,1,0)^{\mathrm{T}},\boldsymbol{\alpha}_3=(-1,0,1)^{\mathrm{T}}$.

因为$\boldsymbol{A}$有3个线性无关的特征向量$\boldsymbol{\alpha}_1,\boldsymbol{\alpha}_2,\boldsymbol{\alpha}_3$,而$n=3$,所以矩阵$\boldsymbol{A}$能对角化. 可逆阵$\boldsymbol{P}$及对角阵$\boldsymbol{\Lambda}$分别如下:

$$\boldsymbol{P}=\begin{pmatrix}-4 & 0 & -1\\ 1 & 1 & 0\\ 1 & 0 & 1\end{pmatrix},\boldsymbol{\Lambda}=\begin{pmatrix}-1 & 0 & 0\\ 0 & 2 & 0\\ 0 & 0 & 2\end{pmatrix}.$$

4. 已知$\boldsymbol{A}=\begin{pmatrix}3 & 1\\ 5 & -1\end{pmatrix}$,求$\boldsymbol{A}^n$.

解:$|\lambda\boldsymbol{E}-\boldsymbol{A}|=(\lambda-4)(\lambda+2)$,解得$\boldsymbol{A}$的特征值为$\lambda_1=4,\lambda_2=-2$,当$\lambda_1=4$时,解线性方程组$(4\boldsymbol{E}-\boldsymbol{A})\boldsymbol{x}=\boldsymbol{0}$,解得一个基础解系$\boldsymbol{\alpha}_1=(1,1)^{\mathrm{T}}$,当$\lambda_2=-2$时,解线性方程组$(-2\boldsymbol{E}-\boldsymbol{A})\boldsymbol{x}=\boldsymbol{0}$,解得一个基础解系$\boldsymbol{\alpha}_2=(1,-5)^{\mathrm{T}}$,所以可逆阵$\boldsymbol{P}=(\boldsymbol{\alpha}_1,\boldsymbol{\alpha}_2)=\begin{pmatrix}1 & 1\\ 1 & -5\end{pmatrix}$,相应的对角阵$\boldsymbol{\Lambda}=\begin{pmatrix}4 & 0\\ 0 & -2\end{pmatrix}$. 从而

$$\boldsymbol{A}^n=\boldsymbol{P}\boldsymbol{\Lambda}^n\boldsymbol{P}^{-1}=\begin{pmatrix}1 & 1\\ 1 & -5\end{pmatrix}\begin{pmatrix}4 & 0\\ 0 & -2\end{pmatrix}^n\begin{pmatrix}\frac{5}{6} & \frac{1}{6}\\ \frac{1}{6} & -\frac{1}{6}\end{pmatrix}=\begin{pmatrix}\frac{5}{6}4^n+\frac{1}{6}(-2)^n & \frac{1}{6}4^n-\frac{1}{6}(-2)^n\\ \frac{5}{6}4^n-\frac{5}{6}(-2)^n & \frac{1}{6}4^n+\frac{5}{6}(-2)^n\end{pmatrix}.$$

5. 如果$\boldsymbol{A}$、$\boldsymbol{B}$为n阶可逆方阵,试证$\boldsymbol{AB}$与$\boldsymbol{BA}$的特征值相同.

证明:因为$\boldsymbol{A}$可逆,所以$\boldsymbol{A}^{-1}(\boldsymbol{AB})\boldsymbol{A}=(\boldsymbol{A}^{-1}\boldsymbol{A})\boldsymbol{BA}=\boldsymbol{BA}$,即$\boldsymbol{AB}$与$\boldsymbol{BA}$相似,由教材定理4.5得$\boldsymbol{AB}$与$\boldsymbol{BA}$的特征值相同.

6. 设3阶矩阵$\boldsymbol{A}$的特征值为$\lambda_1=1,\lambda_2=2,\lambda_3=3$,对应的特征向量依次为

$$\boldsymbol{\alpha}_1=\begin{pmatrix}1\\ 1\\ 1\end{pmatrix},\boldsymbol{\alpha}_2=\begin{pmatrix}1\\ 2\\ 4\end{pmatrix},\boldsymbol{\alpha}_3=\begin{pmatrix}1\\ 3\\ 9\end{pmatrix}.$$

求$\boldsymbol{A}^n$.

解:$\boldsymbol{A}=\boldsymbol{P\Lambda P}^{-1}$,其中 $\boldsymbol{P}=(\boldsymbol{\alpha}_1,\boldsymbol{\alpha}_2,\boldsymbol{\alpha}_3)=\begin{pmatrix}1&1&1\\1&2&3\\1&4&9\end{pmatrix}$,$\boldsymbol{\Lambda}=\begin{pmatrix}1&0&0\\0&2&0\\0&0&3\end{pmatrix}$

$$\boldsymbol{A}^n=\boldsymbol{P\Lambda}^n\boldsymbol{P}^{-1}=\begin{pmatrix}1&2^n&3^n\\1&2^{n+1}&3^{n+1}\\1&2^{n+2}&3^{n+2}\end{pmatrix}\begin{pmatrix}3&-5/2&1/2\\-3&4&-1\\1&-3/2&1/2\end{pmatrix}$$

$$=\begin{pmatrix}3-3\cdot 2^n+3^n & -\frac{5}{2}+2^{n+2}-\frac{3^{n+1}}{2} & \frac{1}{2}-2^n+\frac{3^n}{2}\\ 3-3\cdot 2^{n+1}+3^{n+1} & -\frac{5}{2}+2^{n+3}-\frac{3^{n+2}}{2} & \frac{1}{2}-2^{n+1}+\frac{3^{n+1}}{2}\\ 3-3\cdot 2^{n+2}+3^{n+2} & -\frac{5}{2}+2^{n+4}-\frac{3^{n+3}}{2} & \frac{1}{2}-2^{n+2}+\frac{3^{n+2}}{2}\end{pmatrix}.$$

7. 设方阵 $\boldsymbol{A}=\begin{pmatrix}2&0&0\\0&0&1\\0&1&x\end{pmatrix}$ 与 $\boldsymbol{B}=\begin{pmatrix}2&0&0\\0&y&0\\0&0&-1\end{pmatrix}$ 相似,求 x,y 之值,并求可逆阵 $\boldsymbol{P}$,使 $\boldsymbol{P}^{-1}\boldsymbol{AP}=\boldsymbol{B}$.

解:因为 $\boldsymbol{A}\sim\boldsymbol{B}$,有 $|\boldsymbol{A}|=|\boldsymbol{B}|\Rightarrow -2=-2y\Rightarrow y=1$,

又有:$tr(\boldsymbol{A})=tr(\boldsymbol{B})\Rightarrow 2+x=2+y+(-1)\Rightarrow x=0$.

$\boldsymbol{A}$ 的特征值分别是:$\lambda_1=2,\lambda_2=1,\lambda_3=-1$,

而 $\lambda_1=2$ 对应的特征向量为:$k(1,0,0)^{\mathrm{T}}(k\neq 0)$,$\lambda_2=1$ 对应的特征向量为:$k(0,1,1)^{\mathrm{T}}(k\neq 0)$,$\lambda_3=-1$ 对应的特征向量为:$k(0,1,-1)^{\mathrm{T}}(k\neq 0)$,所以 $\boldsymbol{P}=\begin{pmatrix}1&0&0\\0&1&1\\0&1&-1\end{pmatrix}$.

习题 4.3

1. 以下哪些是正交阵?说明理由.

(1) $\begin{pmatrix}\frac{1}{9}&-\frac{8}{9}&-\frac{4}{9}\\-\frac{8}{9}&\frac{1}{9}&-\frac{4}{9}\\-\frac{4}{9}&-\frac{4}{9}&\frac{7}{9}\end{pmatrix}$　(2) $\begin{pmatrix}0&\frac{1}{\sqrt{3}}&-\frac{2}{\sqrt{6}}\\\frac{1}{\sqrt{2}}&\frac{1}{\sqrt{3}}&\frac{1}{\sqrt{6}}\\-\frac{1}{\sqrt{2}}&\frac{1}{\sqrt{3}}&\frac{1}{\sqrt{6}}\end{pmatrix}$　(3) $\begin{pmatrix}\cos\theta&-\sin\theta\\\sin\theta&\cos\theta\end{pmatrix}$

解:容易验证(1),(2)矩阵的列向量组分别构成了一组标准正交基,(3)所对应的矩阵记为 $\boldsymbol{A}$,容易算得 $\boldsymbol{A}^{\mathrm{T}}\boldsymbol{A}=\boldsymbol{E}$,所以(1)(2)(3)都是正交矩阵.

2. 已知矩阵 $\boldsymbol{A}=\begin{pmatrix} \frac{2}{3} & \frac{1}{\sqrt{2}} & \frac{1}{\sqrt{18}} \\ a & b & \frac{-4}{\sqrt{18}} \\ \frac{2}{3} & -\frac{1}{\sqrt{2}} & \frac{1}{\sqrt{18}} \end{pmatrix}$ 是正交矩阵，求 a,b 的值.

解：$\boldsymbol{A}$ 为正交矩阵，所以 $\boldsymbol{A}$ 的列向量组构成了一组标准正交基，从而有

$$\begin{cases} \frac{2}{3}\cdot\frac{1}{\sqrt{18}}-a\cdot\frac{4}{\sqrt{18}}+\frac{2}{3}\cdot\frac{1}{\sqrt{18}}=0 \\ \frac{1}{\sqrt{2}}\cdot\frac{1}{\sqrt{18}}-b\cdot\frac{4}{\sqrt{18}}-\frac{1}{\sqrt{2}}\cdot\frac{1}{\sqrt{18}}=0 \end{cases}$$

解上述方程可得 $a=\frac{1}{3}, b=0$.

3. 设 $\boldsymbol{\alpha}$ 为单位向量，$\boldsymbol{H}=\boldsymbol{E}-2\boldsymbol{\alpha}\boldsymbol{\alpha}^{\mathrm{T}}$，证明 $\boldsymbol{H}$ 是对称的正交矩阵.

证明：因为 $\boldsymbol{H}^{\mathrm{T}}=(\boldsymbol{E}-2\boldsymbol{\alpha}\boldsymbol{\alpha}^{\mathrm{T}})^{\mathrm{T}}=\boldsymbol{E}-2\boldsymbol{\alpha}\boldsymbol{\alpha}^{\mathrm{T}}=\boldsymbol{H}$，所以 $\boldsymbol{H}$ 是对称的，另外有

$$\begin{aligned} \boldsymbol{H}^{\mathrm{T}}\boldsymbol{H} &= (\boldsymbol{E}-2\boldsymbol{\alpha}\boldsymbol{\alpha}^{\mathrm{T}})(\boldsymbol{E}-2\boldsymbol{\alpha}\boldsymbol{\alpha}^{\mathrm{T}}) \\ &= \boldsymbol{E}^2-2\boldsymbol{\alpha}\boldsymbol{\alpha}^{\mathrm{T}}-2\boldsymbol{\alpha}\boldsymbol{\alpha}^{\mathrm{T}}+4\boldsymbol{\alpha}\boldsymbol{\alpha}^{\mathrm{T}}\boldsymbol{\alpha}\boldsymbol{\alpha}^{\mathrm{T}} \\ &= \boldsymbol{E}-4\boldsymbol{\alpha}\boldsymbol{\alpha}^{\mathrm{T}}+4\boldsymbol{\alpha}(\boldsymbol{\alpha}^{\mathrm{T}}\boldsymbol{\alpha})\boldsymbol{\alpha}^{\mathrm{T}} \\ &= \boldsymbol{E}-4\boldsymbol{\alpha}\boldsymbol{\alpha}^{\mathrm{T}}+4\boldsymbol{\alpha}\boldsymbol{E}\boldsymbol{\alpha}^{\mathrm{T}} \\ &= \boldsymbol{E}-4\boldsymbol{\alpha}\boldsymbol{\alpha}^{\mathrm{T}}+4\boldsymbol{\alpha}\boldsymbol{\alpha}^{\mathrm{T}} \\ &= \boldsymbol{E} \end{aligned}$$

即 $\boldsymbol{H}$ 是正交矩阵.综上所述，$\boldsymbol{H}$ 是对称的正交矩阵.

4. 证明正交矩阵的特征值只能是 1 或 -1.

证明：设 $\boldsymbol{A}$ 为正交矩阵，即 $\boldsymbol{A}^{\mathrm{T}}\boldsymbol{A}=\boldsymbol{E}$，$\lambda$ 是 $\boldsymbol{A}$ 的特征值，对应的特征向量为 $\boldsymbol{\alpha}\neq\boldsymbol{0}$，由 $\boldsymbol{A}\boldsymbol{\alpha}=\lambda\boldsymbol{\alpha}$，有

$$\boldsymbol{A}^{\mathrm{T}}\boldsymbol{A}\boldsymbol{\alpha}=\boldsymbol{A}^{\mathrm{T}}(\boldsymbol{A}\boldsymbol{\alpha})=\boldsymbol{A}^{\mathrm{T}}(\lambda\boldsymbol{\alpha})=\lambda\boldsymbol{A}^{\mathrm{T}}\boldsymbol{\alpha}=\lambda^2\boldsymbol{\alpha}$$

等式 $\boldsymbol{A}^{\mathrm{T}}\boldsymbol{A}=\boldsymbol{E}$ 两边右乘 $\boldsymbol{\alpha}$，有

$$\boldsymbol{A}^{\mathrm{T}}\boldsymbol{A}\boldsymbol{\alpha}-\boldsymbol{E}\boldsymbol{\alpha}=\boldsymbol{0}$$

即 $\lambda^2\boldsymbol{\alpha}-\boldsymbol{\alpha}=\boldsymbol{0}$，也即 $(\lambda^2-1)\boldsymbol{\alpha}=\boldsymbol{0}$，因为 $\boldsymbol{\alpha}\neq\boldsymbol{0}$，所以 $\lambda^2-1=0$，故 $\lambda_1=1, \lambda_2=-1$. 从而正交矩阵的特征值只能是 1 或 -1.

5. 设 $\boldsymbol{\alpha}_1=\begin{pmatrix}1\\-1\\0\end{pmatrix}, \boldsymbol{\alpha}_2=\begin{pmatrix}2\\1\\3\end{pmatrix}, \boldsymbol{\alpha}_3=\begin{pmatrix}3\\1\\2\end{pmatrix}$，用施密特正交化方法将向量组正交规范化.

解：取 $\boldsymbol{\beta}_1=\boldsymbol{\alpha}_1$，然后令

$$\boldsymbol{\beta}_2=\boldsymbol{\alpha}_2-\frac{\langle\boldsymbol{\beta}_1,\boldsymbol{\alpha}_2\rangle}{\langle\boldsymbol{\beta}_1,\boldsymbol{\beta}_1\rangle}\boldsymbol{\beta}_1=\begin{pmatrix}2\\1\\3\end{pmatrix}-\frac{1}{2}\begin{pmatrix}1\\-1\\0\end{pmatrix}=\frac{3}{2}\begin{pmatrix}1\\1\\2\end{pmatrix};$$

$$\boldsymbol{\beta}_3=\boldsymbol{\alpha}_3=\frac{\langle\boldsymbol{\beta}_1,\boldsymbol{\alpha}_3\rangle}{\langle\boldsymbol{\beta}_1,\boldsymbol{\beta}_1\rangle}\boldsymbol{\beta}_1-\frac{\langle\boldsymbol{\beta}_2,\boldsymbol{\alpha}_3\rangle}{\langle\boldsymbol{\beta}_2,\boldsymbol{\beta}_2\rangle}\boldsymbol{\beta}_2=\begin{pmatrix}3\\1\\2\end{pmatrix}-\frac{2}{2}\begin{pmatrix}1\\-1\\0\end{pmatrix}-\frac{12}{27/2}\cdot\frac{3}{2}\begin{pmatrix}1\\1\\2\end{pmatrix}=\frac{2}{3}\begin{pmatrix}1\\1\\-1\end{pmatrix};$$

再把它们单位化，取

$$\boldsymbol{e}_1=\frac{\boldsymbol{\beta}_1}{\|\boldsymbol{\beta}_1\|}=\frac{1}{\sqrt{2}}\begin{pmatrix}1\\-1\\0\end{pmatrix},\boldsymbol{e}_2=\frac{\boldsymbol{\beta}_2}{\|\boldsymbol{\beta}_2\|}=\frac{1}{\sqrt{6}}\begin{pmatrix}1\\1\\2\end{pmatrix},\boldsymbol{e}_3=\frac{\boldsymbol{\beta}_3}{\|\boldsymbol{\beta}_3\|}=\frac{1}{\sqrt{3}}\begin{pmatrix}1\\1\\-1\end{pmatrix}.$$

即 $\boldsymbol{e}_1,\boldsymbol{e}_2,\boldsymbol{e}_3$ 即为所求.

6. 已知 $\boldsymbol{\alpha}=(1,2,-1,1)^{\mathrm{T}},\boldsymbol{\beta}=(2,3,1,-1)^{\mathrm{T}},\boldsymbol{\gamma}=(-1,-1,-2,2)^{\mathrm{T}}$，求：

(1) 内积 $\langle\boldsymbol{\alpha},\boldsymbol{\beta}\rangle,\langle\boldsymbol{\alpha},\boldsymbol{\gamma}\rangle$；

(2) 向量 $\boldsymbol{\alpha},\boldsymbol{\beta},\boldsymbol{\gamma}$ 的范数；

(3) 与 $\boldsymbol{\alpha},\boldsymbol{\beta},\boldsymbol{\gamma}$ 都正交的所有向量.

解：(1) $\langle\boldsymbol{\alpha},\boldsymbol{\beta}\rangle=1\times2+2\times3+(-1)\times1+1\times(-1)=6$，

$\langle\boldsymbol{\alpha},\boldsymbol{\gamma}\rangle=1\times(-1)+2\times(-1)+(-1)\times(-2)+1\times2=1.$

(2) $\|\boldsymbol{\alpha}\|=\sqrt{1^2+2^2+(-1)^2+1^2}=\sqrt{7}$，

$\|\boldsymbol{\beta}\|=\sqrt{2^2+3^2+1^2+(-1)^2}=\sqrt{15}$，

$\|\boldsymbol{\gamma}\|=\sqrt{(-1)^2+(-1)^2+(-2)^2+2^2}=\sqrt{10}.$

(3) 设与 $\boldsymbol{\alpha},\boldsymbol{\beta},\boldsymbol{\gamma}$ 都正交的所有向量为 $(x_1,x_2,x_3,x_4)^{\mathrm{T}}$，则有

$$\begin{cases}x_1+2x_2-x_3+x_4=0\\2x_1+3x_2+x_3-x_4=0\\-x_1-x_2-2x_3+2x_4=0\end{cases}$$

对系数矩阵施行初等行变换，化为行阶梯形矩阵：

$$\boldsymbol{A}=\begin{pmatrix}1&2&-1&1\\2&3&1&-1\\-1&-1&-2&-2\end{pmatrix}\xrightarrow[r_3+r_1]{r_2-2r_1}\begin{pmatrix}1&2&-1&1\\0&-1&3&-3\\0&1&-3&3\end{pmatrix}\xrightarrow[r_2\times(-1)]{r_3+r_2}\begin{pmatrix}1&2&-1&1\\0&1&-3&3\\0&0&0&0\end{pmatrix}.$$

由行阶梯形矩阵可知，$r(\boldsymbol{A})=2<4$，可知方程组有非零解. 将行阶梯形矩阵进一步化为行最简形阵：

$$\boldsymbol{A}=\begin{pmatrix}1&2&-1&1\\2&3&1&-1\\-1&-1&-2&2\end{pmatrix}\xrightarrow[r_2\times(-1)]{r_3+r_2}\begin{pmatrix}1&2&-1&1\\0&1&-3&3\\0&0&0&0\end{pmatrix}\xrightarrow{r_1-2r_2}\begin{pmatrix}1&0&5&-5\\0&1&-3&3\\0&0&0&0\end{pmatrix}.$$

由行最简形阵得到同解方程组

$$\begin{cases}x_1=-5x_3+5x_4\\x_3=\quad 3x_3-3x_4\end{cases}$$

设 x_3,x_4 为自由变量，令 $x_3=t_1,x_4=t_2$，可得方程组的通解为 $t_1(-5,3,1,0)^{\mathrm{T}}+t_2(5,-3,0,1)^{\mathrm{T}}$，$t_1,t_2$ 为任意常数. 即与 $\boldsymbol{\alpha},\boldsymbol{\beta},\boldsymbol{\gamma}$ 都正交的所有向量为 $t_1(-5,3,1,0)^{\mathrm{T}}+t_2(5,-3,$

0,1)^{T},t_1,t_2 为任意常数.

习题 4.4

1. 设 3 阶实对称矩阵 $\boldsymbol{A}$ 的特征值是 1,2,3,矩阵 $\boldsymbol{A}$ 的属于特征值 1,2 的特征向量分别为 $\boldsymbol{\alpha}_1=(-1,-1,1)^{\mathrm{T}}$,$\boldsymbol{\alpha}_2=(1,-2,-1)^{\mathrm{T}}$. (1) 求 $\boldsymbol{A}$ 的属于 3 的特征向量;(2) 求矩阵 $\boldsymbol{A}$.

解:(1) 设 $\boldsymbol{A}$ 的属于 3 的特征向量为 $\boldsymbol{\alpha}_3=(x_1,x_2,x_3)^{\mathrm{T}}$,因 $\boldsymbol{\alpha}_1,\boldsymbol{\alpha}_2,\boldsymbol{\alpha}_3$ 为是实对称矩阵 $\boldsymbol{A}$ 的属于不同特征值的特征向量,所以 $\boldsymbol{\alpha}_1,\boldsymbol{\alpha}_2,\boldsymbol{\alpha}_3$ 两两正交,故有:$\boldsymbol{\alpha}_1^{\mathrm{T}}\boldsymbol{\alpha}_3=0$,$\boldsymbol{\alpha}_2^{\mathrm{T}}\boldsymbol{\alpha}_3=0$,即得一线性方程组:

$$\begin{cases}-x_1-x_2+x_3=0\\ x_1-2x_2-x_3=0\end{cases},$$

解得非零解为 $\boldsymbol{\alpha}_3=(1,0,1)^{\mathrm{T}}$,则 $\boldsymbol{A}$ 的属于 3 的特征向量为 $k(1,0,1)^{\mathrm{T}}$(k 为非零常数).

将 $\boldsymbol{\alpha}_1,\boldsymbol{\alpha}_2,\boldsymbol{\alpha}_3$ 单位化得:

$$\boldsymbol{\beta}_1=\left(-\frac{1}{\sqrt{3}},-\frac{1}{\sqrt{3}},\frac{1}{\sqrt{3}}\right)^{\mathrm{T}},\boldsymbol{\beta}_2=\left(\frac{1}{\sqrt{6}},-\frac{2}{\sqrt{6}},-\frac{1}{\sqrt{6}}\right)^{\mathrm{T}},\boldsymbol{\beta}_3=\left(\frac{1}{\sqrt{2}},0,\frac{1}{\sqrt{2}}\right)^{\mathrm{T}}$$

令 $\boldsymbol{P}=(\boldsymbol{\beta}_1,\boldsymbol{\beta}_2,\boldsymbol{\beta}_3)=\begin{pmatrix}-\frac{1}{\sqrt{3}} & \frac{1}{\sqrt{6}} & \frac{1}{\sqrt{2}}\\ -\frac{1}{\sqrt{3}} & -\frac{2}{\sqrt{6}} & 0\\ \frac{1}{\sqrt{3}} & -\frac{1}{\sqrt{6}} & \frac{1}{\sqrt{2}}\end{pmatrix}$,则有 $\boldsymbol{P}^{-1}\boldsymbol{A}\boldsymbol{P}=\boldsymbol{\Lambda}=\begin{pmatrix}1&0&0\\0&2&0\\0&0&3\end{pmatrix}$,故

$$\begin{aligned}\boldsymbol{A}&=\boldsymbol{P}\boldsymbol{\Lambda}\boldsymbol{P}^{-1}=\boldsymbol{P}\boldsymbol{\Lambda}\boldsymbol{P}^{\mathrm{T}}\\ &=\begin{pmatrix}-\frac{1}{\sqrt{3}} & \frac{1}{\sqrt{6}} & \frac{1}{\sqrt{2}}\\ -\frac{1}{\sqrt{3}} & -\frac{2}{\sqrt{6}} & 0\\ \frac{1}{\sqrt{3}} & -\frac{1}{\sqrt{6}} & \frac{1}{\sqrt{2}}\end{pmatrix}\begin{pmatrix}1&0&0\\0&2&0\\0&0&3\end{pmatrix}\begin{pmatrix}-\frac{1}{\sqrt{3}} & -\frac{1}{\sqrt{3}} & \frac{1}{\sqrt{3}}\\ \frac{1}{\sqrt{6}} & -\frac{2}{\sqrt{6}} & -\frac{1}{\sqrt{6}}\\ \frac{1}{\sqrt{2}} & 0 & \frac{1}{\sqrt{2}}\end{pmatrix}\\ &=\frac{1}{6}\begin{pmatrix}13&-2&5\\-2&10&2\\5&2&13\end{pmatrix}.\end{aligned}$$

2. 求正交矩阵 $\boldsymbol{Q}$,使为 $\boldsymbol{Q}^{\mathrm{T}}\boldsymbol{A}\boldsymbol{Q}$ 对角阵,其中

(1) $\boldsymbol{A}=\begin{pmatrix}2&2&-2\\2&5&-4\\-2&-4&5\end{pmatrix}$. (2) $\boldsymbol{A}=\begin{pmatrix}1&0&2\\0&1&2\\2&2&-1\end{pmatrix}$.

$$\text{解}:(1)\ |\boldsymbol{A}-\lambda\boldsymbol{E}|=\begin{vmatrix}2-\lambda & 2 & -2\\ 2 & 5-\lambda & -4\\ -2 & -4 & 5-\lambda\end{vmatrix}=(\lambda-1)\begin{vmatrix}\lambda-4 & -6\\ 3 & \lambda+5\end{vmatrix}=(10-\lambda)(\lambda-1)^2,$$

令$|\boldsymbol{A}-\lambda\boldsymbol{E}|=0$得:$\lambda_1=\lambda_2=1,\lambda_3=10$.

$$\text{当时 }\lambda_1=\lambda_2=1\text{ 时},\boldsymbol{A}-\boldsymbol{E}=\begin{pmatrix}1 & 2 & -2\\ 2 & 4 & -4\\ -2 & -4 & 4\end{pmatrix}\to\begin{pmatrix}1 & 2 & -2\\ 0 & 0 & 0\\ 0 & 0 & 0\end{pmatrix},$$

得基础解系为$\boldsymbol{\xi}_1=(-2,1,0)^{\mathrm{T}},\boldsymbol{\xi}_2=(2,0,1)^{\mathrm{T}}$,将$\boldsymbol{\xi}_1,\boldsymbol{\xi}_2$正交单位化,得:

$$\boldsymbol{p}_1=\left(-\frac{2}{\sqrt{5}},\frac{1}{\sqrt{5}},0\right)^{\mathrm{T}},\boldsymbol{p}_2=\left(\frac{2}{3\sqrt{5}},\frac{4}{3\sqrt{5}},\frac{5}{3\sqrt{5}}\right)^{\mathrm{T}}.$$

$$\text{当 }\lambda_3=10\text{ 时},\boldsymbol{A}-10\boldsymbol{E}=\begin{pmatrix}-8 & 2 & -2\\ 2 & -5 & -4\\ -2 & -4 & -5\end{pmatrix}\to\begin{pmatrix}1 & 0 & 1/2\\ 0 & 1 & 1\\ 0 & 0 & 0\end{pmatrix},$$

得基础解系为$\boldsymbol{\xi}_3=(-1,-2,2)^{\mathrm{T}}$,将$\boldsymbol{\xi}_3$单位化,得$\boldsymbol{p}_3=\left(-\frac{1}{3},-\frac{2}{3},\frac{2}{3}\right)^{\mathrm{T}}$.

综上得正交阵为

$$\boldsymbol{Q}=(\boldsymbol{p}_1,\boldsymbol{p}_2,\boldsymbol{p}_3)=\begin{pmatrix}-\frac{2}{\sqrt{5}} & \frac{2}{3\sqrt{5}} & -\frac{1}{3}\\ \frac{1}{\sqrt{5}} & \frac{4}{3\sqrt{5}} & -\frac{2}{3}\\ 0 & \frac{5}{3\sqrt{5}} & \frac{2}{3}\end{pmatrix},$$

使得

$$\boldsymbol{Q}^{\mathrm{T}}\boldsymbol{A}\boldsymbol{Q}=\boldsymbol{\Lambda}=\begin{pmatrix}1 & 0 & 0\\ 0 & 1 & 0\\ 0 & 0 & 10\end{pmatrix}.$$

$$(2)\ |\boldsymbol{A}-\lambda\boldsymbol{E}|=\begin{vmatrix}1-\lambda & 0 & 2\\ 0 & 1-\lambda & 2\\ 2 & 2 & -1-\lambda\end{vmatrix}=-(\lambda-1)(\lambda+3)(\lambda-3),$$

令$|\boldsymbol{A}-\lambda\boldsymbol{E}|=0$得:$\lambda_1=-3,\lambda_2=1,\lambda_3=3$.

$$\text{当 }\lambda_1=-3\text{ 时},\boldsymbol{A}+3\boldsymbol{E}=\begin{pmatrix}4 & 0 & 2\\ 0 & 4 & 2\\ 2 & 2 & 2\end{pmatrix}\to\begin{pmatrix}1 & 0 & 1/2\\ 0 & 1 & 1/2\end{pmatrix},$$

得基础解系为$\boldsymbol{\xi}_1=(1/2,1/2,-1)^{\mathrm{T}}$,将$\boldsymbol{\xi}_1$单位化,得:

$$\boldsymbol{p}_2=\left(\frac{1}{\sqrt{6}},\frac{1}{\sqrt{6}},\frac{-2}{\sqrt{6}}\right)^{\mathrm{T}},$$

当 $\lambda_2=1$ 时，$\boldsymbol{A}-\boldsymbol{E}=\begin{pmatrix}0&0&2\\0&0&2\\2&2&-2\end{pmatrix}\to\begin{pmatrix}1&1&0\\0&0&1\\0&0&0\end{pmatrix}$，

得基础解系为 $\boldsymbol{\xi}_2=(-1,1,0)^{\mathrm{T}}$，将 $\boldsymbol{\xi}_2$ 单位化，得：

$$\boldsymbol{p}_2=\left(-\frac{1}{\sqrt{2}},\frac{1}{\sqrt{2}},0\right)^{\mathrm{T}},$$

当 $\lambda_3=3$ 时，$\boldsymbol{A}-3\boldsymbol{E}=\begin{pmatrix}-2&0&2\\0&-2&2\\2&2&-4\end{pmatrix}\to\begin{pmatrix}1&0&-1\\0&1&-1\\0&0&0\end{pmatrix}$，

得基础解系为 $\boldsymbol{\xi}_3=(1,1,1)^{\mathrm{T}}$，将 $\boldsymbol{\xi}_3$ 单位化，得 $\boldsymbol{p}_3=\left(\frac{1}{\sqrt{3}},\frac{1}{\sqrt{3}},\frac{1}{\sqrt{3}}\right)^{\mathrm{T}}$.

综上得正交阵为

$$\boldsymbol{Q}=(\boldsymbol{p}_1,\boldsymbol{p}_2,\boldsymbol{p}_3)=\begin{pmatrix}\frac{1}{\sqrt{6}}&\frac{-1}{\sqrt{2}}&\frac{1}{\sqrt{3}}\\\frac{1}{\sqrt{6}}&\frac{1}{\sqrt{2}}&\frac{1}{\sqrt{3}}\\\frac{-2}{\sqrt{6}}&0&\frac{1}{\sqrt{3}}\end{pmatrix},$$

使得

$$\boldsymbol{Q}^{\mathrm{T}}\boldsymbol{A}\boldsymbol{Q}=\boldsymbol{\Lambda}=\begin{pmatrix}-3&0&0\\0&1&0\\0&0&3\end{pmatrix}.$$

3. 设实对称矩阵 $\boldsymbol{A}=\begin{pmatrix}1&-2&-4\\-2&x&-2\\-4&-2&1\end{pmatrix}$ 与对角阵 $\boldsymbol{\Lambda}=\begin{pmatrix}-4&0&0\\0&5&0\\0&0&y\end{pmatrix}$ 相似.

(1) 求 x,y.

(2) 求正交矩阵 $\boldsymbol{Q}$，使得 $\boldsymbol{Q}^{\mathrm{T}}\boldsymbol{A}\boldsymbol{Q}=\boldsymbol{\Lambda}$.

解：(1) 由已知，$\boldsymbol{A}$ 的所有特征值为 $-4,5,y$，由定理 4.2 可得

$$\begin{cases}tr(\boldsymbol{A})=1+x+1=-4+5+y\\|\boldsymbol{A}|=-15x-40=-4\times5\times y\end{cases}$$

解得 $x=4,y=5$.

(2) 当 $\lambda_1=-4$ 时，解齐次方程组 $(\boldsymbol{A}+4\boldsymbol{E})\boldsymbol{x}=\boldsymbol{0}$. 由

$$\boldsymbol{A}+4\boldsymbol{E}=\begin{pmatrix}5&-2&-4\\-2&8&-2\\-4&-2&5\end{pmatrix}\to\begin{pmatrix}1&0&-1\\0&1&-1/2\\0&0&0\end{pmatrix},$$

得基础解系为 $\boldsymbol{\xi}_1=(2,1,2)^{\mathrm{T}}$，将 $\boldsymbol{\xi}_1$ 单位化，得：

$$\boldsymbol{p}_1=\left(\frac{2}{3},\frac{1}{3},\frac{2}{3}\right)^{\mathrm{T}}.$$

当 $\lambda_2=\lambda_3=5$ 时，解齐次方程组 $(\boldsymbol{A}-5\boldsymbol{E})\boldsymbol{x}=\boldsymbol{0}$. 由

$$\boldsymbol{A}-5\boldsymbol{E}=\begin{pmatrix}-4&-2&-4\\-2&-1&-2\\-4&-2&-4\end{pmatrix}\to\begin{pmatrix}1&1/2&1\\0&0&0\\0&0&0\end{pmatrix},$$

得基础解系为 $\boldsymbol{\xi}_2=(-1,0,1)^{\mathrm{T}}$，$\boldsymbol{\xi}_3=(-1,2,0)^{\mathrm{T}}$，将 $\boldsymbol{\xi}_2$，$\boldsymbol{\xi}_3$ 正交单位化，得

$$\boldsymbol{p}_2=\left(\frac{-1}{\sqrt{2}},0,\frac{1}{\sqrt{2}}\right)^{\mathrm{T}},\boldsymbol{p}_3=\left(\frac{-1}{3\sqrt{2}},\frac{4}{3\sqrt{2}},\frac{-1}{3\sqrt{2}}\right)^{\mathrm{T}}.$$

综上得正交阵为

$$\boldsymbol{Q}=(\boldsymbol{p}_1,\boldsymbol{p}_2,\boldsymbol{p}_3)=\begin{pmatrix}\frac{2}{3}&\frac{-1}{\sqrt{2}}&\frac{-1}{3\sqrt{2}}\\\frac{1}{3}&0&\frac{4}{3\sqrt{2}}\\\frac{2}{3}&\frac{1}{\sqrt{2}}&\frac{-1}{3\sqrt{2}}\end{pmatrix},$$

使得

$$\boldsymbol{Q}^{\mathrm{T}}\boldsymbol{A}\boldsymbol{Q}=\boldsymbol{\Lambda}=\begin{pmatrix}-4&0&0\\0&5&0\\0&0&5\end{pmatrix}.$$

第五章　二 次 型

一、本章内容综述

（一）本章知识结构网络

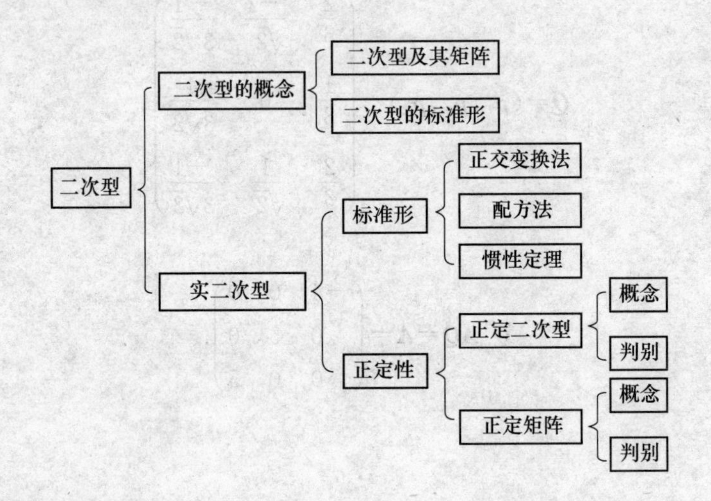

（二）本章教学基本要求

二次型线性代数的重要内容之一，它起源于几何学中二次曲线方程和二次曲面方程化为标准形问题的研究.二次型的理论在物理学、几何学、概率论等学科中都已得到了广泛的应用.在二次型的研究中已由域上二次型的算术理论发展到环上二次型的算术理论，它们与代数数论、数的几何等都有密切的联系.通过本章对二次型的相关知识的学习，学生应该达到以下基本要求：

1. 理解二次型及其矩阵表示，了解二次型秩的概念，理解合同矩阵的概念；

2. 理解二次型的标准形，掌握化实二次型为标准形的正交化方法，会用配方法化二次型为标准形；

3. 理解实二次型的规范形，了解惯性定理以及实二次型的正惯性指数、负惯性指数；

4. 了解正定二次型和正定矩阵的概念与性质，会判别二次型和矩阵的正定性.

(三) 本章内容提要

1. 二次型的概念

定义 1　系数取自数域 F 且含有 n 个变量 $x_1,x_2,\cdots,x_n$ 的二次齐次多项式

$$f(x_1,x_2,\cdots,x_n)=a_{11}x_1^2+2a_{12}x_1x_2+\cdots+2a_{1n}x_1x_n \\ +a_{22}x_2^2+\cdots+2a_{2n}x_2x_n \\ +\cdots+a_{nn}x_n^2 \tag{1}$$

称为数域 F 上的一个 n 元二次型，简称为二次型. 特别地，当 $F=R$ 时，称二次型 $f(x_1,x_2,\cdots,x_n)$ 为实二次型；当 $F=C$ 时，称二次型 $f(x_1,x_2,\cdots,x_n)$ 为复二次型.

取 $a_{ji}=a_{ij}$，$j<i,i,j=1,2,\cdots,n$，则 $2a_{ij}x_ix_j=a_{ij}x_ix_j+a_{ji}x_jx_i$，于是(1)可以改写为

$$\begin{aligned}f(x_1,x_2,\cdots,x_n)&=a_{11}x_1^2+a_{12}x_1x_2+\cdots+a_{1n}x_1x_n\\&\quad+a_{21}x_1x_2+a_{22}x_2^2+\cdots+a_{2n}x_2x_n\\&\quad+\cdots+a_{n1}x_1x_n+a_{n2}x_2x_n+\cdots+a_{nn}x_n^2\\&=(x_1x_2\cdots x_n)\begin{pmatrix}a_{11}&a_{12}&\cdots&a_{1n}\\a_{21}&a_{22}&\cdots&a_{2n}\\\vdots&\vdots&&\vdots\\a_{n1}&a_{n2}&\cdots&a_{nn}\end{pmatrix}\begin{pmatrix}x_1\\x_2\\\vdots\\x_n\end{pmatrix}.\end{aligned}$$

记

$$\boldsymbol{A}=\begin{pmatrix}a_{11}&a_{12}&\cdots&a_{1n}\\a_{21}&a_{22}&\cdots&a_{2n}\\\vdots&\vdots&&\vdots\\a_{n1}&a_{2n}&\cdots&a_{nn}\end{pmatrix},\boldsymbol{X}=\begin{pmatrix}x_1\\x_2\\\vdots\\x_n\end{pmatrix},$$

则(1)可记为 $f(\boldsymbol{X})=\boldsymbol{X}^{\mathrm{T}}\boldsymbol{AX}$，或记为 $f=\boldsymbol{X}^{\mathrm{T}}\boldsymbol{AX}$.

在二次型的上述表达式中，$\boldsymbol{A}$ 为实对称矩阵，由给定的二次型唯一确定；反之，给定一个实对称矩阵 $\boldsymbol{A}$，则 $\boldsymbol{A}$ 唯一确定实二次型 $f=\boldsymbol{X}^{\mathrm{T}}\boldsymbol{AX}$. 因此 n 元实二次型与 n 阶实对称矩阵之间是一一对应的.

矩阵 $\boldsymbol{A}$ 和它的秩分别称为二次型 $f=\boldsymbol{X}^{\mathrm{T}}\boldsymbol{AX}$ 的系数矩阵和二次型的秩.

定义 2　称仅含有平方项的二次型

$$f(y_1,y_2,\cdots,y_n)=d_1y_1^2+d_2y_2^2+\cdots+d_ny_n^2$$

为二次型的标准形.

定义 3　设

$$\boldsymbol{C}=\begin{pmatrix}c_{11}&c_{12}&\cdots&c_{1n}\\c_{21}&c_{22}&\cdots&c_{2n}\\\vdots&\vdots&&\vdots\\c_{n1}&c_{n2}&\cdots&c_{nn}\end{pmatrix},\boldsymbol{X}=\begin{pmatrix}x_1\\x_2\\\vdots\\x_n\end{pmatrix},\boldsymbol{Y}=\begin{pmatrix}y_1\\y_2\\\vdots\\y_n\end{pmatrix},$$

若 $\boldsymbol{C}$ 是可逆矩阵,则称 R^n 上的线性变换 $\boldsymbol{X}=\boldsymbol{CY}$ 是可逆线性变换.

定义 4 设 $\boldsymbol{A},\boldsymbol{B}$ 均为 n 阶方阵,若存在可逆矩阵 $\boldsymbol{C}$,使得 $\boldsymbol{B}=\boldsymbol{C}^{\mathrm{T}}\boldsymbol{AC}$,则称 $\boldsymbol{A}$ 与 $\boldsymbol{B}$ 合同.

矩阵的合同是矩阵之间的一种关系,称为合同关系,它满足:

(1) 反身性:任一 n 阶方阵 $\boldsymbol{A}$ 与其自身合同;

(2) 对称性:若 $\boldsymbol{A}$ 与 $\boldsymbol{B}$ 合同,则 $\boldsymbol{B}$ 与 $\boldsymbol{A}$ 合同;

(3) 传递性:若 $\boldsymbol{A}$ 与 $\boldsymbol{B}$ 合同,$\boldsymbol{B}$ 与 $\boldsymbol{C}$ 合同,则 $\boldsymbol{A}$ 与 $\boldsymbol{C}$ 合同.

由定义 4 可知,可逆线性变换将二次型变换为与之同秩的另一个二次型,且两个二次型的系数矩阵合同. 因此将二次型 $f=\boldsymbol{X}^{\mathrm{T}}\boldsymbol{AX}$ 通过可逆线性变换 $\boldsymbol{X}=\boldsymbol{CY}$ 化为标准形

$$f=d_1y_1^2+d_2y_2^2+\cdots+d_ny_n^2,$$

等价于找一个可逆矩阵 $\boldsymbol{C}$,使得 $\boldsymbol{C}^{\mathrm{T}}\boldsymbol{AC}=\mathrm{diag}(d_1,d_2,\cdots,d_n)$.

2. 实二次型的标准形

定理 1 对任意二次型 $f(x_1,x_2,\cdots,x_n)=\boldsymbol{X}^{\mathrm{T}}\boldsymbol{AX}$,一定存在正交变换 $\boldsymbol{X}=\boldsymbol{QY}$,使得 $f(x_1,x_2,\cdots,x_n)$ 为标准形.

由前面的知识可以总结出用正交变换法将二次型化为标准形的步骤:

(1) 写出二次型的系数矩阵 $\boldsymbol{A}$;

(2) 求出 $\boldsymbol{A}$ 的所有特征值 $\lambda_1,\lambda_2,\cdots,\lambda_n$;

(3) 利用第四章知识,求出正交矩阵 $\boldsymbol{Q}$,使得 $\boldsymbol{Q}^{-1}\boldsymbol{AQ}=\boldsymbol{Q}^{\mathrm{T}}\boldsymbol{AQ}=\mathrm{diag}(\lambda_1,\lambda_2,\cdots,\lambda_n)$;

(4) 令 $\boldsymbol{X}=\boldsymbol{QY}$,则 $f(x_1,x_2,\cdots,x_n)=\boldsymbol{X}^{\mathrm{T}}\boldsymbol{AX}$ 可化为标准形

$$f=\lambda_1y_1^2+\lambda_2y_2^2+\cdots+\lambda_ny_n^2.$$

用正交变换法化二次型为标准形,无论在理论上还是实际应用中都是十分重要的一种方法. 但是,用正交变换法化二次型为标准形,需要计算出矩阵的特征值及特征向量,并要对求出的特征向量进行标准正交化,计算过程比较烦琐. 如果对可逆线性变换不限于正交变换,则可以用更简便的方法化二次型为标准形,配方法就是这样一种方法.

配方法是应用代数配平方的方法逐次消去二次型中的混合项,最后只剩下平方项,从而达到化二次型为标准形的目的. 但是由配方法得到的二次型的标准形不是唯一的,而且标准形中平方项前面的系数与二次型矩阵的特征值无关.

定理 2(惯性定理) 一个二次型的任意标准形中正系数和负系数的个数是唯一确定的. 二次型的标准形中正系数的个数称为这个二次型的正惯性指数,记为 p;负系数的个数称为负惯性指数,记为 q. 整数 $s=p-q$ 称为这个二次型的符号差.

3. 实二次型的正定性

正定二次型是实二次型中一类重要的二次型,在研究多元函数的极值时,也经常用到正定二次型的性质.

定义 5 如果对于任意给定的 $\boldsymbol{X}\in R^n,\boldsymbol{X}\neq\boldsymbol{0}$,恒有 $\boldsymbol{X}^{\mathrm{T}}\boldsymbol{AX}>0$,则称二次型 $f(\boldsymbol{X})=\boldsymbol{X}^{\mathrm{T}}\boldsymbol{AX}$ 是正定二次型,称正定二次型的矩阵为正定矩阵.

定理 3　设 $\boldsymbol{A}$ 是 n 阶实对称矩阵,则以下结论等价：

(1) 二次型 $f(\boldsymbol{X})=\boldsymbol{X}^{\mathrm{T}}\boldsymbol{A}\boldsymbol{X}$ 正定；

(2) 矩阵 $\boldsymbol{A}$ 的特征值均大于零；

(3) 二次型 $f(\boldsymbol{X})=\boldsymbol{X}^{\mathrm{T}}\boldsymbol{A}\boldsymbol{X}$ 的正惯性指数等于 n；

(4) 二次型 $f(\boldsymbol{X})=\boldsymbol{X}^{\mathrm{T}}\boldsymbol{A}\boldsymbol{X}$ 的规范形为 $f=z_1^2+z_2^2+\cdots+z_n^2$.

定义 6　设 $f(x_1,x_2,\cdots,x_n)=\boldsymbol{X}^{\mathrm{T}}\boldsymbol{A}\boldsymbol{X}$ 是实二次型.

(1) 如果对于任意给定的 $\boldsymbol{X}\in R^n,\boldsymbol{X}\neq\boldsymbol{0}$,恒有 $f(x_1,x_2,\cdots,x_n)=\boldsymbol{X}^{\mathrm{T}}\boldsymbol{A}\boldsymbol{X}<0$,则称二次型为负定的；

(2) 如果对于任意给定的 $\boldsymbol{X}\in R^n$,恒有 $f(x_1,x_2,\cdots,x_n)=\boldsymbol{X}^{\mathrm{T}}\boldsymbol{A}\boldsymbol{X}\geqslant 0$,则称二次型为半正定的；

(3) 如果对于任意给定的 $\boldsymbol{X}\in R^n$,恒有 $f(x_1,x_2,\cdots,x_n)=\boldsymbol{X}^{\mathrm{T}}\boldsymbol{A}\boldsymbol{X}\leqslant 0$,则称二次型为半负定的.

既非正定半正定，又非负定半负定的二次型称为不定二次型.

定理 4　设 $\boldsymbol{A}$ 是 n 阶实对称矩阵,则以下结论等价：

(1) 矩阵 $\boldsymbol{A}$ 正定；

(2) 对任意 n 阶实可逆矩阵 $\boldsymbol{C}$，有 $\boldsymbol{C}^{\mathrm{T}}\boldsymbol{A}\boldsymbol{C}$ 正定；

(3) $\boldsymbol{A}$ 的特征值均为正值；

(4) $\boldsymbol{A}$ 与单位矩阵合同.

定理 5　n 阶实对称矩阵 $\boldsymbol{A}$ 正定的充分必要条件是 $\boldsymbol{A}$ 的各阶顺序主子式均大于零,即

$$\Delta_k=\begin{vmatrix} a_{11} & a_{12} & \cdots & a_{1k} \\ a_{21} & a_{22} & \cdots & a_{2k} \\ \vdots & \vdots & \cdots & \vdots \\ a_{k1} & a_{k2} & \cdots & a_{kk} \end{vmatrix}>0,k=1,2,\cdots,n.$$

二、典型例题解析

题型一　求二次型的矩阵

例 1　写出下列二次型的矩阵

(1) $f=5x_1^2-2x_1x_2-3x_3^2+6x_2x_3$；

(2) $f=\boldsymbol{X}^{\mathrm{T}}\begin{pmatrix} 1 & 3 & 5 \\ 2 & 4 & 6 \\ 7 & 8 & 9 \end{pmatrix}\boldsymbol{X}$；

(3) $f=(x_1+2x_2+3x_3)^2$.

分析:n 元二次型的矩阵为 n 阶实对称矩阵.即使二次型的表达式中某些变元没有出现,在写出二次型的矩阵时,仍然要考虑这些变元.有时二次型已写成 $\boldsymbol{X}^{\mathrm{T}}\boldsymbol{A}\boldsymbol{X}$ 的形式,但是 $\boldsymbol{A}$ 不是对称矩阵,则 $\boldsymbol{A}$ 不是二次型的矩阵,此时应将 $\boldsymbol{X}^{\mathrm{T}}\boldsymbol{A}\boldsymbol{X}$ 展开,再重新写出二次型的矩阵.

解:(1) $\boldsymbol{A}=\begin{pmatrix}5 & -1 & 0\\ -1 & 0 & 3\\ 0 & 3 & -3\end{pmatrix}$.

(2) 由于 $\begin{pmatrix}1 & 3 & 5\\ 2 & 4 & 6\\ 7 & 8 & 9\end{pmatrix}$ 不是对称矩阵,将二次型展开可得

$$f=\boldsymbol{X}^{\mathrm{T}}\begin{pmatrix}1 & 3 & 5\\ 2 & 4 & 6\\ 7 & 8 & 9\end{pmatrix}\boldsymbol{X}=x_1^2+4x_2^2+9x_3^2+5x_1x_2+12x_1x_3+14x_2x_3,$$

从而可写出此二次型的矩阵

$$\boldsymbol{A}=\begin{pmatrix}1 & 5/2 & 6\\ 5/2 & 4 & 7\\ 6 & 7 & 9\end{pmatrix}.$$

(3) 将此二次型展开可得

$$f=(x_1+2x_2+3x_3)^2=x_1^2+4x_2^2+9x_3^2+4x_1x_2+6x_1x_3+12x_2x_3,$$

从而可写出此二次型的矩阵

$$\boldsymbol{A}=\begin{pmatrix}1 & 2 & 3\\ 2 & 4 & 6\\ 3 & 6 & 9\end{pmatrix}.$$

题型二 化二次型为标准形

例 2 利用配方法和正交变换法化下列二次型为标准形:

$$f=2x_1^2+3x_2^2+3x_3^2+2x_2x_3.$$

分析:化二次型为标准形的方法如下.

(一) 配方法

1. 若二次型含有 x_i 的平方项,则先把所有含有 x_i 的项集中,按 x_i 配方,然后再按其他变量配方,直到都配成平方项为止.

2. 若二次型中不含有平方项,但 $a_{ij}\neq 0(i\neq j)$,则先作非退化线性变换

$$\begin{cases}x_i=y_i+y_j\\ x_j=y_i-y_j\\ x_k=y_k(k=1,2,\cdots,n,k\neq i,j)\end{cases}$$

化二次型为含有平方项的二次型,然后再按 1 中的方法配方.

(二) 正交变换法

1. 求出二次型 $f(x_1,x_2,\cdots,x_n)=\boldsymbol{x}^{\mathrm{T}}\boldsymbol{A}\boldsymbol{x}$ 的矩阵 $\boldsymbol{A}$ 的所有特征值 $\lambda_1,\lambda_2,\cdots,\lambda_n$;

2. 求出 $\boldsymbol{A}$ 的属于各特征值的线性无关的特征向量 $\boldsymbol{\xi}_1,\boldsymbol{\xi}_2,\cdots,\boldsymbol{\xi}_n$;

3. 将特征向量 $\boldsymbol{\xi}_1,\boldsymbol{\xi}_2,\cdots,\boldsymbol{\xi}_n$ 正交化,单位化,得 $\boldsymbol{\eta}_1,\boldsymbol{\eta}_2,\cdots,\boldsymbol{\eta}_n$,令 $\boldsymbol{C}=(\boldsymbol{\eta}_1,\boldsymbol{\eta}_2,\cdots,\boldsymbol{\eta}_n)$,则 $\boldsymbol{C}$ 是正交矩阵;

4. 作正交的线性变换 $\boldsymbol{x}=\boldsymbol{C}\boldsymbol{y}$,则得 f 的标准形.

解: 方法 1(配方法)

$$f=2x_1^2+3x_2^2+3x_3^2+2x_2x_3=2x_1^2+3\left(x_2^2+\frac{2}{3}x_2x_3+\frac{1}{9}x_3^2\right)+\frac{8}{3}x_3^2$$

$$=2x_1^2+3\left(x_2+\frac{1}{3}x_3\right)^2+\frac{8}{3}x_3^2.$$

令

$$\begin{cases} y_1=x_1, \\ y_2=x_2+\dfrac{1}{3}x_3, \\ y_3=x_3, \end{cases}$$

则得 f 的标准形为

$$2y_1^2+3y_2^2+\frac{8}{3}y_3^2.$$

方法 2(正交变换法)

f 的矩阵为 $\boldsymbol{A}=\begin{pmatrix}2&0&0\\0&3&1\\0&1&3\end{pmatrix}$,由

$$|\boldsymbol{A}-\lambda\boldsymbol{E}|=\begin{vmatrix}2-\lambda&0&0\\0&3-\lambda&1\\0&1&3-\lambda\end{vmatrix}=-(\lambda-2)^2(\lambda-4)$$

得 $\boldsymbol{A}$ 的特征值 $\lambda_1=\lambda_2=2,\lambda_3=4$.

当 $\lambda_1=\lambda_2=2$ 时,由

$$\boldsymbol{A}-\lambda\boldsymbol{E}=\begin{pmatrix}0&0&0\\0&1&1\\0&1&1\end{pmatrix}\sim\begin{pmatrix}0&1&1\\0&0&0\\0&0&0\end{pmatrix}$$

得 $(\boldsymbol{A}-2\boldsymbol{E})\boldsymbol{X}=\boldsymbol{0}$ 的基础解系为

$$\boldsymbol{\xi}_1=(0,-1,1)^{\mathrm{T}},\boldsymbol{\xi}_2=(1,0,0)^{\mathrm{T}}.$$

显然 $\boldsymbol{\xi}_1,\boldsymbol{\xi}_2$ 正交,将其直接单位化,得

$$p_1=\frac{\boldsymbol{\xi}_1}{|\boldsymbol{\xi}_1|}=\left(0,-\frac{1}{\sqrt{2}},\frac{1}{\sqrt{2}}\right)^{\mathrm{T}},\boldsymbol{p}_2=\frac{\boldsymbol{\xi}_1}{|\boldsymbol{\xi}_2|}=(1,0,0)^{\mathrm{T}}.$$

当 $\lambda=4$ 时,由

$$\boldsymbol{A}-\lambda\boldsymbol{E}=\begin{pmatrix}-2&0&0\\0&-1&1\\0&1&-1\end{pmatrix}\sim\begin{pmatrix}1&0&0\\0&1&-1\\0&0&0\end{pmatrix}$$

得 $(\boldsymbol{A}-4\boldsymbol{E})\boldsymbol{X}=\boldsymbol{0}$ 的基础解系为 $\boldsymbol{\xi}_3=(0,1,1)^{\mathrm{T}}$,单位化得

$$\boldsymbol{p}_3=\frac{\boldsymbol{\xi}_3}{|\boldsymbol{\xi}_3|}=\left(0,\frac{1}{\sqrt{2}},\frac{1}{\sqrt{2}}\right)^{\mathrm{T}}.$$

令

$$\boldsymbol{P}=\begin{pmatrix}0&1&0\\-\frac{1}{\sqrt{2}}&0&\frac{1}{\sqrt{2}}\\\frac{1}{\sqrt{2}}&0&\frac{1}{\sqrt{2}}\end{pmatrix},$$

则有正交变换 $\boldsymbol{X}=\boldsymbol{PY}$ 将 f 化为标准形 $f=2y_1^2+2y_2^2+4y_3^2$.

注:本例中用配方法与正交变换法得到的标准形不同,本例也说明二次型的标准形不唯一.

题型三　正定二次型或正定矩阵的判定与证明

例 3　判断下列二次型的正定性

(1) $f_1(x_1,x_2,x_3)=6x_1^2+5x_2^2+7x_3^2-4x_1x_2+4x_1x_3$;

(2) $f_2(x_1,x_2,x_3)=-5x_1^2-6x_2^2-4x_3^2+4x_1x_2+4x_1x_3$;

(3) $f_3(x_1,x_2,x_3,x_4)=x_1^2+x_2^2+14x_3^2+7x_4^2+6x_1x_3+8x_1x_4-4x_2x_3+2x_2x_4+4x_3x_4$.

分析:若二次型 $f(\boldsymbol{X})=\boldsymbol{X}^{\mathrm{T}}\boldsymbol{AX}$ 是正定二次型,则二次型的矩阵 $\boldsymbol{A}$ 为正定矩阵. 且若 $\boldsymbol{A}$ 是 n 阶实对称矩阵,则以下结论等价:

1. 二次型 $f(\boldsymbol{X})=\boldsymbol{X}^{\mathrm{T}}\boldsymbol{AX}$ 正定;
2. 矩阵 $\boldsymbol{A}$ 的特征值均大于零;
3. 二次型 $f(\boldsymbol{X})=\boldsymbol{X}^{\mathrm{T}}\boldsymbol{AX}$ 的正惯性指数等于 n;
4. 二次型 $f(\boldsymbol{X})=\boldsymbol{X}^{\mathrm{T}}\boldsymbol{AX}$ 的规范形为 $f=z_1^2+z_2^2+\cdots+z_n^2$;
5. 矩阵 $\boldsymbol{A}$ 正定;
6. 对任意 n 阶实可逆矩阵 $\boldsymbol{C}$, 有 $\boldsymbol{C}^{\mathrm{T}}\boldsymbol{AC}$ 正定;
7. $\boldsymbol{A}$ 与单位矩阵合同;
8. $\boldsymbol{A}$ 的各阶顺序主子式均大于零,即

$$\Delta_k=\begin{vmatrix} a_{11} & a_{11} & \cdots & a_{1k} \\ a_{21} & a_{22} & \cdots & a_{2k} \\ \vdots & \vdots & \cdots & \vdots \\ a_{k1} & a_{k2} & \cdots & a_{kk} \end{vmatrix}>0,k=1,2,\cdots,n.$$

解:(1) 由于二次型 f_1 的矩阵为

$$\boldsymbol{A}=\begin{pmatrix} 6 & -2 & 2 \\ -2 & 5 & 0 \\ 2 & 0 & 7 \end{pmatrix},$$

且顺序主子式依次为

$$6>0,\begin{vmatrix} 6 & -2 \\ -2 & 5 \end{vmatrix}=26>0,\begin{vmatrix} 6 & -2 & 2 \\ -2 & 5 & 0 \\ 2 & 0 & 7 \end{vmatrix}=162>0,$$

因此二次型 f_1 是正定的.

(2) 由于二次型 f_2 的矩阵为

$$\boldsymbol{B}=\begin{pmatrix} -5 & 2 & 2 \\ 2 & -6 & 0 \\ 2 & 0 & -4 \end{pmatrix},$$

其特征多项式

$$|\boldsymbol{B}-\lambda\boldsymbol{E}|=\begin{vmatrix} -5-\lambda & 2 & 2 \\ 2 & -6-\lambda & 0 \\ 2 & 0 & -4-\lambda \end{vmatrix}=(\lambda+8)(\lambda+5)(\lambda+2),$$

所以特征根分别为

$$\lambda_1=-8,\lambda_2=-5,\lambda_3=-2,$$

由此可知,二次型 f_2 是负定二次型.

(3) 由于二次型 f_3 的矩阵为

$$\boldsymbol{C}=\begin{pmatrix} 1 & 0 & 3 & 4 \\ 0 & 1 & -2 & 1 \\ 3 & -2 & 14 & 2 \\ 4 & 1 & 2 & 7 \end{pmatrix},$$

其行列式

$$|\boldsymbol{C}|=\begin{vmatrix} 1 & 0 & 3 & 4 \\ 0 & 1 & -2 & 1 \\ 3 & -2 & 14 & 2 \\ 4 & 1 & 2 & 7 \end{vmatrix}=-74,$$

这说明矩阵 $\boldsymbol{C}$ 的四个特征值有正有负,且负特征值的个数必为奇数个,因此矩阵 $\boldsymbol{C}$

为不定矩阵，其对应的二次型 f_3 是不定二次型.

例 4 已知实二次型 $f(x_1,x_2,x_3)=2x_1^2+ax_2^2+x_3^2+2x_1x_2+2bx_1x_3$ 正定，求参数 a，b 的取值范围.

解：因为二次型 f 正定，所以 f 的矩阵

$$\boldsymbol{A}=\begin{pmatrix}2&1&b\\1&a&0\\b&0&1\end{pmatrix}$$

的各阶顺序主子式均大于零，从而有

$$\begin{vmatrix}2&1\\1&a\end{vmatrix}>0,\begin{vmatrix}2&1&b\\1&a&0\\b&0&1\end{vmatrix}>0,$$

即

$$2a-1>0,-ab^2+(2a-1)>0,$$

因此 a,b 的取值范围为

$$a>\frac{1}{2},-\sqrt{2-\frac{1}{a}}<b<\sqrt{2-\frac{1}{a}}.$$

三、应用与提高

例 5 试用直角坐标变换化简二次曲面方程：

$$6x_1^2+5x_2^2+7x_3^2-4x_1x_2+4x_1x_3+12x_1+6x_2+18x_3=0$$

并判断它是何种曲面.

分析：由解析几何知道，二次方程

$$a_{11}x_1^2+a_{22}x_2^2+a_{33}x_3^2+2a_{12}x_1x_2+2a_{13}x_1x_3+2a_{23}x_2x_3+b_1x_1+b_2x_2+b_3x_3=0$$

一般表示空间曲面，要判断此二次曲面的类型，需将方程化为标准形. 注意到在一般的可逆变换 $\boldsymbol{X}=\boldsymbol{PY}$ 之下，向量的长度要改变，但正交变换 $\boldsymbol{X}=\boldsymbol{QY}$ 却具有保持向量长度和夹角的性质，因此正交变换是直角坐标变换，符合解析几何的要求.

解：方程左端对应的二次型的矩阵为

$$\boldsymbol{A}=\begin{pmatrix}6&-2&2\\-2&5&0\\2&0&7\end{pmatrix},$$

可求得特征多项式为

$$|\lambda\boldsymbol{E}-\boldsymbol{A}|=\begin{vmatrix}\lambda-6&2&-2\\2&\lambda-5&0\\-2&0&\lambda-7\end{vmatrix}=(\lambda-3)(\lambda-6)(\lambda-9),$$

A 的特征值为 $\lambda_1=3,\lambda_2=6,\lambda_3=9$. 其对应的特征向量分别为

$$p_1=(2,2,-1)^T, p_2=(-1,2,2)^T, p_3=(2,-1,2)^T,$$

将它们分别单位化后可得正交矩阵

$$Q=\frac{1}{3}\begin{pmatrix}2&-1&2\\2&2&-1\\-1&2&2\end{pmatrix},$$

令 $X=QY$,代入原曲面方程可得

$$3y_1^2+6y_2^2+9y_3^2+6y_1+12y_2+18y_3=0.$$

再令

$$\begin{cases}z_1=y_1+1\\z_2=y_2+1,\\z_3=y_3+1\end{cases}$$

得曲面的标准方程:

$$3z_1^2+6z_2^2+9z_3^2=18,$$

这是一个椭球面,所用的直角变换为

$$\begin{cases}x_1=\frac{1}{3}(2z_1-z_2+2z_3)-1\\x_2=\frac{1}{3}(2z_1+2z_2-z_3)-1\\x_3=\frac{1}{3}(-z_1+2z_2+2z_3)-1\end{cases}.$$

例 6　(2013)设二次型 $f(x_1,x_2,x_3)=2(a_1x_1+a_2x_2+a_3x_3)^2+(b_1x_1+b_2x_2+b_3x_3)^2$,记 $\alpha=(a_1,a_2,a_3)^T,\beta=(b_1,b_2,b_3)^T$.

(1) 证明二次型 f 对应的矩阵为 $2\alpha\alpha^T+\beta\beta^T$.

(2) 若 α,β 正交且均为单位向量,证明二次型 f 在正交变换下的标准形为 $2y_1^2+y_2^2$.

分析:(1) 将题目中所给的二次型展开并提取公因式,可将此二次型改写成矩阵向量形式,通过观察可以发现,二次型对应的矩阵为 $2\alpha\alpha^T+\beta\beta^T$.

(2) 要想证明 f 在正交变换后的标准形为 $2y_1^2+y_2^2$,则需证明原二次型的矩阵有三个特征值,根据已知条件不难找到特征值 2 和 1,对于特征值 0,还需要从矩阵的秩的性质的角度来讨论.

解:(1) 由题意可知,

$$f(x_1,x_2,x_3)=2(a_1x_1+a_2x_2+a_3x_3)^2+(b_1x_1+b_2x_2+b_3x_3)^2$$

$$=2(x_1,x_2,x_3)\begin{pmatrix}a_1\\a_2\\a_3\end{pmatrix}(a_1,a_2,a_3)\begin{pmatrix}x_1\\x_2\\x_3\end{pmatrix}+(x_1,x_2,x_3)\begin{pmatrix}b_1\\b_2\\b_3\end{pmatrix}(b_1,b_2,b_3)\begin{pmatrix}x_1\\x_2\\x_3\end{pmatrix}$$

$$=2\boldsymbol{x}^{\mathrm{T}}\boldsymbol{\alpha}\boldsymbol{\alpha}^{\mathrm{T}}\boldsymbol{x}+\boldsymbol{x}^{\mathrm{T}}\boldsymbol{\beta}\boldsymbol{\beta}^{\mathrm{T}}\boldsymbol{x}=\boldsymbol{x}^{\mathrm{T}}(2\boldsymbol{\alpha}\boldsymbol{\alpha}^{\mathrm{T}}+\boldsymbol{\beta}\boldsymbol{\beta}^{\mathrm{T}})\boldsymbol{x},$$

因此这个二次型对应的矩阵为 $2\boldsymbol{\alpha}\boldsymbol{\alpha}^{\mathrm{T}}+\boldsymbol{\beta}\boldsymbol{\beta}^{\mathrm{T}}$.

(2) 设 $\boldsymbol{A}=2\boldsymbol{\alpha}\boldsymbol{\alpha}^{\mathrm{T}}+\boldsymbol{\beta}\boldsymbol{\beta}^{\mathrm{T}}$，由于 $\boldsymbol{\alpha},\boldsymbol{\beta}$ 正交且均为单位向量，所以 $\boldsymbol{\alpha}^{\mathrm{T}}\boldsymbol{\beta}=\boldsymbol{\beta}^{\mathrm{T}}\boldsymbol{\alpha}=0$，且 $\boldsymbol{\alpha}^{\mathrm{T}}\boldsymbol{\alpha}=\boldsymbol{\beta}^{\mathrm{T}}\boldsymbol{\beta}=1$，则

$$\boldsymbol{A}\boldsymbol{\alpha}=2\boldsymbol{\alpha}\boldsymbol{\alpha}^{\mathrm{T}}\boldsymbol{\alpha}+\boldsymbol{\beta}\boldsymbol{\beta}^{\mathrm{T}}\boldsymbol{\alpha}=2\boldsymbol{\alpha},$$
$$\boldsymbol{A}\boldsymbol{\beta}=2\boldsymbol{\alpha}\boldsymbol{\alpha}^{\mathrm{T}}\boldsymbol{\beta}+\boldsymbol{\beta}\boldsymbol{\beta}^{\mathrm{T}}\boldsymbol{\beta}=\boldsymbol{\beta},$$

以上两式说明，$\boldsymbol{\alpha}$ 为矩阵 $\boldsymbol{A}$ 对应特征值 2 的特征向量，$\boldsymbol{\beta}$ 为矩阵 $\boldsymbol{A}$ 对应特征值 1 的特征向量.

另一方面，$r(\boldsymbol{A})=r(2\boldsymbol{\alpha}\boldsymbol{\alpha}^{\mathrm{T}}+\boldsymbol{\beta}\boldsymbol{\beta}^{\mathrm{T}})\leqslant r(2\boldsymbol{\alpha}\boldsymbol{\alpha}^{\mathrm{T}})+r(\boldsymbol{\beta}\boldsymbol{\beta}^{\mathrm{T}})$，而

$$2\boldsymbol{\alpha}\boldsymbol{\alpha}^{\mathrm{T}}=2\begin{pmatrix}a_1^2 & a_1a_2 & a_1a_3\\ a_2a_1 & a_2^2 & a_2a_3\\ a_3a_1 & a_3a_2 & a_3^2\end{pmatrix},\boldsymbol{\beta}\boldsymbol{\beta}^{\mathrm{T}}=\begin{pmatrix}b_1^2 & b_1b_2 & b_1b_3\\ b_2b_1 & b_2^2 & b_2b_3\\ b_3b_1 & b_3b_2 & b_3^2\end{pmatrix},$$

显然 $r(2\boldsymbol{\alpha}\boldsymbol{\alpha}^{\mathrm{T}})=r(\boldsymbol{\beta}\boldsymbol{\beta}^{\mathrm{T}})=1$，从而 $r(\boldsymbol{A})=r(2\boldsymbol{\alpha}\boldsymbol{\alpha}^{\mathrm{T}}+\boldsymbol{\beta}\boldsymbol{\beta}^{\mathrm{T}})\leqslant r(2\boldsymbol{\alpha}\boldsymbol{\alpha}^{\mathrm{T}})+r(\boldsymbol{\beta}\boldsymbol{\beta}^{\mathrm{T}})=2$，这说明矩阵 $\boldsymbol{A}$ 必有一个特征值是 0，因此二次型在正交变换下的标准形的确为 $2y_1^2+2y_2^2$.

例 7 (2014)二次型 $f(x_1,x_2,x_3)=x_1^2-x_2^2+2ax_1x_3+4x_2x_3$ 的负惯性指数是 1，则 a 的取值范围是________.

分析：此题可通过配方，将二次型化为标准形，然后利用负惯性指数为 1，判断出 a 的取值范围.

解：由配方法可知

$$\begin{aligned}f(x_1,x_2,x_3)&=x_1^2-x_2^2+2ax_1x_3+4x_2x_3\\&=(x_1+ax_3)^2-(x_2-2x_3)^2+(4-a^2)x_3^2,\end{aligned}$$

因为二次型的负惯性指数为 1，故 $4-a^2>0$，所以 a 的取值范围是$[-2,2]$.

四、自测题五

一、单项选择题

1. 若 $\boldsymbol{A}$ 为 n 阶实对称矩阵，且二次型 $f(x_1,x_2,\cdots,x_n)=\boldsymbol{x}^{\mathrm{T}}\boldsymbol{A}\boldsymbol{x}$ 正定，则下列结论不正确的是(　　).

(A) $\boldsymbol{A}$ 的特征值全为正　　(B) $\boldsymbol{A}$ 的一切顺序主子式全为正

(C) $\boldsymbol{A}$ 的主对角线上的元素全为正　　(D) 对一切 n 维列向量 $\boldsymbol{x}$，$\boldsymbol{x}^{\mathrm{T}}\boldsymbol{A}\boldsymbol{x}$ 全为正

2. 设 $\boldsymbol{A},\boldsymbol{B}$ 为 n 阶矩阵，那么(　　).

(A) 若 $\boldsymbol{A},\boldsymbol{B}$ 合同，则 $\boldsymbol{A},\boldsymbol{B}$ 相似　　(B) 若 $\boldsymbol{A},\boldsymbol{B}$ 相似，则 $\boldsymbol{A},\boldsymbol{B}$ 等价

(C) 若 $\boldsymbol{A},\boldsymbol{B}$ 等价，则 $\boldsymbol{A},\boldsymbol{B}$ 合同　　(D) 若 $\boldsymbol{A},\boldsymbol{B}$ 相似，则 $\boldsymbol{A},\boldsymbol{B}$ 合同

3. 已知 $\boldsymbol{A}$ 为 n 阶矩阵，$\boldsymbol{x}$ 为 n 维列向量，则关于二次型 $\boldsymbol{x}^{\mathrm{T}}\boldsymbol{A}\boldsymbol{x}$ 下列说法正确的

是(　　).

(A) 矩阵 $\boldsymbol{A}$ 一定是此二次型的矩阵

(B) 此二次型一定是正定二次型

(C) 若 $\boldsymbol{A}$ 是对称矩阵,则 $\boldsymbol{A}$ 是此二次型的矩阵

(D) $\boldsymbol{A}$ 一定与单位矩阵合同

4. 设 $\boldsymbol{A},\boldsymbol{B}$ 为 n 阶方阵,$\boldsymbol{X}=(x_1,x_2,\cdots,x_n)^{\mathrm{T}}$,且 $\boldsymbol{X}^{\mathrm{T}}\boldsymbol{A}\boldsymbol{X}=\boldsymbol{X}^{\mathrm{T}}\boldsymbol{B}\boldsymbol{X}$,则当(　　)时,$\boldsymbol{A}=\boldsymbol{B}$.

(A) $r(\boldsymbol{A})=r(\boldsymbol{B})$　　(B) $\boldsymbol{A}^{\mathrm{T}}=\boldsymbol{A}$

(C) $\boldsymbol{B}^{\mathrm{T}}=\boldsymbol{B}$　　(D) $\boldsymbol{A}^{\mathrm{T}}=\boldsymbol{A}$ 且 $\boldsymbol{B}^{\mathrm{T}}=\boldsymbol{B}$

5. 已知实二次型 $f(x_1,x_2,x_3,x_4)=x_1^2+tx_2^2+3x_3^2+2x_1x_2$,若 f 的秩为 2,则参数 t 的取值为(　　).

(A) 0　　(B) 1　　(C) 2　　(D) 3

二、填空题

1. 设实二次型 $f(x_1,x_2,x_3)=x_1^2+ax_2^2+x_3^2+2x_1x_2-2x_2x_3-2ax_1x_3$ 的正负惯性指数均为 1,则 $a=$________.

2. 已知实二次型 $f(x_1,x_2,x_3)=5x_1^2+5x_2^2+cx_3^2-2x_1x_2-6x_2x_3+6x_1x_3$ 的秩为 2,则 $c=$________.

3. 已知实二次型 $f=\boldsymbol{x}^{\mathrm{T}}\boldsymbol{A}\boldsymbol{x}$ 经过正交变换 $\boldsymbol{x}=\boldsymbol{Q}\boldsymbol{y}$ 化为标准形 $y_1^2-y_2^2+2y_3^2$,则 $\boldsymbol{A}^3-2\boldsymbol{A}^2-\boldsymbol{A}+3\boldsymbol{E}=$________.

4. 设 $\boldsymbol{A}=\begin{pmatrix}1&0&0\\0&3&2\\0&2&2\end{pmatrix}$,则 $\boldsymbol{A}$ 是________(正定、负定或不定)矩阵.

5. 设二次型 $f(x_1,x_2,x_3)=\boldsymbol{x}^{\mathrm{T}}\boldsymbol{A}\boldsymbol{x}$ 的秩为 1,$\boldsymbol{A}$ 中各行元素之和为 3,则 f 在正交变换 $\boldsymbol{x}=\boldsymbol{Q}\boldsymbol{y}$ 下的标准形为________.

三、计算与证明

1. 已知二次型

$$f(x_1,x_2,x_3)=(x_1,x_2,x_3)\begin{pmatrix}1&-4&0\\-2&2&-1\\2&1&1\end{pmatrix}\begin{pmatrix}x_1\\x_2\\x_3\end{pmatrix},$$

(1) 求该二次型的秩;

(2) 将该二次型化为标准形,并写出所用的线性变换.

2. 已知二次型 $f(x_1,x_2,x_3)=ax_1^2+4x_2^2+4x_3^2+4x_1x_2+ax_1x_3-4x_2x_3$ 的秩为 2,求它的规范形.

3. 已知 $\boldsymbol{A}$ 为实对称可逆矩阵,证明二次型 $f(x_1,x_2,\cdots,x_n)=\boldsymbol{x}^{\mathrm{T}}\boldsymbol{A}\boldsymbol{x}$ 与二次型

$g(x_1,x_2,\cdots,x_n)=\boldsymbol{x}^{\mathrm{T}}\boldsymbol{A}^{-1}\boldsymbol{x}$ 具有相同的规范形.

4. 已知 $a>0$,且二次型 $f(x_1,x_2,x_3)=2x_1^2+3x_2^2+3x_3^2+2ax_2x_3$ 通过正交变换化成标准形 $f=y_1^2+2y_2^2+5y_3^2$,求参数 a 及所用的正交变换矩阵.

五、教材习题全解

习题 5.1

1. $f(x,y)=x^2+2xy+y^2+2x$ 是不是二次型?答:________.

解:不是

2. $f(x_1,x_2,x_3)=-4x_1x_2+4x_1x_3+2x_2x_3$ 的秩是________,秩表示标准形中________的个数.

解:3 平方项

3. 设 $\boldsymbol{A}=\begin{pmatrix}-1/2 & 0 & 0\\ 1 & 1/2 & 0\\ 0 & 0 & 5\end{pmatrix}$,则与 $\boldsymbol{A}$ 合同的矩阵是( ).

(A) $\begin{pmatrix}1 & 0 & 0\\ 0 & -2 & 0\\ 0 & 0 & -1\end{pmatrix}$ (B) $\begin{pmatrix}3 & 0 & 0\\ 0 & 2 & 0\\ 0 & 0 & -5\end{pmatrix}$

(C) $\begin{pmatrix}-1 & 0 & 0\\ 0 & -1 & 0\\ 0 & 0 & -1\end{pmatrix}$ (D) $\begin{pmatrix}2 & 0 & 0\\ 0 & 2 & 0\\ 0 & 0 & 1\end{pmatrix}$

解:B

4. 用矩阵记号表示下列二次型.

(1) $f(x_1,x_2,x_3)=2x_1x_2+x_2^2+2x_1x_3-6x_2x_3$;

(2) $f(x_1,x_2,x_3,x_4)=x_1^2+2x_2^2+3x_3^2+4x_1x_2+2x_2x_3$.

解:(1) $\begin{pmatrix}0 & 1 & 1\\ 1 & 1 & -3\\ 1 & -3 & 0\end{pmatrix}$; (2) $\begin{pmatrix}1 & 2 & 0 & 0\\ 2 & 2 & 1 & 0\\ 0 & 1 & 3 & 0\\ 0 & 0 & 0 & 0\end{pmatrix}$.

5. 写出下列各对称矩阵所对应的二次型.

(1) $\begin{pmatrix}0 & 0 & 1\\ 0 & 1 & 0\\ 1 & 0 & 0\end{pmatrix}$; (2) $\begin{pmatrix}1 & -1 & 2 & -1\\ -1 & 1 & 3 & -2\\ 2 & 3 & 1 & 0\\ -1 & -2 & 0 & 1\end{pmatrix}$.

解:(1) $f(x_1,x_2,x_3)=x_2^2+2x_1x_3$;

(2) $f(x_1,x_2,x_3,x_4)=x_1^2+x_2^2+x_3^2+x_4^2-2x_1x_2+4x_1x_3-2x_1x_4+6x_2x_3-4x_2x_4$.

6. 已知二次型 $f(x_1,x_2,x_3)=2x_1^2+x_2^2+x_3^2+2x_1x_2+tx_2x_3$ 的秩为 2,求 t 的值.

解:此二次型的矩阵为

$$\boldsymbol{A}=\begin{pmatrix}2&1&0\\1&1&\frac{t}{2}\\0&\frac{t}{2}&1\end{pmatrix},$$

二次型的秩为 2,则有 $r(\boldsymbol{A})=2$,因此必有 $|\boldsymbol{A}|=\begin{vmatrix}2&1&0\\1&1&\frac{t}{2}\\0&\frac{t}{2}&1\end{vmatrix}=0$,从而 $t=\pm\sqrt{2}$.

习题 5.2

1. 设二次型 $f(x_1,x_2,x_3)=ax_1^2+ax_2^2+(a-1)x_3^2+2x_1x_3-2x_2x_3$

(1) 求二次型 f 的矩阵的所有特征值;

(2) 若二次型 f 的规范形为 $y_1^2+y_2^2$,求 a 的值.

解:(1) 此二次型的矩阵为

$$\boldsymbol{A}=\begin{pmatrix}a&0&1\\0&a&-1\\1&-1&a-1\end{pmatrix},$$

矩阵 $\boldsymbol{A}$ 的特征多项式为

$$|\lambda\boldsymbol{E}-\boldsymbol{A}|=\begin{vmatrix}\lambda-a&0&-1\\0&\lambda-a&1\\-1&1&\lambda-a+1\end{vmatrix}=(\lambda-a)(\lambda-a+2)(\lambda-a-1),$$

$\boldsymbol{A}$ 的所有特征值为 $\lambda_1=a,\lambda_2=a-2,\lambda_2=a+1$.

(2) 若 f 的规范形为 $y_1^2+y_2^2$,则说明的 $\boldsymbol{A}$ 特征值必有两个为正,一个为零,由(1)可得只有当 $a=2$ 时可满足此要求.

2. 用正交变换将二次型 $f(x_1,x_2,x_3)=(x_1,x_2,x_3)\begin{pmatrix}0&0&1\\3&0&0\\4&3&0\end{pmatrix}\begin{pmatrix}x_2\\x_3\\x_1\end{pmatrix}$ 化为标准形.

解:将已知二次型展开可得

$$f=x_1^2+3x_2^2+3x_3^2+4x_2x_3,$$

此二次型的矩阵为

$$A=\begin{pmatrix}1&0&0\\0&3&2\\0&2&3\end{pmatrix},$$

矩阵 A 的特征多项式为

$$|\lambda E-A|=\begin{vmatrix}\lambda-1&0&0\\0&\lambda-3&-2\\0&-2&\lambda-3\end{vmatrix}=(\lambda-1)^2(\lambda-5),$$

A 的所有特征值为 $\lambda_1=\lambda_2=1,\lambda_3=5$，且相应的特征向量为

$$\xi_1=(0,-1,1)^{\mathrm{T}},\xi_2=(1,0,0)^{\mathrm{T}},\xi_3=(0,1,1)^{\mathrm{T}},$$

将 ξ_1,ξ_2,ξ_3 单位化可得 $\eta_1=\left(0,-\frac{1}{\sqrt{2}},\frac{1}{\sqrt{2}}\right)^{\mathrm{T}},\eta_2=(1,0,0)^{\mathrm{T}},\eta_3=0,\frac{1}{\sqrt{2}},\frac{1}{\sqrt{2}}^{\mathrm{T}}$，令

$$Q=\begin{pmatrix}0&1&0\\-\frac{1}{\sqrt{2}}&0&\frac{1}{\sqrt{2}}\\\frac{1}{\sqrt{2}}&0&\frac{1}{\sqrt{2}}\end{pmatrix},$$

则有正交变换 $X=QY$,可将二次型化为如下标准形

$$y_1^2+y_2^2+5y_3^2.$$

3. 用配方法将二次型 $f(x_1,x_2,x_3)=x_1^2+x_2^2-x_3^2+2x_1x_2+2x_1x_3-2x_2x_3$ 化为标准形,并判断正、负惯性指数的个数,然后写出其规范形.

解:经过配方可得

$$(x_1+x_2+x_3)^2-2(x_2+x_3)^2+2x_2^2,$$

令

$$\begin{cases}y_1=x_1+x_2+x_3\\y_2=x_2+x_3\\y_3=x_2\end{cases},$$

则可得标准形为

$$y_1^2-2y_2^2+2y_3^2,$$

因此正惯性指数为 $p=2$,负惯性指数为 $q=1$,二次型的规范形为 $f=z_1^2-z_2^2+z_3^2$.

习题 5.3

1. 设 $A=\begin{pmatrix}1&1&0\\1&k&0\\0&0&k^2\end{pmatrix}$,$A$ 为正定矩阵,则 k ________.

解:若 A 正定,则 A 的所有顺序主子式均为正,故有

$$1>0, k-1>0, k^2(k-1)>0,$$

从而 $k>1$.

2. 二次型 $f=\boldsymbol{X}^{\mathrm{T}}\boldsymbol{A}\boldsymbol{X}$ 为正定二次型的充要条件是( ).

(A) $|\boldsymbol{A}|>0$　　(B) 负惯性指数为 0

(C) $\boldsymbol{A}$ 的所有对角元 $a_{ii}>0$　　(D) $\boldsymbol{A}$ 合同于单位阵 $\boldsymbol{E}$

解:D

3. 当 a,b,c 满足( )时,二次型 $f(x_1,x_2,x_3)=ax_1^2+bx_2^2+ax_3^2+2cx_1x_3$ 为正定二次型.

(A) $a>0, b+c>0$　　(B) $a>0, b>0$

(C) $a>|c|, b>0$　　(D) $|a|>c, b>0$

解:此二次型的矩阵为

$$\boldsymbol{A}=\begin{pmatrix} a & 0 & c \\ 0 & b & 0 \\ c & 0 & a \end{pmatrix},$$

要使得二次型正定,则矩阵的各阶顺序主子式均为正,因此有

$$a>0, ab>0, (a^2-c^2)b>0,$$

故应选 C.

4. 判别下列二次型是否正定.

(1) $f(x_1,x_2,x_3)=2x_1^2-6x_2^2-4x_3^2+2x_1x_2+2x_1x_3$.

(2) $f(x_1,x_2,x_3,x_4)=x_1^2+3x_2^2+9x_3^2+19x_4^2-2x_1x_2+4x_1x_3+2x_1x_4-6x_2x_4-12x_3x_4$.

解:(1) 此二次型的矩阵为

$$\boldsymbol{A}=\begin{pmatrix} 2 & 1 & 1 \\ 1 & -6 & 0 \\ 1 & 0 & -4 \end{pmatrix},$$

其各阶顺序主子式为

$$|2|=2>0, \begin{vmatrix} 2 & 1 \\ 1 & -6 \end{vmatrix}=-13<0, \begin{vmatrix} 2 & 1 & 1 \\ 1 & -6 & 0 \\ 1 & 0 & -4 \end{vmatrix}=58>0,$$

所以此二次型不是正定二次型.

(2) 此二次型的矩阵为

$$\boldsymbol{A}=\begin{pmatrix} 1 & -1 & 2 & 1 \\ -1 & 3 & 0 & -3 \\ 2 & 0 & 9 & -6 \\ 1 & -3 & -6 & 19 \end{pmatrix},$$

其各阶顺序主子式为

$$|1|=1>0,\begin{vmatrix}1&-1\\-1&3\end{vmatrix}=2>0,\begin{vmatrix}1&-1&2\\-1&3&0\\2&0&9\end{vmatrix}=6>0,$$

$$\begin{vmatrix}1&-1&2&1\\-1&3&0&-3\\2&0&9&-6\\1&-3&-6&19\end{vmatrix}=24>0,$$

所以此二次型是正定二次型.

5.已知 $\boldsymbol{A},\boldsymbol{B}$ 都是 n 阶正定矩阵,求证 $\boldsymbol{A}+\boldsymbol{B}$ 的特征值全部大于零.

证明:对于任意 n 维列向量 $\boldsymbol{x}\neq\boldsymbol{0}$，由于 $\boldsymbol{A},\boldsymbol{B}$ 正定,则 $\boldsymbol{x}^{\mathrm{T}}\boldsymbol{A}\boldsymbol{x}>0,\boldsymbol{x}^{\mathrm{T}}\boldsymbol{B}\boldsymbol{x}>0$，从而

$$\boldsymbol{x}^{\mathrm{T}}\boldsymbol{A}\boldsymbol{x}+\boldsymbol{x}^{\mathrm{T}}\boldsymbol{B}\boldsymbol{x}=\boldsymbol{x}^{\mathrm{T}}(\boldsymbol{A}+\boldsymbol{B})\boldsymbol{x}>0,$$

所以 $\boldsymbol{A}+\boldsymbol{B}$ 为正定矩阵,故 $\boldsymbol{A}+\boldsymbol{B}$ 的特征值全部大于零.

6.已知 $\boldsymbol{A}$ 为 n 阶正定矩阵,证明 $|\boldsymbol{A}+\boldsymbol{E}|>1$.

证明:因为是 $\boldsymbol{A}$ 正定矩阵,故 $\boldsymbol{A}$ 的所有特征值 $\lambda_i>0(i=1,2,3,\cdots)$,而 $\boldsymbol{A}+\boldsymbol{E}$ 的特征值为 $\lambda_i+1>1(i=1,2,3,\cdots)$,所以 $|\boldsymbol{A}+\boldsymbol{E}|=\prod_{i=1}^{n}(\lambda_i+1)>1$,结论得证.

参考答案

自测题一

一、1. × 2. √ 3. × 4. × 5. ×

二、1～5 BAAAC 6～10 CDDBA

三、1. $\begin{pmatrix}1&0&0\\0&1&0\\0&0&1\end{pmatrix}$ 2. $\begin{pmatrix}0&3&3\\-1&2&3\\1&1&0\end{pmatrix}$； 3. $\begin{pmatrix}2\,731&2\,732\\-683&-684\end{pmatrix}$.

4. **证**：因为 $2\boldsymbol{A}^{-1}\boldsymbol{B}=\boldsymbol{B}-4\boldsymbol{E}$，将此式两边左乘 $\boldsymbol{A}$ 得：$2\boldsymbol{B}=\boldsymbol{AB}-4\boldsymbol{A}$，从而有 $(\boldsymbol{A}-2\boldsymbol{E})\boldsymbol{B}=4\boldsymbol{A}$，将此式两边右乘 $\boldsymbol{A}^{-1}$ 得：$(\boldsymbol{A}-2\boldsymbol{E})\cdot\frac{1}{4}\boldsymbol{BA}^{-1}=\boldsymbol{E}$，所以 $\boldsymbol{A}-2\boldsymbol{E}$ 可逆，且 $(\boldsymbol{A}-2\boldsymbol{E})^{-1}=\frac{1}{4}\boldsymbol{BA}^{-1}$.

5. $\boldsymbol{X}=\begin{pmatrix}-2&-7\\2&3\end{pmatrix}$ 6. 3

自测题二

一、填空题

1. -9 2. 3^{-5}，9 3. $\frac{1}{6}\begin{pmatrix}1&2&3\\0&2&3\\0&0&3\end{pmatrix}$ 4. 4 5. $\boldsymbol{E}_n$ 6. -2

7. (1) 1 000 (2) 0 (3) 2 005 (4) 2 8. 0 9. $a=1$ 或 $a=2$ 10. 0

二、选择题

1～5 CDDDC 6～10 CBAAA

三、计算题.

1. (1) $\begin{pmatrix}2&-23\\0&8\end{pmatrix}$ (2) $\begin{pmatrix}-2&2&1\\-\frac{8}{3}&5&-\frac{2}{3}\end{pmatrix}$ (3) $\begin{pmatrix}1&1\\\frac{1}{4}&0\end{pmatrix}$

2. 当 $\lambda=3$ 时，$r(\boldsymbol{A})=2$；当 $\lambda\neq3$ 时，$r(\boldsymbol{A})=3$.

3. (1) 0 (2) -10 (3) x^2y^2 (4) $2n+1$

4. **证明**:因为 $3A_{41}+3A_{42}+3A_{43}-6A_{44}=0$;所以 $A_{41}+A_{42}+A_{43}-2A_{44}=0$,即

$$A_{41}+A_{42}+A_{43}=2A_{44}.$$

自测题三

一、填空题

1. $r(\boldsymbol{A})<n$ (提示:$\boldsymbol{Ax}=\boldsymbol{0}$ 有非零解当且仅当 $\boldsymbol{A}$ 的列向量组线性相关)

2. r 3. $k_1(-1,1,0,0)^{\mathrm{T}}+k_2(-1,0,1,0)^{\mathrm{T}}+k_3(-1,0,0,1)^{\mathrm{T}}$ 4. $\lambda\neq1$ 5. -1

6. $\left(-\dfrac{7}{3},-\dfrac{5}{3},-4,-6\right)$ 7. -8 8. 2 9. $a=2b$

二、选择题

1. C 2. B 3. C 4. C

三、计算题

1. 对增广矩阵施行初等行变换,化为行最简形矩阵:

$$\boldsymbol{B}=\begin{pmatrix}2&-1&0&1&-1\\1&3&-7&4&3\\3&-2&1&1&-2\end{pmatrix}\to\begin{pmatrix}1&3&-7&4&3\\0&1&-2&1&1\\0&0&0&0&0\end{pmatrix}\to\begin{pmatrix}1&0&-1&1&0\\0&1&-2&1&1\\0&0&0&0&0\end{pmatrix}$$

得同解方程组为

$$\begin{cases}x_1=x_3-x_4\\x_2=1+2x_3-x_4\end{cases},$$

令 $x_3=c_1,x_4=c_2$ (c_1,c_2 为任意常数),可求得方程组的通解为

$$x=(0,1,0,0)^{\mathrm{T}}+c_1(1,3,1,0)^{\mathrm{T}}+c_2(-1,0,0,1)^{\mathrm{T}}.$$

2. 对增广矩阵施行初等行变换,

$$\boldsymbol{B}=\begin{pmatrix}1&1&1&1&0\\0&1&2&2&1\\0&-1&a-3&-2&b\\3&2&1&a&-1\end{pmatrix}\to\begin{pmatrix}1&1&1&1&0\\0&1&2&2&1\\0&-1&a-3&-2&b\\0&-1&-2&a-3&-1\end{pmatrix}$$

$$\to\begin{pmatrix}1&1&1&1&0\\0&1&2&2&1\\0&0&a-1&0&b+1\\0&0&0&a-1&0\end{pmatrix}\to\begin{pmatrix}1&0&-1&-1&-1\\0&1&2&2&1\\0&0&a-1&0&b+1\\0&0&0&a-1&0\end{pmatrix}$$

(1) 当 $r(\boldsymbol{A})\neq r(\boldsymbol{B})$,即 $a=1$ 且 $b\neq-1$ 时,线性方程组无解.

(2) 当 $r(\boldsymbol{A})=r(\boldsymbol{B})=4$,即 $a\neq1$ 时,线性方程组有唯一解.

(3) 当 $r(\boldsymbol{A})=r(\boldsymbol{B})<4$,即 $a=1$ 且 $b=-1$ 时,线性方程组有无穷多个解.此时线性方程组的同解方程组为

$$\begin{cases} x_1 = x_3 + x_4 - 1, \\ x_2 = -2x_3 - 2x_4 + 1 \end{cases}$$

令 $x_3 = c_1, x_4 = c_2$（c_1, c_2 为任意常数），可求得方程组的通解为

$$x = (-1,1,0,0)^{\mathrm{T}} + c_1(1,-2,1,0)^{\mathrm{T}} + c_2(1,-2,0,1)^{\mathrm{T}}.$$

3. 由 $2\boldsymbol{\alpha}_1 - (\boldsymbol{\beta} + \boldsymbol{\alpha}_2) = \mathbf{0}$ 得 $\boldsymbol{\beta} = 2\boldsymbol{\alpha}_1 - \boldsymbol{\alpha}_2$，将 $\boldsymbol{\alpha}_1 = (-1,0,1)$，$\boldsymbol{\alpha}_2 = (0,1,-2)$ 代入得 $\boldsymbol{\beta} = (-2,-1,4)$.

4. 对矩阵 $\boldsymbol{A} = (\boldsymbol{\alpha}_1^{\mathrm{T}}, \boldsymbol{\alpha}_2^{\mathrm{T}}, \boldsymbol{\alpha}_3^{\mathrm{T}})$ 施行初等行变换化为行阶梯形矩阵，进而再化为行最简形矩阵：

$$\boldsymbol{A} = \begin{pmatrix} 1 & -1 & 1 \\ 2 & -2 & 2 \\ -1 & 1 & 3 \end{pmatrix} \to \begin{pmatrix} 1 & -1 & 1 \\ 0 & 0 & 0 \\ 0 & 0 & 4 \end{pmatrix} \to \begin{pmatrix} 1 & -1 & 0 \\ 0 & 0 & 1 \\ 0 & 0 & 0 \end{pmatrix}$$

由最后一个矩阵可知：$\boldsymbol{\alpha}_1, \boldsymbol{\alpha}_3$ 为一个极大无关组，且 $\boldsymbol{\alpha}_2 = -\boldsymbol{\alpha}_1$.

5. 由题设得

$$|\boldsymbol{A}| = \begin{vmatrix} k & 1 & 1 & 1 \\ 1 & k & 1 & 1 \\ 1 & 1 & k & 1 \\ 1 & 1 & 1 & k \end{vmatrix} = (k+3)\begin{vmatrix} 1 & 1 & 1 & 1 \\ 1 & k & 1 & 1 \\ 1 & 1 & k & 1 \\ 1 & 1 & 1 & k \end{vmatrix} = (k+3)\begin{vmatrix} 1 & 1 & 1 & 1 \\ 0 & k-1 & 0 & 0 \\ 0 & 0 & k-1 & 0 \\ 0 & 0 & 0 & k-1 \end{vmatrix}$$

$$= (k+3)(k-1)^3$$

因为 $r(\boldsymbol{A}) = 3$，所以 $|\boldsymbol{A}| = 0$，得 $k = -3$（$k = 1$ 时，$r(\boldsymbol{A}) = 1$ 时，故舍去）.

自测题四

一、填空题

1. $\boldsymbol{\alpha}^{\mathrm{T}}\boldsymbol{\beta} = -2$　2. $-6; 1, -\frac{1}{2}, \frac{1}{3}$　3. $a = 1, 2, \cdots$　4. 6

5. 15 （提示：$\boldsymbol{B}$ 的特征值为 1,2,3，$2\boldsymbol{B} - \boldsymbol{E}$ 的特征值为 1,3,5，从而 $|2\boldsymbol{B} - \boldsymbol{E}| = 1 \times 3 \times 5 = 15$）

二、选择题

1. C　2. A　3. B　4. D　5. C　6. B　7. B.

三、计算与证明题

1. 该方阵的特征多项式是 $|\boldsymbol{A} - \lambda\boldsymbol{E}| = \begin{vmatrix} 2-\lambda & 1 & 1 \\ 0 & 2-\lambda & 0 \\ 0 & -1 & 1-\lambda \end{vmatrix} = -(\lambda-2)^2(\lambda-1)$，所以特征值为 $\lambda_1 = 1, \lambda_2 = \lambda_3 = 2$.

当 $\lambda_1 = 1$ 时，解齐次线性方程组 $(\boldsymbol{A} - \boldsymbol{E})\boldsymbol{x} = \mathbf{0}$. 由

$$A-E=\begin{pmatrix}1&1&1\\0&1&0\\0&-1&0\end{pmatrix}\to\begin{pmatrix}1&0&1\\0&1&0\\0&0&0\end{pmatrix}$$

得基础解系为 $\boldsymbol{p}_1=(-1,0,1)^{\mathrm{T}}$，所以 $\boldsymbol{A}$ 的属于特征值 1 的全部特征向量为 $k_1\boldsymbol{p}_1$，其中 k_1 为不等于零的常数.

当 $\lambda_2=\lambda_3=2$ 时，解齐次线性方程组 $(\boldsymbol{A}-2\boldsymbol{E})\boldsymbol{x}=\boldsymbol{0}$. 由

$$A-2E=\begin{pmatrix}0&1&1\\0&0&0\\0&-1&-1\end{pmatrix}\to\begin{pmatrix}0&1&1\\0&0&0\\0&0&0\end{pmatrix}$$

得基础解系为 $\boldsymbol{p}_2=(1,0,0)^{\mathrm{T}}$，$\boldsymbol{p}_3=(0,-1,1)^{\mathrm{T}}$，所以 $\boldsymbol{A}$ 的属于特征值 2 的全部特征向量为 $k_2\boldsymbol{p}_2+k_3\boldsymbol{p}_3$，其中 k_2,k_3 为不全等于零的常数.

2. 容易证明 $\boldsymbol{\alpha}_1,\boldsymbol{\alpha}_2,\boldsymbol{\alpha}_3$ 线性无关. 取 $\boldsymbol{\beta}_1=\boldsymbol{\alpha}_1$；

$$\boldsymbol{\beta}_2=\boldsymbol{\alpha}_2-\frac{\langle\boldsymbol{\beta}_1,\boldsymbol{\alpha}_2\rangle}{\langle\boldsymbol{\beta}_1,\boldsymbol{\beta}_1\rangle}\boldsymbol{\beta}_1=\begin{pmatrix}-1\\0\\-1\end{pmatrix}+\frac{1}{3}\begin{pmatrix}1\\-2\\2\end{pmatrix}=\frac{1}{3}\begin{pmatrix}-2\\-2\\-1\end{pmatrix};$$

$$\boldsymbol{\beta}_3=\boldsymbol{\alpha}_3-\frac{\langle\boldsymbol{\beta}_1,\boldsymbol{\alpha}_3\rangle}{\langle\boldsymbol{\beta}_1,\boldsymbol{\beta}_1\rangle}\boldsymbol{\beta}_1-\frac{\langle\boldsymbol{\beta}_2,\boldsymbol{\alpha}_3\rangle}{\langle\boldsymbol{\beta}_2,\boldsymbol{\beta}_2\rangle}\boldsymbol{\beta}_2=\begin{pmatrix}5\\-3\\-7\end{pmatrix}+\frac{1}{3}\begin{pmatrix}1\\-2\\2\end{pmatrix}-\frac{1}{3}\begin{pmatrix}-2\\-2\\-1\end{pmatrix}=\begin{pmatrix}6\\-3\\6\end{pmatrix};$$

再把它们单位化，取

$$\boldsymbol{e}_1=\frac{\boldsymbol{\beta}_1}{\|\boldsymbol{\beta}_1\|}=\frac{1}{3}\begin{pmatrix}1\\-2\\2\end{pmatrix},\boldsymbol{e}_2=\frac{\boldsymbol{\beta}_2}{\|\boldsymbol{\beta}_2\|}=\frac{1}{3}\begin{pmatrix}-2\\-2\\-1\end{pmatrix},\boldsymbol{e}_3=\frac{\boldsymbol{\beta}_3}{\|\boldsymbol{\beta}_3\|}=\frac{1}{3}\begin{pmatrix}2\\-1\\-2\end{pmatrix},$$

即 $\boldsymbol{e}_1,\boldsymbol{e}_2,\boldsymbol{e}_3$ 为所求.

3. $$|\boldsymbol{A}-\lambda\boldsymbol{E}|=\begin{pmatrix}1-\lambda&-2&0\\-2&2-\lambda&-2\\0&-2&3-\lambda\end{pmatrix}=-(\lambda+1)(\lambda-2)(\lambda-5),$$

得 $\boldsymbol{A}$ 的特征值为：$\lambda_1=-1,\lambda_2=2,\lambda_3=5$..

分别求出属于 $\lambda_1,\lambda_2,\lambda_3$ 的线性无关的向量为：

$$\boldsymbol{\xi}_1=(2,2,1)^{\mathrm{T}},\boldsymbol{\xi}_2=(2,-1,2)^{\mathrm{T}},\boldsymbol{\xi}_3=(1,-2,2)^{\mathrm{T}},$$

且 $\boldsymbol{\xi}_1,\boldsymbol{\xi}_2,\boldsymbol{\xi}_3$ 是正交的，再将 $\boldsymbol{\xi}_1,\boldsymbol{\xi}_2,\boldsymbol{\xi}_3$ 单位化，得：

$$\boldsymbol{p}_1=\left(\frac{2}{3},\frac{2}{3},\frac{1}{3}\right)^{\mathrm{T}},\boldsymbol{p}_2=\left(\frac{2}{3},-\frac{1}{3},\frac{2}{3}\right)^{\mathrm{T}},\boldsymbol{p}_3=\left(\frac{1}{3},-\frac{2}{3},\frac{2}{3}\right)^{\mathrm{T}}.$$

令 $$\boldsymbol{Q}=(\boldsymbol{p}_1,\boldsymbol{p}_2,\boldsymbol{p}_3)=\frac{1}{3}\begin{pmatrix}2&2&1\\2&-1&-2\\1&2&2\end{pmatrix},\text{则 }\boldsymbol{Q}^{-1}\boldsymbol{A}\boldsymbol{Q}=\begin{pmatrix}-1&0&0\\0&2&0\\0&0&5\end{pmatrix}.$$

4. 设 λ 是 $\boldsymbol{A}$ 的特征值，对应的特征向量为 $\boldsymbol{\alpha}\neq\boldsymbol{0}$，由 $\boldsymbol{A\alpha}=\lambda\boldsymbol{\alpha}$，有

$$\boldsymbol{A}^2\boldsymbol{\alpha}=\boldsymbol{A}(\boldsymbol{A\alpha})=\boldsymbol{A}(\lambda\boldsymbol{\alpha})=\lambda\boldsymbol{A\alpha}=\lambda^2\boldsymbol{\alpha}.$$

等式 $\boldsymbol{A}^2-3\boldsymbol{A}-4\boldsymbol{E}=\boldsymbol{O}$ 两边右乘 $\boldsymbol{\alpha}$，有

$$\boldsymbol{A}^2\boldsymbol{\alpha}-3\boldsymbol{A\alpha}-4\boldsymbol{\alpha}=\boldsymbol{0}$$

即 $\lambda^2\boldsymbol{\alpha}-3\lambda\boldsymbol{\alpha}-4\boldsymbol{\alpha}=\boldsymbol{0}$，也即 $(\lambda^2-3\lambda-4)\boldsymbol{\alpha}=\boldsymbol{0}$，因为 $\boldsymbol{\alpha}\neq\boldsymbol{0}$，所以 $\lambda^2-3\lambda-4=0$，故 $\lambda_1=4$，$\lambda_2=-1$.

自测题五

一、1～5　DBCDB

二、1. -2；2. 3；3. $\boldsymbol{E}$；4. 正定；5. $3y_1^2$.

三、1. (1) 此二次型可写为 $f(x_1,x_2,x_3)=x_1^2+2x_2^2+x_3^2-6x_1x_2+2x_1x_3$，其矩阵为

$$\boldsymbol{A}=\begin{pmatrix}1&-3&1\\-3&2&0\\1&0&1\end{pmatrix},$$

对上述矩阵作初等变换化为行阶梯形矩阵可得

$$\boldsymbol{A}=\begin{pmatrix}1&-3&1\\-3&2&0\\1&0&1\end{pmatrix}\to\begin{pmatrix}1&-3&1\\0&1&0\\0&0&3\end{pmatrix},$$

显然 $r(\boldsymbol{A})=3$，所以二次型的秩为 3.

(2) 由配方法得

$$f(x_1,x_2,x_3)=x_1^2+2x_2^2+x_3^2-6x_1x_2+2x_1x_3=(x_1-3x_2+x_3)^2-7\left(x_2-\frac{3}{7}x_3\right)^2+\frac{9}{7}x_3^2,$$

令

$$\begin{cases}y_1=x_1-3x_2+x_3\\y_2=x_2-\dfrac{3}{7}x_3\\y_3=x_3\end{cases},$$

即

$$\begin{cases}x_1=y_1+3y_2+\dfrac{2}{7}y_3\\x_2=y_2+\dfrac{3}{7}y_3\\x_3=y_3\end{cases},$$

则可得原二次型的如下标准形

$$y_1^2-7y_2^2+\frac{9}{7}y_3^2.$$

2. 二次型的矩阵为

$$A=\begin{pmatrix} a & 2 & \frac{a}{2} \\ 2 & 4 & -2 \\ \frac{a}{2} & -2 & 4 \end{pmatrix},$$

由 $r(A)=2$ 可知，$|A|=0$，从而得 $a=4$，由此可以求得矩阵的特征多项式 $|\lambda E-A|=\lambda(\lambda-6)^2$，所以 A 的特征值为 6，6，0，因此，二次型的规范形为 $y_1^2+y_2^2$.

3. **提示**：要证明两个二次型有相同的规范形，只需要说明它们分别有相同的正惯性指数和负惯性指数即可，也即它们非零特征值中正数的个数与负数的个数分别相等. 由于 A 的非零特征值与 A^{-1} 的非零特征值是互为倒数的关系，所以它们非零特征值中正数的个数与负数的个数应该分别相等.

4. 此二次型的矩阵为

$$A=\begin{pmatrix} 2 & 0 & 0 \\ 0 & 3 & a \\ 0 & a & 3 \end{pmatrix},$$

由已知条件可知 A 有特征值 1，2，5，这说明 $|A|=10$，由此可得 $a=\pm 2$.
当 $a=2$ 时，

$$A=\begin{pmatrix} 2 & 0 & 0 \\ 0 & 3 & 2 \\ 0 & 2 & 3 \end{pmatrix},$$

可求得与特征值 1，2，5 对应的特征向量分别为

$$\xi_1=(0,-1,1)^{\mathrm{T}},\xi_2=(1,0,0)^{\mathrm{T}},\xi_3=(0,1,1)^{\mathrm{T}},$$

将 ξ_1,ξ_2,ξ_3 分别单位化可得 $\eta_1=\left(0,-\frac{1}{\sqrt{2}},\frac{1}{\sqrt{2}}\right)^{\mathrm{T}}$，$\eta_2=(1,0,0)^T$，$\eta_3=\left(0,\frac{1}{\sqrt{2}},\frac{1}{\sqrt{2}}\right)^{\mathrm{T}}$，所以所求的正交矩阵为

$$Q=\begin{pmatrix} 0 & 1 & 0 \\ -\frac{1}{\sqrt{2}} & 0 & \frac{1}{\sqrt{2}} \\ \frac{1}{\sqrt{2}} & 0 & \frac{1}{\sqrt{2}} \end{pmatrix};$$

当 $a=-2$ 时，

$$A=\begin{pmatrix} 2 & 0 & 0 \\ 0 & 3 & -2 \\ 0 & -2 & 3 \end{pmatrix},$$

可求得与特征值 1，2，5 对应的特征向量分别为

$$\boldsymbol{\xi}_1=(0,-1,-1)^{\mathrm{T}},\boldsymbol{\xi}_2=(1,0,0)^{\mathrm{T}},\boldsymbol{\xi}_3=(0,-1,1)^{\mathrm{T}},$$

将 $\boldsymbol{\xi}_1,\boldsymbol{\xi}_2,\boldsymbol{\xi}_3$ 分别单位化可得 $\boldsymbol{\eta}_1=\left(0,-\frac{1}{\sqrt{2}},-\frac{1}{\sqrt{2}}\right)^{\mathrm{T}},\boldsymbol{\eta}_2=(1,0,0)^{\mathrm{T}},\boldsymbol{\eta}_3=\left(0,-\frac{1}{\sqrt{2}},\frac{1}{\sqrt{2}}\right)^{\mathrm{T}}$,

所以所求的正交矩阵为

$$\boldsymbol{Q}=\begin{pmatrix} 0 & 1 & 0 \\ -\frac{1}{\sqrt{2}} & 0 & -\frac{1}{\sqrt{2}} \\ -\frac{1}{\sqrt{2}} & 0 & \frac{1}{\sqrt{2}} \end{pmatrix}.$$